山东省水利工程规范化建设工作指南

（施工分册）

张振海　刘德领　主　编

U0238729

山东大学出版社
SHANDONG UNIVERSITY PRESS

·济南·

内容简介

本书在系统总结当前国家、水利部、山东省水利厅有关水利工程规范化建设工作方面规定和要求的基础上,结合实际情况与工作实践,系统阐述了施工单位在水利工程建设管理过程中的主要工作任务。内容包括总则,施工准备,工程施工,工程质量评定与验收,安全管理,变更、计量与支付结算,文明施工,环境保护,水土保持,试验与检测,档案管理及附录等。本书可供水利建设与管理者使用,也可供高等院校水利工程类专业师生及相关人员学习参考。

图书在版编目(CIP)数据

山东省水利工程规范化建设工作指南. 施工分册/
张振海,刘德领主编.—济南:山东大学出版社,
2022.9
ISBN 978-7-5607-7640-8

Ⅰ. ①山… Ⅱ. ①张… ②刘… Ⅲ. ①水利工程－工程项目管理－规范化－山东－指南 Ⅳ. ①TV512-62

中国版本图书馆 CIP 数据核字(2022)第 188365 号

责任编辑 祝清亮
封面设计 王秋忆

山东省水利工程规范化建设工作指南. 施工分册
SHANDONG SHENG SHUILI GONGCHENG GUIFANHUA
JIANSHE GONGZUO ZHINAN. SHIGONG FENCE

出版发行	山东大学出版社
社　　址	山东省济南市山大南路 20 号
邮政编码	250100
发行热线	(0531)88363008
经　　销	新华书店
印　　刷	山东和平商务有限公司
规　　格	787 毫米×1092 毫米　1/16 21.25 印张　355 千字
版　　次	2022 年 9 月第 1 版
印　　次	2022 年 9 月第 1 次印刷
定　　价	72.00 元

《山东省水利工程规范化建设工作指南》
编委会

《山东省水利工程规范化建设工作指南》
（施工分册）
编委会

序

　　水是生存之本、文明之源，水利事业关乎国民经济和社会健康发展，关乎人民福祉，关乎民族永续发展。"治国必先治水"，中华民族的发展史也是一部治水兴水的发展史。

　　近年来，山东省加大现代水网建设，加强水利工程防汛抗旱体系建设，大力开发利用水资源，水利工程建设投资、规模、建设项目数量逐年提升。"百年大计，质量为本"，山东省坚持质量强省战略，始终坚持把质量与安全作为水利工程建设的生命线，加强质量与安全制度体系建设，严把工程建设质量与安全关，全省水利工程建设质量与安全建设水平逐年提升。

　　保证水利工程建设质量与安全既是水利工程建设的必然要求，也是各参建单位的法定职责。为指导山东省水利工程建设各参建单位的工作，提升水利工程规范化建设水平，山东省水利工程建设质量与安全中心牵头，组织多家单位共同编撰完成了《山东省水利工程规范化建设工作指南》。

　　该书共有6个分册，其中水发规划设计有限公司编撰完成了项目法人（代建）分册，山东省水利勘测设计院有限公司编撰完成了设计分册，山东大禹水务建设集团有限公司编撰完成了施工分册，山东省水利工程建设监理有限公司编撰完成了监理分册，山东省水利工程试验中心有限公司编撰完成了检测分册，山东省水利工程建设质量与安全中心编撰完成了质量与安全监督分册。

　　本书在策划和编写过程中得到了水利部有关部门及兄弟省市的专家和同

行的大力支持，提出了很多宝贵意见，在此，谨向有关领导和各水利专家同仁致以诚挚的感谢和崇高的敬意！

　　因编写任务繁重，成书时间仓促，加之编者水平有限，书中错误之处在所难免，诚请读者批评指正，以便今后进一步修改完善。

编　者

2022 年 7 月

目　录

第1章 总 则

1.1 编制目的

为全面贯彻新发展理念，以规范化管理推动新阶段水利高质量发展，提高山东省水利工程施工单位在工程建设阶段规范化管理水平，根据国家、行业主管部门相关法律、法规、规章、规范性文件及技术标准，结合当前山东省水利工程建设现状，编写本工作指南。

1.2 编制依据

文中的规范性引用构成本指南必不可少的条款。其中，注日期的引用文件，仅该日期对应的版本适用于本指南；不注日期的引用文件，其最新版本（包括所有的修改单）适用于本指南。引用资料清单详见附录 A。

1.3 适用范围

本工作指南梳理了施工单位在大中型水利工程建设实施阶段的基本要求、工作程序和内容等资料。

本工作指南适用于指导山东省水利工程建设施工单位在工程实施阶段的相关工作。

第 2 章 施工准备

施工准备工作,是工程施工前所做的一切工作,它有组织、有计划、有步骤、分阶段地贯穿于整个工程建设始终。

施工准备工作包含但不限于图 2-1 所示流程图中的工作:

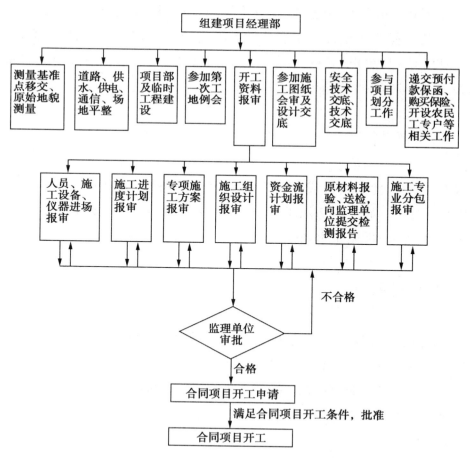

图 2-1 施工准备工作流程图

2.1　签订工程质量终身责任承诺书

项目经理应当在建设单位(项目法人)办理工程质量监督手续前签署工程质量终身责任承诺书(式样参见附录 B),连同项目经理证明材料(包括任命文件、授权书、执业资格证书等),报送建设单位(项目法人),由建设单位(项目法人)报工程质量监督机构备案。项目经理如有更换的,按前述规定重新备案。具体内容详见《水利部关于印发〈水利工程责任单位责任人质量终身责任追究管理办法(试行)〉的通知》(水监督〔2021〕335 号)。

2.2　签订安全生产目标责任书

施工单位的安全生产目标管理计划,应经监理单位审核,项目法人同意,并由项目法人与施工单位签订安全生产目标责任书(式样参见附录 C)。具体内容详见《水利水电工程施工安全管理导则》(SL 721—2015)3.2.3、3.2.4。

2.3　组建项目经理部

施工单位应组建项目经理部并及时向监理单位、项目法人(建设单位)报送相关文件。具体内容详见《水利工程施工监理规范》(SL 288—2014)5.2.2。

2.4　施工总布置

2.4.1　施工总布置的原则

施工临时建筑与永久建筑相结合、因地制宜、因时制宜、有利生产、方便生活、节约用地、易于管理、安全可靠、经济合理。

2.4.2　施工总布置的内容

主要有场地选择、施工分区规划、施工场地防洪与排水、土石方平衡及渣土规划、施工用地规划等内容。

2.4.3 施工总布置的要求

（1）应全面系统比较论证，合理利用土地。

（2）应符合环境保护和水土保持的有关规定。

（3）宜采用有利于施工封闭管理的布置方案。

（4）施工场地具备布置不同的施工总布置方案的条件时，应进行施工总布置方案比选，必要时应进行专题论证，施工总布置方案比选时应考虑下列因素：

①场地平整工程量。

②交通道路的工程量或造价指标，运输量及运输设备需用量。

③土石方平衡计算成果及渣场规划成果。

④风、水、电系统管线布置及主要工程量。

⑤生产设施、生活营地建筑物面积和占地面积。

⑥施工场地征地移民指标。

⑦施工工厂设施的土建、安装工程量。

⑧站场、码头和仓库装卸设备需要量。

⑨其他临时建筑物工程量。

（5）施工公用设施项目及规划布置应合理确定，并应明确各项公用设施范围及其分期实施面貌。

（6）生活营地、大型工程主要施工工厂和重要临时设施的布置场地应有工程地质评价意见。

（7）主要施工工厂和临时设施施工场区，防洪标准应根据工程规模、工期长短、河流水文特性等情况确定。

具体内容详见《水利水电工程施工组织设计规范》（SL 303—2017）7 施工总布置。

2.5 标准化工地建设

2.5.1 选址标准

（1）项目部驻地房屋可采用自建活动板房，但不宜超过两层；也可租用合适的单位或民用房屋,但必须坚固、安全、耐用,并满足工作、生活要求。

（2）自建用房的驻地选址应尽量避免可能发生塌陷、高空坠落等灾害以及易受水流、台风等灾害威胁的区域,同时确保交通、水、电、通信等生活条件便利。

（3）试验室应合理选址,可以设在项目部,周围无高频、高压电源,无工业震源及其他污染。

2.5.2　办公室、试验室、生活用房设置标准

（1）项目部办公区、生活区及车辆停放区等功能设置科学合理,必须分区设置,区内场地及主要道路应做硬化处理和整平,无坑洼和凹凸不平,雨季不积水。

（2）可根据施工质量检测需要及自身条件在工程现场设立工地试验室,如设试验室应按规定配备足额专职试验人员及试验仪器,试验仪器应定期经计量部门校验,方可开展检测、试验工作。

（3）生活用房一般应设宿舍、食堂、浴室、厕所等,具备条件的要设文体活动室或活动场地。

（4）根据项目部办公区的地势情况适当选择龙门架宣传牌或形象墙,形象墙根据项目部的规模和实际情况自行选定,以大方、简洁、美观、形象为原则。

（5）项目部组建办公区及生活区应规划平面布置图,总体要求是办公区需集中设置,办公区分别设项目经理室、项目副经理室、项目总工室、质检科、安全科、工程科、办公室、材料设备科、财务科、会议室、试验室等。

（6）项目部采办的办公桌椅及文件柜等,除项目经理室、副经理室及项目总工室外,应式样统一,办公桌椅颜色以褐色为主,文件柜应采办白色的铁制文件柜。

2.5.3　项目部消防、用电、卫生防疫标准

（1）项目部要有明显的防火宣传标志,配备消防器材和消防用水、消防砂,做到布局合理,并落实专人检查、维护、保养,保证灭火器材灵敏有效。项目部必须设置临时消防通道,并保证临时消防通道的畅通,禁止在临时消防通道上堆物、堆料或挤占临时消防通道。

（2）项目部使用的电器设备和用电必须符合防火要求,临时用电必须安装漏

电保护和过载保护装置，电闸箱内不准使用易燃、可燃材料，严禁超负荷使用电器设备，进入室内的电线要套用 PVC 管，设置满足办公、住宿人员使用的插座。

（3）办公区和生活区应设置通风良好的厕所，男女厕所必须分设，蹲位不得少于现场职工人数的 5%。

（4）办公区、生活区应保持整洁卫生，生活垃圾与施工垃圾不得混放。垃圾应存放在专门搭设的密闭式垃圾站或密闭式容器内，及时清运，送至垃圾处理站或异地填埋，严禁乱扔乱弃。生活区宿舍内应有必要的生活设施及保证必要的生活空间，室内保持通风，宿舍应保持整洁，轮流安排卫生责任人员打扫。项目部办公室应定期检查，夏季应采取消暑和灭蚊蝇措施，冬季应有采暖和防煤气中毒措施。

（5）食堂应设置在距离厕所、垃圾站、有害场所等污染源 20 m 以外的地方。食堂应配备纱门、纱窗、纱罩等，并且具备清洗消毒和排风的条件，同时采取灭蝇灭鼠灭蟑和预防传染疾病的措施，不得使用石棉材料装修食堂。

（6）生活用水应有固定的盛水容器和专人管理，并定期清洗消毒，确保达到国家饮用水质标准，设置排水沟并保持通畅，杜绝污染和蚊虫滋生，所有生活污水在排放前必须通过沉淀池收集，严禁各种污水直接排入自然水体。

（7）项目部应设置简单卫生室，配备有相关卫生知识的人员和一般常用药品及急救器材，为有毒有害作业人员配备有效的防护用品。

2.5.4　其他标准化建设

2.5.4.1　牌图标准

（1）现场牌图。现场牌图包括工程概况牌、安全生产制度牌、消防保卫制度牌、环境保护制度牌、文明施工牌、管理人员名单及监督电话牌、公司简介牌、农民工工资支付信息公示牌、农民工维权公示牌、施工总布置图等。

（2）项目部牌图。项目部制作的上墙职责牌包括项目部组织机构体系结构图、安全保证体系结构图、环境保护体系结构图、质量保证体系结构图、安全生产领导小组、质量保证领导小组、文明工地领导小组、项目经理职责、项目副经理职责、项目总工程师职责、办公室职责、工程科职责、质检科职责、安全科职责、材料设备科职责、财务科职责、试验室职责、质检工程师岗位职责、施工平面图、施工进度图、工程概况图、质量方针图等。标牌应规格统一、位置合理、字迹端正、线条清晰、内容明确。

（3）标识标牌。项目部标识标牌标准化具体要求如下：

①在办公区醒目位置设置驻地平面示意图、指路牌、部门指示牌、组织机构图、宣传标语，在大门明显处应设置工程概况牌（式样见附录 D）、质量与安全责任人公示牌（式样见附录 E）。

②办公区内应有安全生产、消防保卫、环境保护、党建、文明施工制度、质量指标等管理图板，各种标识牌字体正确规范、工整美观，并保持整洁完好。

③办公室内应设置各种管理图表，主要包括平立面图、组织机构框图、质量体系框图、安全管理体系框图、控制性工程进度实体图、进度横道图或时标网络图、各项规章制度、工程总体目标、部门职责、工作计划、晴雨表及管理人员考勤表等，管理图表均应张贴。

（4）试验室应设置试验室组织机构框图、各级试验人员职责、试验室安全管理制度、试验室资料管理制度、试验室卫生制度、试验仪器设备使用维修与保养制度、主要试验设备的操作规程、试验工艺流程框图等。

（5）生产加工场所标识标牌标准化式样详见附录 F、G、H。

2.5.4.2 会议室

会议桌可根据会议室的大小适当选购，原则上会议室应能满足不低于 20 人参会，会议室座椅配套使用，并将常用的会议用品备齐。

2.5.4.3 绿化

项目部办公区应进行绿化布置，满足项目部外观建设美观的要求。

2.5.4.4 服饰

项目部人员工作时间必须穿工作服；进入施工现场应戴安全帽，安全帽应标识公司的标志和简称；从事交通疏导工作的人员应穿荧光警示服，起到安全警示作用。

2.5.4.5 防火防盗等安全设施

项目部各办公室必须安装门锁，财务室应设置防盗门窗。项目部驻地应安装摄像头，保证重要位置无死角。项目部办公区应按规定在各区域设置消防设施、消防标志。

2.5.4.6 信息化建设

项目部应根据施工现场条件申请安装电话线和宽带网络，购置与工程需要相适应的各类办公设备。

2.5.4.7 环境保护

项目部应加强环境保护，办公区和生活区应设置满足需要的垃圾池或垃圾桶，并安排专人打扫、清理；施工现场不准随意遗留废弃的建筑垃圾或机械废弃物。

2.5.5 生产加工场所标准化

2.5.5.1 场内交通布置

（1）布置原则如下：

①结合地形、地物和现有生活、生产设施，充分利用现有道路，尽量避免对当地居民生活造成困扰。

②遵循施工平面布置，必须满足工程施工机械、材料进出场的要求。

③施工现场的道路应保证畅通，并与现场的料物存放场、仓库、施工设备等位置相协调，满足施工车辆的行车速度、密度、载重量等要求。

（2）建设标准如下：

①根据地形条件，确定平纵线形及路基横断面宽度。挖方和低填方路段应设置不小于0.3%的纵坡。施工便道边坡坡率不应小于1∶0.5。

②施工便道路面以项目实际情况为依据，便道路面可采取原状简易路面、泥结碎石路面等形式。

③施工便道应设置必要的排水沟，确保便道路面排水畅通；在汇水面积较大的低凹处设置涵洞，以满足排水泄洪要求。

④对施工便道从起点起依序统一编号，设便道标识牌于路口处，标识牌按照0.8 m×0.6 m尺寸制作，蓝框白底蓝字，标明便道序号、方向（通往×××）、陡弯段里程等内容。路线明显变化处，便道平面交叉处，易塌方、滚石等危险路段，应设置道路防护及警告标志。对于跨越河道的便桥，要根据计算的承载力和宽度设置限高、限重、限速标志牌，便桥两侧设置防坠落护栏，其高度符合相关要求。

2.5.5.2 材料存放

水泥、钢筋等建筑材料应按生产厂家、品种、规格和生产日期分类存放，稳定牢固、整齐有序，并设置材料状态标识牌。

水泥存放应设专用库房，按规定排放，并有防潮、防雨措施。

2.5.5.3 机械设备管理

（1）项目部应设设备管理员，设备管理员应具备机械设备基础知识和一定的设备管理经验。

（2）机械设备使用应按规定配备足够的工作人员（操作人员、指挥人员及维修人员），操作人员必须按规定持证上岗。

（3）所有机械设备的使用应按照使用说明书的规定要求进行，严禁超负荷运转。

（4）所有机械设备在使用期间要按规定做好日常保养、小修、中修等维护保养工作，严禁"带病"运行。

（5）机械设备的操作、维修人员应认真做好检查记录，并做好资料收集归档工作。

2.5.5.4　钢筋加工场

（1）钢筋加工场应实行封闭管理，储存区、加工区、成品区布设合理。

（2）应在场内醒目位置设置警示标志。

（3）焊接、切割场所应设置禁止标志、警告标志。

（4）木工加工区应设置禁止标志。

（5）安全通道应设置禁止标志。

（6）使用氧气、乙炔等易燃易爆气体的工作场所应设置禁止标志和警示标志。

（7）加工场出入口和场内应设置禁止标志和警告标志。

（8）用电场所应设置警告标志。

（9）易发生火灾场所应设置警告标志。

（10）消防器材放置场所应设置指示标志。

（11）各作业区应设置分区标识牌。

（12）机械设备应悬挂设备标示牌。

（13）各种原材料、半成品或成品应按其检验状态与结果、使用部位等进行标识。

2.5.5.5　混凝土拌和站

（1）拌和站区合理划分为拌和作业区、石料堆放区、材料库及运输车辆停放区。

（2）拌和站的所有场地及进出场道路必须进行混凝土硬化处理。场地四周应设置排水沟，同时在场地外侧合适的位置设置沉砂井及污水过滤池，严禁将场内生产废水直接排放。拌和站应采用封闭式管理，四周设置围墙，进出口设置大门。

（3）拌和站的计量设备通过有关计量部门标定后方可投入生产，使用过程中应不定期进行复检，确保计量准确。

（4）骨料应统一规划，分批堆放，不同料源、不同规格的材料严格分开存放，并设置高度不低于 1.5 m 的坞工分隔墙。所有骨料分批验收，验收合格的材料方可进场。

（5）应严格按照规定对现场材料进行标识，标识内容应包括材料名称、产地、规格型号、生产日期、出产批号、进场日期、检验状态、进场数量等，标识版面尺寸为 0.6 m×0.5 m。

具体内容详见《山东省水利工程标准化工地建设指南》（2014 年版）第一～五章及附件。

2.6　工程预付款

（1）施工单位应及时向项目法人单位报送工程预付款保函。工程预付款申请单（CB09）及其附件详见《水利工程施工监理规范》（SL 288—2014）E.4 承包人常用表格推荐格式。

（2）施工单位应根据合同要求及时向项目法人单位提供工程材料预付款保函。材料预付款报审表（CB10）及其附件详见《水利工程施工监理规范》（SL 288—2014）E.4 承包人常用表格推荐格式。

2.7　人员、施工设备进场报验

（1）施工单位项目部向监理单位提报进场人员名单。

报审材料中应明确三种人员（名单）：主要管理人员、技术人员及特种作业人员，并与施工合同文件比较，如有变化，应附变换人员相应资格证明材料，以满足《水利工程施工监理规范》（SL 288—2014）5.2.2 第 1 款。

现场组织机构及主要人员报审表（CB06）及其附件详见《水利工程施工监理规范》（SL 288—2014）E.4 承包人常用表格推荐格式。

（2）施工单位进场使用的计量器具、试验仪器仪表及设备应按《水利水电工程施工质量检验与评定》（SL 176—2007）4.1.2 规定定期进行检定，并具备有效的检定证书，及时向监理机构组织报验。

施工设备进场报验单(CB08)及其附件详见《水利工程施工监理规范》
(SL 288—2014)E.4 承包人常用表格推荐格式。

2.8　强制性条文识别与执行

施工单位应结合项目特点,在工程开工之前识别建设项目应执行的强制性
条文,以最新出版发布的《水利工程建设标准强制性条文》为准,如表 2.1 所示。

表 2.1　水利工程建设标准强制性条文

工程分类	工序	要求	规范名称
土石方工程	开挖	5.0.4　严禁采用自下而上造成岩体倒悬的开挖方式。	《水工建筑物岩石地基开挖施工技术规范》(SL 47—2020)
		5.2.2　地下洞室洞口削坡应自上而下分层进行,严禁上下垂直作业。进洞前,应做好开挖及其影响范围内的危石清理和坡顶排水,按设计要求进行边坡加固。 5.5.5　当特大断面洞室设有拱座,采用先拱后墙法开挖时,应注意保护和加固拱座岩体。拱脚下部的岩体开挖,应符合下列条件: 1　拱脚下部开挖面至拱脚线最低点的距离不应小于 1.5 m。 2　顶拱混凝土衬砌强度不应低于设计强度的 75%。 11.2.8　对存在有害气体、高温等作业区,必须做专项通风设计,并设置监测装置。 12.3.7　洞内供电线路的布设应符合下列规定: 3　电力起爆主线应与照明及动力线分两侧架设。 12.4.5　洞内电、气焊作业区,应设有防火设施和消防设备。 13.2.6　当相向开挖的两个工作面相距小于 30 m 或 5 倍洞径距离爆破时,双方人员均应撤离工作面;相距 15 m 时,应停止一方工作,单向开挖贯通。 13.2.7　竖井或斜井单向自下而上开挖,距贯通面 5 m 时,应自上而下贯通。 13.2.10　采用电力起爆方法,装炮时距工作面 30 m 以内应断开电源,可在 30 m 以外用投光灯或矿灯照明。	《水工建筑物地下开挖工程施工规范》(SL 378—2007)

续表

工程分类	工序	要求	规范名称
土石方工程	锚固与支护	9.1.17　竖井或斜井中的锚喷支护作业应遵守下列安全规定： 1　井口应设置防止杂物落入井中的措施。 2　采用溜筒运送喷射混凝土混合料时，井口溜筒喇叭口周围应封闭严密。	《水利水电工程锚喷支护技术规范》（SL 377—2007）
	疏浚与吹填	5.7.6　对施工作业区存在安全隐患的地方应设置必要的安全护栏和警示标志。 5.7.7　应制定冲洗带油甲板的环保防护措施及发生油污泄漏事故的急救预案。 5.7.9　施工船舶应符合下列安全要求： 1　施工船舶必须具有海事、船检部门核发的各类有效证书。 2　施工船舶应按海事部门确定的安全要求，设置必要的安全作业区或警戒区，并设置符合有关规定的标志，以及在明显处昼夜显示规定的号灯、号型。 3　施工船舶严禁超载航行。 4　施工船舶在汛期施工时，应制定汛期施工和安全度汛措施；在严寒封冻地区施工时，应制定船体及排泥管线防冰冻、防冰凌及防滑等冬季施工安全措施。 5　挖泥船的安全工作条件应根据船舶使用说明书和设备状况确定，在缺乏资料时应按表5.7.9的规定执行。当实际工作条件大于表5.7.9中所列数值之一时，应停止施工。 表5.7.9　挖泥船对自然影响的适应情况表 5.7.13　严禁将各类垃圾和油水混合物直接排入江、河、湖、库中。	《疏浚与吹填工程技术规范》（SL 17—2014）

表5.7.9　挖泥船对自然影响的适应情况表

船舶类型		风（级）		浪高（m）	纵向流速（m/s）	雾（雪）（级）
		内河	沿海			
绞吸式	>500 m³/h	6	5	0.6	1.6	2
	200～500 m³/h	5	4	0.4	1.5	2
	<200 m³/h	5	不适合	0.4	1.2	2
链斗式	750 m³/h	6	6	1.0	2.5	2
	<750 m³/h	5	不适合	0.8	1.8	2
铲斗式	斗容>4 m³	6	5	0.6	2.0	2
	斗容≤4 m³	6	5	0.6	1.5	2
抓斗式	斗容>4 m³	6	5	0.6～1.0	2.0	2
	斗容≤4 m³	5	5	0.4～0.8	1.5	2
拖轮拖带泥驳	>294 kW	6	5～6	0.8	1.5	3
	≤294 kW	6	不合适	0.8	1.3	3

工程分类	工序	要求	规范名称
混凝土工程	/	3.3.4　对首次采用的树种,应先进行试验,达到要求后方可使用。 5.2.3　人员进出滑模的通道应安全可靠。 6.3.3　千斤顶和支承杆的最少数量,应符合下列规定: 1　计算提升力时取 6.2.2 条中 1 款、2 款、3 款之和或 1 款、2 款、6 款之和的大值。 2　千斤顶、支承杆的允许承载力及其最少数量计算方法应符合 6.2.3 条的规定。 6.4.2　混凝土面板堆石坝面板滑模设计应符合下列规定: 6　混凝土面板堆石坝滑动模板应具有制动保险装置;采用卷扬机牵引时,卷扬机应设置安全可靠的地锚。 7.1.4　所有滑模安装都应符合下列规定: 4　当滑模安装高度达到或超过 2.0 m 时,对安装人员必须采取高空作业保护措施。 7.4.9　陡坡上的滑模施工,应具有保证安全的措施。当牵引机具为卷扬机时,卷扬机应设置安全可靠的地锚;对滑模应设置除牵引钢丝绳以外的防止其自由下滑的保险器具。 8.0.5　每滑升 1~3 m,应对建筑物的轴线、尺寸、形状、位置及标高进行测量检查,并做好记录[施工记录表格见《水工建筑物滑动模板施工技术规范》(SL 32—2014)附录 D 施工记录表格]。 9.1.3　在滑模施工中应及时掌握当地气象情况,遇到雷雨、六级和六级以上大风时,露天的滑模应停止施工,采取停滑措施。全部人员撤离后,应立即切断通向操作平台的供电电源。 9.2.2　在施工的建(构)筑物周围应划出施工危险警戒区,警戒线至建(构)筑物外边线的距离应不小于施工对象高度的 1/10,且不小于 10 m。警戒线应设置围栏和明显的警戒标志,施工区出入口应设专人看守。 9.2.3　危险警戒区内的建筑物出入口、地面通道及机械操作场所,应搭设高度不小于 2.5 m 的安全防护棚。 9.2.4　当滑模施工进行立体交叉作业时,在上、下工作面之间应搭设安全隔离棚。	《水工建筑物滑动模板施工技术规范》(SL 32—2014)

续表

工程分类	工序	要求	规范名称
混凝土工程	/	9.4.2 施工升降机应有可靠的安全保护装置,运输人员的提升设备的钢丝绳的安全系数不应小于12,同时,应设置两套互相独立的防坠落保护装置,形成并联的保险。极限开关也应设置两套。 9.5.2 滑模施工现场的场地和操作平台上应分别设置配电装置。附着在操作平台上的垂直运输设备应有上下两套紧急断电装置。总开关和集中控制开关应有明显标志。 9.7.1 露天施工,滑模应有可靠的防雷接地装置,防雷接地应单独设置,不应与保护接地混合。	《水工建筑物滑动模板施工技术规范》(SL 32—2014)
	/	1.0.3 施工前应通过现场碾压试验验证碾压混凝土配合比的适应性,并确定其施工工艺参数。 4.5.5 每层碾压作业结束后,应及时按网格布点检测混凝土的压实容重。所测容重低于规定指标时,应立即重复检测,并查找原因,采取处理措施。 4.5.6 连续上升铺筑的碾压混凝土,层间允许间隔时间(系指下层混凝土拌和物拌和加水时起到上层混凝土碾压完毕为止),应控制在混凝土初凝时间以内。 4.7.1 施工缝及冷缝必须进行层面处理,处理合格后方能继续施工。	《水工碾压混凝土施工规范》(SL 53—94)
	/	3.6.1 拆除模板的期限,应遵守下列规定: 1 不承重的侧面模板,混凝土强度达到2.5 MPa以上,保证其表面及棱角不因拆模而损坏时,方可拆除。 2 钢筋混凝土结构的承重模板,混凝土达到下列强度后(按混凝土设计强度标准值的百分率计),方可拆除。 1)悬臂板、梁:跨度 $l \leq 2$ m,75%;跨度 $l > 2$ m,100%。 2)其他梁、板、拱:跨度 $l \leq 2$ m,50%;2 m<跨度 $l \leq 8$ m,75%;跨度 $l > 8$ m,100%。 10.4.6 各种预埋铁件应待混凝土达到设计要求的强度,并经安全验收合格后,方可启用。	《水工混凝土施工规范》(SL 677—2014)

资料来源:《水利工程建设标准强制性条文(2020年版)》。

2.9　建立健全质量、安全管理体系

2.9.1　建立质量目标及管理制度

施工单位应建立质量目标及管理制度,质量目标应分解到相关管理职能、层次和过程,并定期进行考核。质量管理制度包含但不限于:技术交底制度、材料进场检验制度、样板引路制度、三检制度、培训制度、工程质量事故报告及调查制度等。具体内容详见《工程建设施工企业质量管理规范》(GB/T 50430—2017)3.2.3、3.2.4。

2.9.2　建立健全质量保证体系

(1)质量管理体系范围及说明

①施工单位需表明质量管理体系的总体概况,以满足对内管理或对外声明的需要。

②质量管理体系说明的内容需包括质量管理体系的范围和各项质量管理制度。

(2)质量管理制度

①各项管理制度内容应侧重于对各项活动的操作性规定,并考虑管理活动的复杂程度、人员素质等方面的因素。

②质量管理制度可以直接引用相关法律法规、标准规范。

③形成书面的质量管理制度是施工企业质量管理制度的重要组成部分。

(3)质量管理作业文件

质量管理作业文件是指支持质量管理制度所需的操作规程、工法、作业指导书等管理性及技术性要求等。

(4)文件化质量管理制度及其作业文件

可根据需要采用多种媒体形式。

具体内容详见《工程建设施工企业质量管理规定》(GB/T 50430—2017)3.3.6。

2.9.3　安全管理体系

安全管理体系详见本书第 5 章安全管理。

2.10 技术交底

施工单位技术负责人组织公司工程（项目）管理部门、项目部主要技术人员进行一级（公司级）技术交底。交底内容：分析项目总体技术要求，对工程地质、水文等自然条件，施工进度，总工期，采用的技术规范与质量标准，技术安全措施，材料要求，易发生安全问题的关键部位，关键工序的施工技术要求进行交底。

项目经理组织项目部主要技术人员、各班组组长进行二级（项目部级）技术交底。交底内容：单位工程、特殊分部分项工程的施工方案、质量安全保证措施及应急预案；关键工程与交叉作业工程如何协作配合，土建施工与设备安装工艺的衔接；施工单位初次采用的新结构、新技术、新工艺、新材料等。

施工班组在现场施工前，班组长对一线施工人员进行三级（班组级）技术交底。班组技术交底的主要内容有：分部、分项工程的施工方法及注意事项，危险源辨识方法及应急预案；关键工程的具体部位、标高和尺寸，预埋件、预留孔洞的位置及规格；流水和交叉作业施工阶段划分；现浇混凝土支模方法、拆模时间；钢筋、管线的规格、品种、数量和施工要求；混凝土，砂浆，玛蹄脂，防水、防腐材料等材料的配合比，试件、试块的取样、养护方法；焊接程序和工艺等。

施工技术交底记录（CB15 附件 2）详见《水利工程施工监理规范》（SL 288—2014）E.4 承包人常用表格推荐格式。

2.11 安全技术交底及安全教育

工程开工前，施工单位技术负责人应就工程概况、施工方法、施工工艺、施工程序、安全技术措施和专项施工方案，向施工技术人员、施工作业队（区）负责人、工长、班组长和作业人员进行安全技术交底。

单项工程或专项施工方案施工前，施工单位技术负责人应组织相关技术人员、施工作业队（区）负责人、工长、班组长和作业人员进行全面、详细的安全技术交底。

各工种施工前，技术人员应进行安全作业技术交底。

每天施工前,班组长应向工人进行施工要求、作业环境的安全交底。

交叉作业时,项目技术负责人应根据工程进展情况定期向相关作业队和作业人员进行安全技术交底。

施工单位对新进场的工人,必须进行公司、项目、班组三级安全教育培训,经考核合格后,方能允许上岗。具体内容详见《水利水电工程施工安全管理导则》(SL 721—2015)7.6 安全技术交底、8 安全生产教育培训。安全技术交底单、安全生产教育培训计划表、职工安全生产教育培训记录表、三级安全教育培训登记表详见《水利水电工程施工安全管理导则》(SL 721—2015)表 E.0.3-16～E.0.3-19。

2.12　现场测量

(1)施工单位应参加建设单位组织的设计单位交桩工作,监理单位参加,设计单位向施工单位进行现场交接桩工作,施工单位应留存影像资料,并做好移交记录。

(2)施工单位组织测量人员对移交后的基准点复测,将复测的原始记录、计算结果、测量精度、成果对比等资料报监理工程师审批,审批后方可使用,并做好基准点的保护工作。

(3)施工单位负责完成道路、供电、供水、通信和场地平整(简称"四通一平")等工作。

(4)向监理机构提交联合测量通知单,进行原始地貌测量,并将施工测量成果报验单报监理机构审批。联合测量通知单(CB12)、施工测量成果报验单(CB13)及其附件详见《水利工程施工监理规范》(SL 288—2014)E.4 承包人常用表格推荐格式。

2.13　施工图纸会检和设计交底

(1)项目部收到施工图纸后,施工单位应先对施工图纸进行内部会审、检查。

(2)施工单位应参加项目法人组织的图纸会审,留存会议纪要及图纸会审影像资料。会议纪要(JL38)详见《水利工程施工监理规范》(SL 288—2014)E.5 监理机构常用表格推荐格式。

（3）施工单位应向监理组织机构申报施工用图报告。施工用图计划申报表（CB03）及其附件详见《水利工程施工监理规范》（SL 288—2014）E.4 承包人常用表格推荐格式。

（4）施工单位应参加项目法人组织的设计交底会议。具体内容详见《水利工程施工监理规范》（SL 288—2014）5.2.3。

（5）工程施工所用的施工图纸应由监理机构核查，总监理工程师签发，并加盖监理机构章。具体内容详见《水利工程施工监理规范》（SL 288—2014）5.2.4。

2.14　参与项目划分工作

由项目法人组织监理、设计及施工等单位进行工程项目划分，并确定主要单位工程、主要分部工程、重要隐蔽单元工程和关键部位单元工程。具体内容详见《水利水电工程施工质量检验与评定规程》（SL 176—2007）3.3 项目划分程序和《水利工程施工监理规范》（SL 288—2014）5.2.5。

2.15　施工组织设计报批

根据开工资料报批要求，施工单位应在开工前编制项目施工组织设计并上报监理组织机构审批。

（1）编制：施工组织设计由项目经理组织，项目部技术负责人负责主持编制，项目部施工员、安全员、质检员等参与编制。

（2）审核：由公司总部技术部门专业技术人员（工程部、安全部、技术部等）审核。

（3）批准：由公司技术负责人签字批准（总承包项目，专项施工方案需要总承包单位技术负责人及相关专业承包单位技术负责人共同签字）。

（4）报审：项目经理签字盖章报审。

（5）审批：经本项目专业监理工程师审核通过后，报总监理工程师审核、签字、盖章然后下发、执行。

施工技术方案申报表（CB01）及其附件详见《水利工程施工监理规范》（SL 288—2014）E.4 承包人常用表格推荐格式。

2.16 专项施工方案

施工单位应在施工前,对于达到一定规模的危险性较大的专项工程(详见附录 I.1)编制专项施工方案;对于超过一定规模的危险性较大的专项工程(详见附录 I.2),施工单位应组织专家对专项施工方案进行审查论证。

专项施工方案应包括下列内容:

(1)工程概况:危险性较大的单项工程概况、施工平面布置、施工要求和技术保证条件等。

(2)编制依据:相关法律、法规、规章、制度、标准及图纸(国标图集)、施工组织设计等。

(3)施工计划:包括施工进度计划、材料与设备计划等。

(4)施工工艺技术:技术参数、工艺流程、施工方法、质量标准、检查验收等。

(5)施工安全保证措施:组织保障、技术措施、应急预案、监测监控等。

(6)劳动力计划:专职安全生产管理人员、特种作业人员等。

(7)设计计算书及相关图纸等。

具体内容详见《水利水电工程施工安全管理导则》(SL 721—2015)7.3 专项施工方案。

2.17 施工进度计划报批

(1)根据开工资料报批要求,施工单位应在开工前编制项目施工进度计划并上报监理组织机构审批。

施工准备阶段进度计划主要包括:施工总进度计划、施工合同进度计划、施工合同单项(专项)进度计划。

(2)编制施工总进度的原则如下:

①应遵守基本建设程序。

②宜采用国内平均先进施工水平合理安排工期,地质条件复杂、气候条件恶劣或受洪水制约的工程,工期安排宜适当留有余地。

③应做到资源(人力、物资和资金等)均衡分配。

④单项工程施工进度应与施工总进度相互协调，各项目施工程序应前后兼顾、衔接合理、干扰少、施工均衡。

⑤在保证工程施工质量、施工总工期的前提下，应充分发挥投资效益。

⑥应确保工程项目的施工在安全、连续、稳定、均衡的状态下进行。

⑦应研究工程分期建设、降低初期建设投资、提前发挥效益的合理性。

（3）编制施工总进度的基本要求如下：

施工总进度应突出关键工程、重要工程、技术复杂工程，明确准备工程起点时间，明确截流、下闸蓄水、第一台（批）机组发电或工程发挥效益和工程完工日期。控制施工进程的重要关键节点（导流工程、坝肩开挖、截流、主体工程开工、工程度汛、下闸蓄水、工程投产运行等）应具备的条件，在施工进度设计文件中应予以明确。

施工进度计划申报表（CB02）详见《水利工程施工监理规范》（SL 288—2014）E.4 承包人常用表格推荐格式。

2.18　资金流计划

施工单位应做好建设项目资金使用计划并向监理组织机构报送资金流计划。

资金流计划申报表（CB04）及其附件详见《水利工程施工监理规范》（SL 288—2014）E.4 承包人常用表格推荐格式。

2.19　施工专业分包

施工单位存在专业分包的，应及时向监理组织机构报送相关材料，监理组织机构审查出具意见后报项目法人单位审批。

施工分包申报表（CB05）及其附件详见《水利工程施工监理规范》（SL 288—2014）E.4 承包人常用表格推荐格式。

2.20　质量检测单位的选定及工地试验室

（1）施工单位委托的质量检测单位不能与项目法人、监理单位委托的第三方质量检测单位相同,且质量检测单位资质满足建设项目规模要求。

取得甲级资质的检测单位可以承担各等级水利工程的质量检测业务。大型水利工程(含一级堤防)主要建筑物以及水利工程质量与安全事故鉴定的质量检测业务,必须由具有甲级资质的检测单位承担。取得乙级资质的检测单位可以承担除大型水利工程(含一级堤防)主要建筑物以外的其他各等级水利工程的质量检测业务。

(2)工地试验室应根据工程规模、性质建设,并按要求进行标准化试验室的建设。

常用工地试验室试验:土方压实度、混凝土试块标养。

具体内容详见《水利工程质量检测管理规定》(2019 年修订版)第三条,《水利水电工程施工质量检验与评定规程》(SL 176—2007)4.1.1、4.1.9,《水利工程施工监理规范》(SL 288—2014)5.2.2。

2.21　开设农民工工资专户

根据《保障农民工工资支付条例》(2019 年发布)规定,为保障农民工工资专款专用,施工总承包单位应当按照有关规定开设农民工工资专用账户,专项用于支付该工程建设项目农民工工资。具体内容详见《保障农民工工资支付条例》(2019 年发布)、《山东省水利厅关于全面推行水利工程建设项目农民工实名制、工资专用账户管理、施工总承包企业直接代发工资等制度的实施意见(试行)》(鲁水建字〔2018〕19 号)。

2.22　保险

(1)在项目所在地人社部门购买工伤保险或向保险公司购买建设工程意外伤害险。

(2)向保险公司购买安全生产责任险。

具体内容详见《中华人民共和国安全生产法》(2021 年修订版)第二章第五十一条,《水利水电工程施工安全管理导则》(SL 721—2015)4.5.4、12.1.3 以及条文说明6.2.3。

2.23　临时工程

临时工程应进行质量检验、评定、核备。临时工程（如施工围堰、临时道路等）质量检验及评定标准应由项目法人组织监理、设计及施工等单位根据工程特点，参照《水利水电工程单元工程施工质量验收评定标准》（SL 631—2012～SL 637—2012、SL 638—2013 和 SL 639—2013）和其他相关标准确定，并报相应的工程质量监督机构核备。具体内容详见《水利水电工程施工质量检验与评定规程》（SL 176—2007）4.2.2。

2.24　工艺性试验

2.24.1　土石方碾压试验

土石方填筑料在铺填前，应进行碾压试验，以确定碾压方式和碾压质量控制参数。具体内容详见《水利水电工程单元工程施工质量验收评定标准——土石方工程》（SL 631—2012）6.1.3、《堤防工程施工规范》（SL 260—2014）8.2.3。

2.24.2　钢管焊接和管道水压试验

对首次采用的钢材、焊接材料、焊接方法或焊接工艺，施工单位必须在施焊前按设计要求和有关规定进行焊接试验，并应根据试验结果编制焊接工艺指导书。具体内容详见《给水排水管道工程施工及验收规范》（GB 50268—2008）5.3.1。

管道耐水压试验和渗水量试验应在管道安装完毕并填土定位后进行。管道水压试验前，应编制试验方案。具体内容详见《管道输水灌溉工程技术规范》（GB/T 20203—2017）10.1.1、10.1.2。

2.24.3　灌浆试验和压水试验

帷幕灌浆先导孔、质量检查孔应自上而下分段进行压水试验，压水试验宜采用单点法。具体内容详见《水工建筑物水泥灌浆施工技术规范》（SL/T 62—2020）5.3.2。

采用自上而下分段灌浆法、孔口封闭灌浆法进行帷幕灌浆时,各灌浆段在灌浆前宜进行简易压水试验,简易压水试验可与裂隙冲洗合并进行。采用自下而上分段灌浆法时,灌浆前可进行全孔一段简易压水试验和孔底段简易压水试验。具体内容详见《水工建筑物水泥灌浆施工技术规范》(SL/T 62—2020)5.3.3。

对遇水后性能易恶化的地层,宜少做或不做压水试验。具体内容详见《水工建筑物水泥灌浆施工技术规范》(SL/T 62—2020)5.3.4。

2.24.4　钢筋焊接试验

在钢筋工程焊接开工之前,参与该项工程施焊的焊工必须进行现场条件下的焊接工艺试验,应经试验合格后,方准予焊接生产。具体内容详见《钢筋焊接及验收规程》(JGJ 18—2012)4.1.3。

2.24.5　混凝土配合比

混凝土配合比设计,应根据工程要求、结构型式、设计指标、施工条件和原材料状况,通过试验确定各组成材料的用量。混凝土施工配合比选择应经综合分析比较,合理降低水泥用量。室内试验确定的配合比还应根据现场情况进行必要的调整。混凝土配合比应经批准后使用。具体内容详见《水工混凝土施工规范》(SL 677—2014)6.0.1。

2.24.6　自建混凝土拌和站生产性试验

若施工单位存在自建混凝土拌和站,混凝土拌和站在正式使用以前应进行生产性试验。

生产性试验流程:施工配料单控制→粗骨料、细骨料及水泥、粉煤灰配料→骨料、胶凝材料导入搅拌机的同时加水、外加剂→不同的搅拌时间→坍落度、和易性、抗压强度等拌和性能检验→试验成果统计分析→试验成果报审。

具体内容详见《混凝土质量控制标准》(GB 50164—2011)、《水工混凝土试验规程》(SL/T 352—2020)和《水工混凝土施工规范》(SL 677—2014)。

2.24.7　碾压混凝土碾压试验

施工前应通过现场碾压试验验证碾压混凝土配合比的适应性,并确定其施工工艺参数。具体内容详见《水工碾压混凝土施工规范》(SL 53—94)1.0.3。

2.25　合同项目开工

　　施工单位在做好以上施工准备工作后,具备合同项目开工条件,即可向监理组织机构申请合同项目开工。具体内容详见《水利水电工程施工质量检验与评定规程》(SL 176—2007)4.3.2。

　　合同工程开工申请表(CB14)及其附件要求详见《水利工程施工监理规范》(SL 288—2014)E.4 承包人常用表格推荐格式。

第3章 工程施工

3.1 降排水工程

3.1.1 施工降排水

（1）对有地下水影响的土方施工，应根据工程规模、工程地质、水文地质、周围环境等要求，制定施工降排水方案。

（2）方案的主要内容应包括：降排水量计算；降排水方法的选定；排水系统的平面和竖向布置，观测系统的平面布置以及抽水机械的选型和数量；降水井的构造，井点系统的组合与构造，排放管渠的构造、断面和坡度；电渗排水所采用的设施及电极；沿线地下和地上管线、周边构（建）筑物的保护和施工安全措施。

（3）设计降水深度在基坑（槽）范围内不应小于基坑（槽）底面以下 0.5 m。降水深度必要时应进行现场抽水试验，以验证并完善降排水方案。

具体内容详见《给水排水管道工程施工及验收规范》（GB 50268—2008）4.2施工降排水。

3.1.2 基坑排水

（1）基坑排水分初期排水和经常性排水。应结合工程的自然条件和不同防渗措施进行综合分析，确定技术可行、经济合理的排水方案。

（2）初期排水总量计算应包括围堰闭气后的基坑积水量、抽水过程中围堰及基础渗水量、堰身及基坑覆盖层中的含水量，以及可能的降水量。基坑水位下降速度应根据围堰型式及岸坡对渗透稳定要求确定。对于土质围堰或覆盖层边坡,其基坑水位下降速度必须控制在允许范围内。一般开始排水速度以每天 0.5～1.0 m 为宜,接近排干时可允许每天 1.0～1.5 m。排水时间的确定,应考虑基坑工期的紧迫程度、基坑水位允许下降的速度、各期抽水设备及相应用电负荷的均匀性等因素,进行比较后选定。一般情况下,大型基坑可采用 5～7 天,中型基坑可采用 3～5 天。

（3）经常性排水最大抽水强度应根据围堰和基础在设计水头的渗流量、覆盖层中的含水量、排水时降水量及施工弃水量确定。排水系统布置应考虑与初期排水系统结合,一般布置在建筑物轮廓线外侧,且留有一定的安全距离,并避免与建筑物施工的相互干扰。

具体内容详见《水利水电工程施工组织设计规范》(SL 303—2017)2.7 基坑排水、《水利水电工程施工导流设计规范》(SL 623—2013)9 基坑排水。

3.1.3　排水设备

（1）排水设备数量应根据不同排水阶段排水强度确定。宜使各个排水时期所选的泵型的种类不宜太多,排水设备容量组合相协调,以免造成维修、配件供应不足的困难。排水设备应有一定备用和可靠电源,避免单一电源停电导致基坑积水。

（2）过水围堰的排水设备,因有排淤问题,应配备一定容量的排砂、泥浆泵。

具体内容详见《水利水电工程施工组织设计规范》(SL 303—2017)2.7 基坑排水、《水利水电工程施工导流设计规范》(SL 623—2013)9 基坑排水。

3.2　土石方工程

3.2.1　土方开挖

（1）土方工程开挖前、开挖完成后,应进行施工放样、测量报验,施工放样报验单(CB11)、联合测量通知单(CB12)、施工测量成果报验单(CB13)详见《水利工程施工监理规范》(SL 288—2014)E.4 承包人常用表格推荐格式。

（2）表土清理范围、坡度应符合规范要求,明挖施工应自上而下进行,开挖坡面应稳定、不陡于设计坡度,不良土质和地质坑、孔的处理应符合设计要求,保护层开挖方式应符合设计要求。具体内容详见《水利水电工程单元工程施工质量验收评定标准——土石方工程》(SL 631—2012)4 明挖工程。

(3)土方开挖单元工程档案资料:①工序/单元工程施工质量报验单(CB18)详见《水利工程施工监理规范》(SL 288—2014)E.4 承包人常用表格推荐格式。②土方开挖单元工程施工质量验收评定表详见《水利水电工程单元工程施工质量验收评定表及填表说明》表 1.1。

3.2.2 岩石岸坡开挖

(1)开挖前、开挖后施工放样、测量报验参照土方开挖程序。

(2)严禁在设计建基面、设计边坡附近采用洞室爆破法或药壶爆破法施工(强条)。未经安全技术论证和主管部门批准,严禁采用自下而上的开挖方式(强条)。具体内容详见《水工建筑物岩石基础开挖工程施工技术规范》(DL/T 5389—2007)7 开挖、8 钻孔爆破,《水利工程建设标准强制性条文(2020 年版)》7 土石方工程。

(3)岩石岸坡开挖单元工程档案资料:①工序/单元工程施工质量报验单(CB18)详见《水利工程施工监理规范》(SL 288—2014)E.4 承包人常用表格推荐格式。②岩石岸坡开挖单元工程施工质量验收评定表详见《水利水电工程单元工程施工质量验收评定表及填表说明》表 1.2。

3.2.3 岩石地基开挖

(1)开挖前、开挖后施工放样、测量报验参照土方开挖程序。

(2)地下洞室洞口削坡应自上而下分层进行,严禁上下垂直作业(强条)。进洞前应做好开挖及其影响范围内的危石清理和坡顶排水,按设计要求进行边坡加固(强条)。具体内容详见《水利工程建设标准强制性条文(2020 年版)》7 土石方工程。

(3)岩石地基开挖单元工程档案资料:①工序/单元工程施工质量报验单(CB18)详见《水利工程施工监理规范》(SL 288—2014)E.4 承包人常用表格推荐格式。②岩石地基开挖单元工程施工质量验收评定表详见《水利水电工程单元工程施工质量验收评定表及填表说明》表 1.3。

3.2.4　土料填筑

（1）土料填筑施工前，应在料场采集代表性土样复核土料的土质，土料各项指标应符合设计要求。在铺填前，应进行击实试验和施工现场碾压试验，以确定碾压方式、摊铺厚度及碾压质量控制参数。土料填筑应分层进行，分层检查和检测，并做好施工记录。环刀试样切取、检测参照《土工试验方法标准》（GB/T 50123—2019）相关规定执行。具体内容详见《碾压式土石坝施工规范》（DL/T 5129—2013）附录 A 碾压试验、《土工试验方法标准》（GB/T 50123—2019）、《水利水电工程单元工程施工质量验收评定标准——土石方工程》（SL 631—2012）6 土石方填筑工程以及《水利水电工程单元工程施工质量验收评定标准——堤防工程》（SL 634—2012）5 土料碾压筑堤。

（2）土料填筑单元工程档案资料：①工序/单元工程施工质量报验单（CB18）详见《水利工程施工监理规范》（SL 288—2014）E.4 承包人常用表格推荐格式。②土料填筑单元工程施工质量验收评定表详见《水利水电工程单元工程施工质量验收评定表及填表说明》表1.6。

3.2.5　坝体（壳）砂砾料填筑

（1）砂砾料在铺填前，应进行碾压试验，以确定碾压方式及碾压质量控制参数。

（2）填筑应采用进占法卸料，沿坝轴线方向铺料，宜采用定点测量方式控制填料厚度，并根据气候条件适量洒水。碾压宜分段进行，相邻两段交接带、平行碾压方向搭接带宽度应符合规范要求，压实相关参数依据碾压试验确定。

（3）根据施工进度及时组织材料进场，并事先对原材料的质量进行检验，材料质量应符合设计要求。

具体内容详见《水工混凝土试验规程》（SL/T 352—2020）3.1 细骨料颗粒级配试验、《碾压式土石坝施工规范》（DL/T 5129—2013）9.2 填筑施工。

（4）坝体（壳）砂砾料填筑单元工程档案资料：①工序/单元工程施工质量报验单（CB18）详见《水利工程施工监理规范》（SL 288—2014）E.4 承包人常用表格推荐格式。②坝体（壳）砂砾料填筑单元工程施工质量验收评定表详见《水利水电工程单元工程施工质量验收评定表及填表说明》表1.7。

3.2.6　堆石料填筑

（1）堆石料填筑程序、标准参照坝体（壳）砂砾料填筑。具体内容详见《水工混凝土试验规程》（SL/T 352—2020）3.20 粗骨料颗粒级配试验、《碾压式土石坝施工规范》（DL/T 5129—2013）9.2 填筑施工。

（2）堆石料填筑单元工程档案资料：①工序/单元工程施工质量报验单（CB18）详见《水利工程施工监理规范》（SL 288—2014）E.4 承包人常用表格推荐格式。②堆石料填筑单元工程施工质量验收评定表详见《水利水电工程单元工程施工质量验收评定表及填表说明》表1.8。

3.2.7　反滤（过渡）料填筑

（1）反滤（过渡）料填筑程序、标准参照《碾压式土石坝施工规范》（DL/T 5129—2013）9.2 填筑施工。

（2）反滤（过渡）料填筑单元工程档案资料：①工序/单元工程施工质量报验单（CB18）详见《水利工程施工监理规范》（SL 288—2014）E.4 承包人常用表格推荐格式。②反滤（过渡）料填筑单元工程施工质量验收评定表详见《水利水电工程单元工程施工质量验收评定表及填表说明》表1.9。

3.2.8　干砌石

（1）施工前，应选代表性石料送检，石料各项指标应符合设计要求。砌筑时按设计要求砌筑，块石要嵌紧、整平，不应叠砌、浮塞，石料大小均匀，质地坚硬，单块重不小于设计要求。具体内容详见《堤防工程施工规范》（SL 260—2014）9.3 护坡施工。

（2）干砌石单元工程档案资料：①工序/单元工程施工质量报验单（CB18）详见《水利工程施工监理规范》（SL 288—2014）E.4 承包人常用表格推荐格式。②干砌石单元工程施工质量验收评定表详见《水利水电工程单元工程施工质量验收评定表及填表说明》表1.12。

3.2.9　护坡垫层

（1）护坡垫层铺料厚度应均匀，不超厚。表面平整，边线整齐，铺填力求均衡上升，无团块、无粗粒集中。垫层料压实机具的型号、规格、碾压遍数、碾压速度、碾压振动频率、振幅和加水量应符合碾压试验确定的参数值，压实度（或相对密实度）不低于设计要求。具体内容详见《水利水电工程单元工程施工质量验收评定标准——土石方工程》（SL 631—2012）6.6 垫层工程。

（2）护坡垫层单元工程档案资料：①工序/单元工程施工质量报验单（CB18）详见《水利工程施工监理规范》（SL 288—2014）E.4 承包人常用表格推荐格式。②护坡垫层单元工程施工质量验收评定表详见《水利水电工程单元工程施工质量验收评定表及填表说明》表 1.13。

3.2.10 水泥砂浆砌石体

（1）施工前，应做水泥砂浆配合比试验并将代表性石料送检，砂浆性能、石料各项指标应符合设计要求。砌筑时，应将石料上的泥垢冲洗干净，保持砌石表面湿润，上下层砌石应错缝砌筑，自下而上分层进行，分层检查和检测，并留取砂浆试块。砌筑砂浆试块的留置及检验标准参照相关规范执行。

（2）当室外日平均气温连续 5 天稳定低于 5 ℃时，即进入冬期施工。冬期施工石料在砌筑前，应清除表面污物、冰雪等，不得使用遭水浸和受冻后表面结冰的石料。砌筑砂浆宜采用普通硅酸盐水泥配置，现场拌制砂浆所用砂中不得含有直径大于 10 mm 的冻结块或冰块，砂浆拌和水温不宜超过 80 ℃，砂加热温度不宜超过 40 ℃，且水泥不得与 80 ℃以上热水直接接触，砂浆稠度宜较常温适度增大，且不得二次加水调整砂浆和易性。

（3）砌筑间歇期间，宜及时在砌体表面进行保护性覆盖，砌体面层不得留有砂浆。继续砌筑前，应将砌体表面清理干净。砂浆试块的留置，除应按常温规定要求外，尚应增设一组与砌体同条件养护的试块，用于检验转入常温 28 天的强度。

具体内容详见《水工混凝土试验规程》（SL/T 352—2020）附录 B 水工砂浆配合比设计方法，《砌体结构工程施工质量验收规范》（GB 50203—2011）4 砌筑砂浆、7 石砌体工程，《建筑工程冬期施工规程》（JGJ/T 104—2011）4 砌体工程，《水利水电工程单元工程施工质量验收评定标准——土石方工程》（SL 631—2012）7 砌石工程。

（4）水泥砂浆砌石体单元工程档案资料：①工序/单元工程施工质量报验单（CB18）详见《水利工程施工监理规范》（SL 288—2014）E.4 承包人常用表格推荐格式。②水泥砂浆砌石体单元工程施工质量验收评定表详见《水利水电工程单元工程施工质量验收评定表及填表说明》表 1.14。

3.2.11　混凝土砌石体

（1）混凝土砌石体石料规格应符合设计要求，表面无泥垢及油渍等污物，砌石体砌筑混凝土应铺设均匀，无裸露石块，砌石体灌注、塞缝混凝土饱满，砌缝密实，无架空现象。具体内容详见《水利水电工程单元工程施工质量验收评定标准——土石方工程》（SL 631—2012）7.4 混凝土砌石体。

（2）混凝土砌石体单元工程档案资料：①工序／单元工程施工质量报验单（CB18）详见《水利工程施工监理规范》（SL 288—2014）E.4 承包人常用表格推荐格式。②混凝土砌石体单元工程施工质量验收评定表详见《水利水电工程单元工程施工质量验收评定表及填表说明》表 1.15。

3.2.12　水泥砂浆勾缝

（1）水泥砂浆勾缝前，应做水泥砂浆配合比试验，砂浆性能项指标应符合设计要求。勾缝采用的水泥砂浆应单独拌制，不应与砌筑砂浆混用。具体内容详见《水工混凝土试验规程》（SL/T 352—2020）附录 B 水工砂浆配合比设计方法。

（2）水泥砂浆勾缝单元工程档案资料：①工序／单元工程施工质量报验单（CB18）详见《水利工程施工监理规范》（SL 288—2014）E.4 承包人常用表格推荐格式。②水泥砂浆勾缝单元工程施工质量验收评定表详见《水利水电工程单元工程施工质量验收评定表及填表说明》表 1.16。

3.2.13　土工织物滤层与排水

（1）土工合成材料的结构形式应满足设计要求，土工合成材料使用前，按相应工程使用要求检验其物理性能、力学性能、水力学性能、耐久性能等。土工合成材料施工前，铺设面应平整清除尖棱硬物，并经验收合格，按制定的规划方案裁剪和拼接，施工人员应穿软底鞋，施工区域不得使用明火，土工合成材料随铺随填，避免阳光长期照射。具体内容详见《土工合成材料应用技术规范》（GB/T 50290—2014）4 反滤和排水、《水电水利工程土工合成材料施工规范》（DL/T 5743—2016）4 土工合成材料施工。

（2）土工织物滤层与排水单元工程档案资料：①工序／单元工程施工质量

报验单(CB18)详见《水利工程施工监理规范》(SL 288—2014)E.4承包人常用表格推荐格式。②土工织物滤层与排水单元工程施工质量验收评定表详见《水利水电工程单元工程施工质量验收评定表及填表说明》表1.17。

3.2.14 土工膜防渗体

（1）土工膜防渗体施工的程序、标准参照土工织物滤层与排水。

（2）土工膜防渗体焊接前，应进行现场焊接试验，试焊接1 m长样品，采用现场撕拉检验试样，焊缝不被撕拉破坏、母材被撕裂认为合格，即可按现场试验确定焊接参数施焊。焊接完成后，需进行全焊缝质量检测，详细记录检测过程及结果。质量检验应随施工进展进行，自检合格后应经甲方抽验或全验，验收合格后，方可进行下道工序。具体内容详见《聚乙烯(PE)土工膜防渗工程技术规范》(SL/T 231—98)3 施工，《土工合成材料 聚乙烯土工膜》(GB/T 17643—2011)7 试验方法、8 检验规则。

（3）土工膜防渗体单元工程档案资料：①工序/单元工程施工质量报验单(CB18)详见《水利工程施工监理规范》(SL 288—2014)E.4承包人常用表格推荐格式。②土工膜防渗体单元工程施工质量验收评定表详见《水利水电工程单元工程施工质量验收评定表及填表说明》表1.18。

3.2.15 堤防

3.2.15.1 堤基清理

（1）堤基施工前，应根据勘测设计文件、堤基的实际情况和施工条件制定施工技术方案，堤基基面清理范围包括堤身、铺盖、压载的基面，其边界应在设计基面边线外50 cm，堤基表层不合格土、杂物等应予清除，堤基范围内的坑、槽、沟以及水井、地道、墓穴等地下建筑物，应按设计要求处理，堤基开挖和处理过程中的各种情况，应及时详细如实记录。经隐蔽工程验收合格后，方可进行堤身填筑。

（2）堤基清理后应按堤身填筑要求压实，堤基表面压实后应无明显凹凸、无松土、无弹簧土等，基面清理平整后，应及时报验，基面验收后应抓紧施工，若不能立即施工，应做好基面保护，复工前应再检验，必要时必须重新清理。

（3）当需对土方压实填筑进行质量控制时，应进行击实试验，采集代表性土样复核土料的土质，其性能指标应符合设计要求，通过击实试验测定土的干密度与含水量的关系,确定最大干密度和最佳含水率。

具体内容详见《堤防工程施工规范》(SL 260—2014)6 堤基施工、《水利水电工程单元工程施工质量验收评定标准——堤防工程》(SL 634—2012)4 堤基清理。

(4)堤基清理单元工程档案资料:①工序/单元工程施工质量报验单(CB18)详见《水利工程施工监理规范》(SL 288—2014)E.4 承包人常用表格推荐格式。②堤基清理单元工程施工质量验收评定表详见《水利水电工程单元工程施工质量验收评定表及填表说明》表 4.1。

3.2.15.2　土料碾压筑堤

(1)碾压施工前应进行碾压试验,上堤土料为黏性土或少黏性土的,应通过轻型击实试验,确定其最大干密度和最优含水率,上堤土料为无黏性土的,应通过相对密度试验,确定其最大干密度和最小干密度。检查压实机具的性能是否满足施工要求,进而选定合理的压实参数,包括铺土厚度、土块限制直径、含水率的适宜范围、压实方法和压实遍数等。碾压试验程序标准详见《碾压式土石坝施工规范》(DL/T 5129—2013)附录 A 碾压试验。当缺乏碾压试验资料时,可参照《水利水电工程单元工程施工质量验收评定标准——堤防工程》(SL 634—2012)表 5.0.5-2。

(2)堤身填筑作业应按水平分层由低处开始逐层填筑,不允许顺坡铺填,横断面上的地面坡度不陡于 1∶5。对老堤进行加高培厚处理时,应将老堤坡铲成台阶状,再分层填筑、碾压。填筑作业面应分层统一铺土、统一碾压,其铺土厚度、碾压控制参数依据碾压试验确定,相邻作业面不允许出现界沟,不可避免出现高差时,应以斜坡面相接。分段填筑时,各段应设立标志,以防漏压、欠压和过压,上下层的分段接缝位置应错开。

具体内容详见《堤防工程施工规范》(SL 260—2014)8.2 碾压筑堤、《土工试验方法标准》(GB/T 50123—2019)13 击实试验、《碾压式土石坝施工规范》(DL/T 5129—2013)附录 A 碾压试验、《水利水电工程单元工程施工质量验收评定标准——堤防工程》(SL 634—2012)5 土料碾压筑堤。

(3)土料碾压筑堤单元工程档案资料:①工序/单元工程施工质量报验单(CB18)详见《水利工程施工监理规范》(SL 288—2014)E.4 承包人常用表格推荐格式。②土料碾压筑堤单元工程施工质量验收评定表详见《水利水电工程单元工程施工质量验收评定表及填表说明》表 4.2。

3.2.15.3 堤身与建筑物结合部填筑

（1）土料检测、试验等程序、标准参照土料碾压筑堤。

（2）土堤与刚性建筑物（涵闸、堤内埋管、混凝土防渗墙等）相接时，建筑物周边回填土方，宜在建筑物强度分别达到设计强度50%（受压构件）、70%（受弯构件）的情况下施工。填土前，应清除建筑物表面的乳皮、粉尘及油污等，表面的外露铁件宜割除，对铁件残余露头应用水泥砂浆覆盖保护。填筑时，应先将建筑物表面湿润、边涂泥浆、边覆土、边夯实，制备泥浆宜采用粘性土，涂浆高度应与铺土厚度一致。建筑物两侧填土，应保持均衡上升，贴边填筑宜用夯具夯实。具体内容详见《堤防工程施工规范》(SL 260—2014)8.9接缝、堤身与建筑物接合部施工，《水利水电工程单元工程施工质量验收评定标准——堤防工程》(SL 634—2012)7堤身与建筑物结合部填筑，山东省水利厅下发的《堤防工程穿堤建筑物与堤身结合部施工质量控制要点》。

（3）堤身与建筑物结合部填筑单元工程档案资料：①工序/单元工程施工质量报验单(CB18)详见《水利工程施工监理规范》(SL 288—2014)E.4承包人常用表格推荐格式。②堤身与建筑物结合部填筑单元工程施工质量验收评定表详见《水利水电工程单元工程施工质量验收评定表及填表说明》表4.4。

3.2.15.4 防冲体（散抛石、石笼、预制件、土工袋）护脚

（1）防冲体护脚方式应按照设计要求施工，提前制定施工方案和质量控制要求。抛投前应加工好抛投体并运至现场，抛投物的质量和数量应满足设计要求，抛投前对抛投区水深、流速、断面形状等情况进行测量并绘制成图，通过现场抛投试验确定抛投物料在水中的沉降规律。

（2）抛投宜在枯水期进行，将抛投区按船只大小划分网格，按设计换算各网格内抛投量，并用测量仪器将定位船准确定位，由深水网格开始依次向近岸浅水网格抛投。抛投过程中应及时探测和检查水下抛投坡度、厚度是否符合设计要求。

具体内容详见《堤防工程施工规范》(SL 260—2014)9.2护脚施工、《水利水电工程单元工程施工质量验收评定标准——堤防工程》(SL 634—2012)8防冲体护脚。

（3）防冲体护脚单元工程档案资料：①工序/单元工程施工质量报验单(CB18)详见《水利工程施工监理规范》(SL 288—2014)E.4承包人常用表格推荐格式。②防冲体（散抛石、石笼、预制件、土工袋、柴枕）护脚单元工程施工质

量验收评定表详见《水利水电工程单元工程施工质量验收评定表及填表说明》表4.5。

3.2.15.5 护坡砂(石)垫层

(1)护坡基面应按设计要求削坡,坡面应平整、坚实,堤坡整削完毕因故未进行砌护施工时,应采取措施盖护,规模较大护坡工程应分块施工,堤坡稳定性较差段宜分段先行施工。

(2)砂石垫层铺设前应对材料材质、级配进行检测试验,其材质、级配应符合设计要求。

具体内容详见《堤防工程施工规范》(SL 260—2014)9.3护坡施工、《水利水电工程单元工程施工质量验收评定标准——堤防工程》(SL 634—2012)10护坡工程。

(3)护坡砂(石)垫层单元工程档案资料:①工序/单元工程施工质量报验单(CB18)详见《水利工程施工监理规范》(SL 288—2014)E.4承包人常用表格推荐格式。②护坡砂(石)垫层单元工程施工质量验收评定表详见《水利水电工程单元工程施工质量验收评定表及填表说明》表4.7。

3.2.15.6 土工织物铺设

(1)土工织物作滤层、垫层、排水层铺设前应经复验合格,有扯裂、蠕变、老化等现象的材料均不允许使用。铺设时,宜自下游侧开始依次向上游侧铺展,上游侧织物搭接在下游侧织物上,或者采用专用设备缝制。在土工织物上铺砂时,织物接头不宜采用搭接法连接。土工织物长边宜顺河铺设,并避免张拉受力、折叠、打皱等情况发生,铺设完毕后,应尽快铺设上一层堤料。具体内容详见《堤防工程施工规范》(SL 260—2014)8.8滤层、排水施工,《水利水电工程单元工程施工质量验收评定标准——堤防工程》(SL 634—2012)10护坡工程。

(2)土工织物铺设单元工程档案资料:①工序/单元工程施工质量报验单(CB18)详见《水利工程施工监理规范》(SL 288—2014)E.4承包人常用表格推荐格式。②土工织物铺设单元工程施工质量验收评定表详见《水利水电工程单元工程施工质量验收评定表及填表说明》表4.8。

3.2.15.7 石笼护坡

(1)石笼材质性能、规格参数应符合设计要求。石笼绑扎方式可采用螺旋式缠绕绑扎或采用扣件绑扎,均应符合设计要求。石笼网片组装时,间隔网与网身应成90°相交,绑扎线与网线应是同材质材料,每道绑扎应双股线并绞紧。

（2）石笼应错缝摆放，避免出现上下贯通缝，填料规格质量应符合设计要求，网格内填料时应同时均匀向一组网格内填料，严禁向单个网格内填料，填料应人工或机械砌垒平整，石料间相互搭接，空隙可用小碎石填塞。具体内容详见《生态格网结构技术规程》（CECS 353：2013）8 施工、《堤防工程施工规范》（SL 260—2014）9 防护工程施工、《水利水电工程单元工程施工质量验收评定标准——堤防工程》（SL 634—2012）10 护坡工程。

（3）石笼护坡单元工程档案资料：①工序/单元工程施工质量报验单（CB18）详见《水利工程施工监理规范》（SL 288—2014）E.4 承包人常用表格推荐格式。②石笼护坡单元工程施工质量验收评定表详见《水利水电工程单元工程施工质量验收评定表及填表说明》表 4.10。

3.2.15.8　干砌石护坡

（1）干砌石护坡应由低向高按设计要求砌筑，块石要嵌紧、整平，不应叠砌、浮塞，石料应大小均匀、质地坚硬，单块重不小于设计要求。具体内容详见《堤防工程施工规范》（SL 260—2014）9.3 护坡施工。

（2）干砌石护坡单元工程档案资料：①工序/单元工程施工质量报验单（CB18）详见《水利工程施工监理规范》（SL 288—2014）E.4 承包人常用表格推荐格式。②干砌石护坡单元工程施工质量验收评定表详见《水利水电工程单元工程施工质量验收评定表及填表说明》表 4.11。

3.2.15.9　浆砌石护坡

（1）施工前，应做水泥砂浆配合比试验同时将代表性石料送检，砂浆性能、石料各项指标应符合设计要求。砌筑时，分段条垛，铺好垫层或滤料，垫层铺设应平整、密实、厚度均匀。将石料上的泥垢冲洗干净，保持砌石表面湿润，上下层砌石应错缝砌筑，自下而上分层进行，分层检查和检测，并做好施工记录。采用坐浆法分层施工时，铺浆厚度宜 3～5 cm，随铺浆随砌石，砌缝需用砂浆填充饱满，砌缝内砂浆应插捣密实，不允许先堆砌石块再用砂浆灌缝方式操作。

（2）冬期施工、砌筑间歇、试块留置参照本书 3.2.10 水泥砂浆砌石体执行。

（3）采用浆砌石防渗结构的，一般应先砌底后砌坡，减少外力对未凝固砌体的破坏，必要时应采取保护措施。对浆砌石防洪墙的变形缝和防渗止水结构部位，宜预留茬口，用浇筑二期混凝土的方式处理。

具体内容详见《堤防工程施工规范》（SL 260—2014）9.3 护坡施工、《建筑工程冬期施工规程》（JGJ/T 104—2011）4 砌体工程、《渠道防渗衬砌工程技术标准》(GB/T 50600—2020)7.6 砌石防渗衬砌、《水利水电工程单元工程施工质量验收评定标准——堤防工程》(SL 634—2012)10 护坡工程。

（4）浆砌石护坡单元工程档案资料：①工序/单元工程施工质量报验单（CB18）详见《水利工程施工监理规范》(SL 288—2014)E.4 承包人常用表格推荐格式。②浆砌石护坡单元工程施工质量验收评定表详见《水利水电工程单元工程施工质量验收评定表及填表说明》表 4.12。

3.2.15.10　混凝土预制块护坡

（1）混凝土预制块若对外采购，应有生产厂的出厂合格证书和品质试验报告，使用前应按有关规定进行检测，检验合格后方可使用。混凝土预制块若为现场预制，应对进场的水泥、外加剂、砂石骨料等原材料按有关规定进行全面检验，并根据设计要求进行混凝土配合比试验，混凝土配合比强度等级应符合设计要求。混凝土可采用蒸养、洒水养护等方式，养护应连续进行，养护时间按设计要求执行，不宜少于 28 天。

（2）施工时按设计要求开挖沟槽，砌筑分段条垾，垫层或滤料铺设应层次分明、薄厚均匀，从坡脚开始逐层向上铺砌。有长裂纹和缺棱掉角的混凝土预制块应剔除，混凝土预制块铺砌应平整、密实，不应有架空、超高现象，预制块间应缝口紧密、缝线规则，已铺砌好的坡面上，不允许堆放预制块或其他重物，预制块不允许在坡面上拖滑，宜人工搬运。具体内容详见《水工混凝土施工规范》(SL 677—2014)、《水工混凝土试验规程》(SL/T 352—2020)附录 A 水工混凝土配合比设计方法、《堤防工程施工规范》(SL 260—2014)9.3 护坡施工、《水利水电工程单元工程施工质量验收评定标准——堤防工程》(SL 634—2012)10 护坡工程。

（3）混凝土预制块护坡单元工程档案资料：①工序/单元工程施工质量报验单（CB18）详见《水利工程施工监理规范》(SL 288—2014)E.4 承包人常用表格推荐格式。②混凝土预制块护坡单元工程施工质量验收评定表详见《水利水电工程单元工程施工质量验收评定表及填表说明》表 4.13。

3.2.15.11　现浇混凝土护坡

（1）现浇混凝土护坡施工应按设计要求开挖沟槽，砌筑分段条垾，垫层或滤层铺设应层次分明、厚薄均匀，按设计要求做好排水孔，分仓浇筑混凝土，混凝土施工应符合相关标准的规定。具体内容详见《堤防工程施工规范》(SL 260—2014)9.3 护坡施工。

（2）现浇混凝土护坡单元工程档案资料：①工序/单元工程施工质量报验单（CB18）详见《水利工程施工监理规范》（SL 288—2014）E.4 承包人常用表格推荐格式。②现浇混凝土护坡单元工程施工质量验收评定表详见《水利水电工程单元工程施工质量验收评定表及填表说明》表4.14。

3.2.15.12　模袋混凝土护坡

（1）施工前应对水泥、外加剂、砂石骨料、模袋等原材料质量按有关规范要求进行全面检验，并进行混凝土配合比试验，混凝土配合比强度等级应符合设计要求。施工时，清除杂物整平场地，开挖水上水下埋沟，展袋后在其上下缘插入挂袋钢管，铺于坡面，在坡肩处设挂袋桩，钢管上装松紧器，将模袋挂在桩上。灌料用特制的混凝土泵，充填自下而上，从两侧向中间进行冲灌，充填1小时后即可设排水孔，回填上下固定模袋沟。具体内容详见《水利水电工程土工合成材料应用技术规范》（SL/T 225—98）6 护岸和防冲、《水利水电工程单元工程施工质量验收评定标准——堤防工程》（SL 634—2012）10 护坡工程。

（2）模袋混凝土护坡单元工程档案资料：①工序/单元工程施工质量报验单（CB18）详见《水利工程施工监理规范》（SL 288—2014）E.4 承包人常用表格推荐格式。②模袋混凝土护坡单元工程施工质量验收评定表详见《水利水电工程单元工程施工质量验收评定表及填表说明》表4.15。

3.2.15.13　植草护坡

（1）草皮种植前，应按设计断面及高程对堤坡进行整坡、平整，按设计要求根据堤坡土质条件，确定草皮生态防护方案。应选用适合当地生长、根系发达的草种均匀铺植，认真养护，提高成活率。具体内容详见《堤防工程施工规范》（SL 260—2014）9.3 护坡施工、《水利水电工程单元工程施工质量验收评定标准——堤防工程》（SL 634—2012）10 护坡工程。

（2）植草护坡单元工程档案资料：①工序/单元工程施工质量报验单（CB18）详见《水利工程施工监理规范》（SL 288—2014）E.4 承包人常用表格推荐格式。②植草护坡单元工程施工质量验收评定表详见《水利水电工程单元工程施工质量验收评定表及填表说明》表4.17。

3.2.15.14　防浪护堤林

（1）护堤林、防浪林栽植应按设计要求确定树种、林带位置、宽度和株距、行距，并适时栽种，保证成活率。具体内容详见《堤防工程施工规范》（SL 260—2014）9.3 护坡施工、《水利水电工程单元工程施工质量验收评定标准——堤防工程》(SL 634—2012)10 护坡工程。

（2）防浪护堤林单元工程档案资料：①工序/单元工程施工质量报验单（CB18）详见《水利工程施工监理规范》(SL 288—2014)E.4 承包人常用表格推荐格式。②防浪护堤林单元工程施工质量验收评定表详见《水利水电工程单元工程施工质量验收评定表及填表说明》表 4.18。

3.2.15.15　河道疏浚

（1）河道疏浚工程宜采用顺流开挖方式，疏浚区分段长度应有利于提高工效、便于控制施工质量，段与段之间应重叠一定长度，避免漏挖。当遇到疏浚区宽度大于挖泥船一次最大挖宽、疏浚区横断面土层厚薄悬殊或其他一些特殊情况时，疏浚工程应分条施工，分条宽度与数量应根据设备性能和工程具体情况考虑确定，应按照"远土近调、近土远调"的原则，依次由远到近或由近到远分条开挖。当遇到疏浚区泥层厚度大于挖泥船一次可能疏挖的厚度、对边坡质量要求较高或其他一些特殊情况时，疏浚工程应分层施工，应遵循"上层厚、下层薄"的原则。

（2）挖泥船施工平面位置控制应符合以下要求：临近开挖区一侧的岸地上应设立半永久性平面控制桩和高程控制桩，并妥善保护、定期校核；宽阔水域平面控制宜采用 GPS 定位装置或其他适当的定位方法；挖泥船作业应严格按照开挖标志进行定位和施工，并定时校核船位。

（3）断面挖深控制应符合以下要求：水尺应定期校核，水尺读报应及时、准确；操作人员应正确记录水尺读数，并根据水面纵、横比降及船位情况对水尺读数进行修正，应严格按水位变化适时调整挖泥机具下放深度，并按照"坚决不欠、尽量少超"的原则进行挖深控制；对完工断面应定期进行回淤测量，对于回淤较严重、回淤量超过设计指标的河段，应报请设计部门修改备淤深度值；进尺大于 1～2 倍船舶长度时，应进行专门挖深检测，当欠挖超过规定时，应及时进行返工处理。

具体内容详见《疏浚与吹填工程技术规范》(SL 17—2014)5.2 疏浚工程施工、《水利水电工程单元工程施工质量验收评定标准——堤防工程》(SL 634—2012)11 河道疏浚。

（4）河道疏浚单元工程档案资料：①工序/单元工程施工质量报验单（CB18）详见《水利工程施工监理规范》(SL 288—2014)E.4 承包人常用表格推荐格式。②河道疏浚单元工程施工质量验收评定表详见《水利水电工程单元工程施工质量验收评定表及填表说明》表 4.19。

3.3 混凝土工程

3.3.1 模板工程

（1）模板工程应编制专项施工方案。滑模、爬模等工具式模板工程及高大模板支架工程的专项施工方案，应进行技术论证。模板及支架应根据施工过程中的各种工况进行设计，应具有足够的承载力和刚度，并应保证其整体稳定，满足混凝土施工荷载要求。

（2）现浇混凝土结构的模板及支架安装完成后，应对下列内容进行全数检查验收，包括模板的定位，支架杆件的规格、尺寸、数量，支架杆件之间的连接，支架的剪刀撑和其他支撑的设置，支架与结构之间的连接设置，支架杆件底部的支撑情况。模板的接缝应严密，模板内不应有杂物，模板与混凝土的接触面应平整、清洁。

（3）脱模剂的品种和涂刷方法，应能有效减小混凝土与模板间的吸附力，脱模后不得影响结构性能及装饰施工，不得沾污钢筋和混凝土接槎处。

（4）对跨度不小于 4 m 的梁、板，其模板施工起拱高度宜为梁、板跨度的 $1/1000 \sim 3/1000$。起拱不得减少构件的截面高度。

（5）模板拆除时，可采取先支的后拆、后支的先拆，先拆非承重模板、后拆承重模板的顺序，并应从上而下进行拆除。不承重的侧面模板，混凝土强度达到 2.5 MPa 以上，保证其表面及棱角不因拆模而损坏时，方可拆除（强条）。钢筋混凝土结构的承重模板，混凝土强度达到下列强度后（按混凝土设计强度标准值的百分率计），方可拆除（强条）。

①悬臂板、梁：跨度 $l \leqslant 2$ m，75%；跨度 $l > 2$ m，100%。

②其他梁、板、拱：跨度 $l \leqslant 2$ m，50%；2 m ＜ 跨度 $l \leqslant 8$ m，75%；跨度 $l > 8$ m，100%。

具体内容详见《混凝土结构工程施工质量验收规范》（GB 50204—2015）4 模板分项工程、《混凝土结构工程施工规范》（GB 50666—2011）4 模板工程、《水利水电工程单元工程施工质量验收评定标准——混凝土工程》（SL 632—2012）4.3 模板制作及安装、《水利工程建设标准强制性条文（2020 年版）》。

3.3.2　钢筋工程

（1）钢筋进场时应逐批（炉号）进行检验，应查验产品合格证、出厂检验报告和外观质量并记录，同时按相关规定抽取试样进行力学性能检验，不符合标准规定的不应使用。

（2）浇筑混凝土之前，应进行钢筋隐蔽工程验收，其内容应包括纵向受力钢筋的牌号、规格、数量、位置；钢筋的连接方式、接头位置、接头质量、接头面积百分率、搭接长度、锚固方式及锚固长度；箍筋、横向钢筋的牌号、规格、数量、间距、位置，箍筋弯钩的弯折角度及平直段长度；预埋件的规格、数量和位置。钢筋表面应无损伤，不得有裂纹、油污、颗粒状或片状老锈。

（3）钢筋加工宜在常温状态下进行，加工过程中不应对钢筋进行加热，钢筋应一次弯折到位。

（4）当需要进行钢筋代换时，应办理设计变更文件。

（5）钢筋接头宜设置在受力较小处，有抗震设防要求的结构中，梁端、柱端箍筋加密区范围内不宜设置钢筋接头，且不应进行钢筋搭接，同一纵向受力钢筋不宜设置两个或两个以上接头。接头末端至钢筋弯起点的距离，不应小于钢筋直径的 10 倍。

（6）同一连接区段内，纵向受力钢筋接头面积百分率为该区段内有接头的纵向受力钢筋截面面积与全部纵向受力钢筋截面面积的比值。当纵向受力钢筋采用机械连接接头或焊接接头时，同一连接区段内纵向受力钢筋的接头面积百分率应符合设计要求。当设计无具体要求时，应符合以下规定：受拉接头不宜大于 50%，受压接头可不受限制；直接承受动力荷载的结构构件中，不宜采用焊接，当采用机械连接时，不应超过 50%。

具体内容详见《混凝土结构工程施工质量验收规范》（GB 50204—2015）5 钢筋分项工程、《混凝土结构工程施工规范》（GB 50666—2011）5 钢筋工程、《水利水电工程单元工程施工质量验收评定标准——混凝土工程》（SL 632—2012）4.4 钢筋制作及安装。

3.3.3　脚手架工程

（1）脚手架施工前应根据建筑结构的实际情况，编制专项施工方案，并应经审核批准后方可实施。安装、拆除作业前，应进行作业人员安全技术交底。

脚手架构配件在使用前应对其质量进行复检,不合格产品不得使用。

（2）脚手架搭设前,应对场地进行清理、平整,地基应坚实、均匀,并应采取排水措施。地基施工完成后,地基表面平整度偏差不得大于 20 mm。

（3）地基和基础经验收合格后,应按专项施工方案的要求放线定位,脚手架立杆垫板、底座应准确放置在定位线上,垫板应平整、无翘曲,不得采用已开裂的垫板,底座的轴心线应与地面垂直。

（4）双排脚手架搭设应按立杆、水平杆、斜杆、连墙件的顺序配合施工进度逐层搭设,一次搭设高度不应超过最上层连墙件两步,且自由长度不应大于4 m。模板支撑架按先立杆、后水平杆、再斜杆的顺序搭设形成基本架体单元,并应以基本架体单元逐排、逐层扩展搭设成整体支撑架体系,每层搭设高度不宜大于 3 m。斜撑杆、剪刀撑等加固件应随架体同步搭设,不得滞后安装。脚手架应在架体验收合格后,方可进行后续施工。

（5）脚手架拆除时,应清理作业层上的施工机具及多余的材料和杂物。脚手架拆除作业应设专人指挥,当有多人同时操作时,应明确分工、统一行动,且应有足够的操作面。拆除的脚手架构配件应采用起重设备吊运或人工传递到地面,严禁抛掷。双排脚手架的拆除作业,必须符合下列规定:架体拆除应自上而下逐层进行,严禁上下层同时拆除;连墙件应随脚手架逐层拆除,严禁先将连墙件整层或数层拆除后再拆除架体;拆除作业过程中,当架体的自由端高度大于两步时,必须增设临时拉结件。拆除的脚手架构配件应分类堆放,并应便于运输、维护和保管。

具体内容详见《建筑施工碗扣式钢管脚手架安全技术规范》（JGJ 166—2016）7 施工、《建筑地基基础工程施工质量验收标准》（GB 50202—2018）5 基础工程。

3.3.4　普通混凝土

（1）混凝土工程施工前,应采集代表性原材料进行检测,并进行混凝土配合比试验,混凝土配合比强度等级应符合设计要求。预拌混凝土质量分为出厂检验和交货检验,出厂检验的取样和试验由供方承担,交货检验的取样和试验工作由需方承担。

（2）开仓浇筑前,在基础面或施工缝处理、模板安装、钢筋制作及安装、预埋件制作及安装等工序验收合格同时原材料、中间产品质量检验合格后,向监理单位提交开仓报审表。开仓浇筑时,应检测混凝土坍落度、含气量等性能指标,并留取混凝土试块。混凝土平仓振捣完毕初凝后,可采用洒水或流水方式养护,养护应连续进行,养护时间按设计要求执行,不宜少于28天。

(3)止水带的安装应符合设计要求,止水带的中心变形部分安装误差应小于5 mm。采用紧固件固定止水带时,紧固件必须密闭、可靠,并采取防锈措施,宜将紧固件浇筑在混凝土中。止水带不应穿孔拉挂固定,在浇筑混凝土时,应防止止水带位移、损坏、撕裂或扭曲,止水带水平铺设时,应确保止水带下部的混凝土振捣密实。对于部分暴露在外的止水带,应采取措施进行保护,防止破坏。采用复合型止水带时,应对复合的密封止水带进行保护,现场复合的止水带,应尽快浇筑混凝土。

(4)各种预埋铁件应待混凝土达到设计要求的强度,并经安全验收合格后,方可启用(强条)。

(5)混凝土质量通病的防治措施。

①混凝土裂缝:加强混凝土早期养护,浇筑完成的混凝土要及时养护,防止干缩裂缝的产生。冬季施工期间要及时覆盖养护,防止冷缩裂缝产生。大体积现浇混凝土施工应合理设计浇筑方案,避免出现施工缝。采取有效措施,确保混凝土的配合比、坍落度等符合规定的要求并严格控制外加剂的使用。

②混凝土蜂窝、麻面、孔洞:浇筑混凝土前认真检查模板的牢固性及缝隙是否堵好,模板应清洗干净并用清水湿润,不留积水,并使模板缝隙膨胀严密。混凝土浇筑高度超过2 m时,要采取措施,如用串筒、溜管或振动溜管进行下料。混凝土的振捣时间可由下列现象来判断:混凝土不再显著下沉,不再出现气泡,混凝土表面出浆液且呈水平状态,混凝土将模板边角部分填满充实。

③缺棱掉角:浇筑混凝土前模板要充分湿润或涂刷隔离剂,按规定做好混凝土养护工作,严格控制拆模时间并做好成品保护工作。

具体内容详见《水工混凝土施工规范》(SL 677—2014),《预拌混凝土》(GB/T 14902—2012)9 检验规则,《水工混凝土试验规程》(SL/T 352—2020)附录 A 水工混凝土配合比设计方法,《普通混凝土拌合物性能试验方法标准》(GB/T 50080—2016)4.1 坍落度试验、15 含气量试验,《水工建筑物止水带技术规范》(DL/T 5215—2005)6 止水带的施工,《水利水电工程单元工程施工质量验收评定标准——混凝土工程》(SL 632—2012)4 普通混凝土工程,《水利工程建设标准强制性条文(2020 年版)》。

（6）普通混凝土单元工程档案资料：①工序/单元工程施工质量报验单（CB18）详见《水利工程施工监理规范》（SL 288—2014）E.4承包人常用表格推荐格式。②混凝土浇筑开仓报审表（CB17）详见《水利工程施工监理规范》（SL 288—2014）E.4承包人常用表格推荐格式。③普通混凝土单元工程施工质量验收评定表详见《水利水电工程单元工程施工质量验收评定表及填表说明》表2.1。

3.3.5　碾压混凝土

（1）碾压混凝土施工前应进行仓面设计。模板、止水、钢筋、埋件、孔洞、进出仓口等准备工作，应满足连续铺筑施工要求，必要时需进行专门设计。基础设置常态混凝土垫层时，应在基岩面上先铺砂浆，也可不铺砂浆，首坯层采用富浆混凝土。基础不设常态混凝土垫层时，首坯层应采用变态混凝土或富浆混凝土找平，随后开始直接铺筑碾压混凝土。碾压混凝土宜采用通仓薄层连续施工，压实厚度宜为300 mm，当采用厚层碾压时，应经专项试验论证。碾压混凝土摊铺宜采用平层通仓铺筑法，也可采用斜层平推法，铺筑面积应与铺筑强度及碾压混凝土允许层间间隔时间相适应。

（2）施工过程中，碾压混凝土的仓面应保持湿润，应防止外来水流入。碾压混凝土终凝后应及时保湿养护。对水平施工缝，养护时间应持续至上一层碾压混凝土开始铺筑为止。永久暴露面的养护时间不应少于28天。

（3）施工前应通过现场碾压试验验证碾压混凝土配合比的适应性，并确定其施工工艺参数（强条）。每层碾压作业结束后，应及时按网格布点检测混凝土的压实容重，所测容重低于规定指标时，应立即重复检测，并查找原因，采取处理措施（强条）。连续上升铺筑的碾压混凝土，层间允许间隔时间（系指下层混凝土拌和物拌和加水时起到上层混凝土碾压完毕为止），应控制在混凝土初凝时间以内（强条）。施工缝及冷缝必须进行层面处理，处理合格后方能继续施工（强条）。

（4）变态混凝土应随碾压混凝土浇筑逐层施工，铺筑厚度宜与平仓厚度相同，铺料时宜采用平仓机辅以人工摊铺平整。变态混凝土所用浆液的水胶比，应不大于同种碾压混凝土水胶比，浆液配合比应经试验确定。变态混凝土用浆量应经试验确定，浆液应按规定用量，在变态区范围内加浆，混凝土单位体积用浆量的偏差应控制在允许范围内。变态混凝土灰浆或水泥浆可采用底部加浆,也可采用切槽和造孔加浆,不得在表面加浆。变态混凝土宜使用强力振捣器振捣密实,不得欠振、漏振或过振。振捣时,应将振捣器插入下层混凝土,插入深度不应小于 50 mm。相邻区域混凝土碾压时与变态区域搭接宽度应大于 200 mm。

具体内容详见《水工混凝土试验规程》(SL/T 352—2020)附录 A 水工混凝土配合比设计方法、《水工碾压混凝土施工规范》(DL/T 5112—2021)6 仓面施工、《水利水电工程单元工程施工质量验收评定标准——混凝土工程》(SL 632—2012)5 碾压混凝土工程、《水利工程建设标准强制性条文(2020 年版)》8 混凝土工程。

(5)碾压混凝土单元工程档案资料:①工序/单元工程施工质量报验单(CB18)详见《水利工程施工监理规范》(SL 288—2014)E.4 承包人常用表格推荐格式。②混凝土浇筑开仓报审表(CB17)详见《水利工程施工监理规范》(SL 288—2014)E.4 承包人常用表格推荐格式。③碾压混凝土单元工程施工质量验收评定表详见《水利水电工程单元工程施工质量验收评定表及填表说明》表 2.2。

3.3.6　趾板混凝土

(1)趾板混凝土施工应在基础面按隐蔽工程质量要求验收合格后进行,应在相邻区的垫层、过渡层和主堆石区填筑前完成。趾板绑扎钢筋时,应同时按设计要求设置灌浆导管,将止水片正确固定并进行保护。趾板分缝应按设计要求实施,浇筑时可根据施工条件设置施工缝位置,混凝土浇筑应保持连续性,允许间歇时间应通过试验确定,浇筑超过允许间歇时间应按施工缝处理。混凝土初凝后应及时养护,宜连续养护至水库蓄水或至少养护 90 天。具体内容详见《混凝土面板堆石坝施工规范》(SL 49—2015)6 面板与趾板施工、《水利水电工程单元工程施工质量验收评定标准——混凝土工程》(SL 632—2012)。

(2)趾板混凝土单元工程档案资料:①工序/单元工程施工质量报验单(CB18)详见《水利工程施工监理规范》(SL 288—2014)E.4 承包人常用表格推荐格式。②混凝土浇筑开仓报审表(CB17)详见《水利工程施工监理规范》(SL 288—2014)E.4 承包人常用表格推荐格式。③趾板混凝土单元工程施工质量验收评定表详见《水利水电工程单元工程施工质量验收评定表及填表说明》表 2.3。

3.3.7 混凝土面板

（1）面板应在达到预沉降期及月沉降率的设计要求后施工,因度汛要求等原因需要提前浇筑面板时,应专题论证。面板混凝土入仓宜选用溜槽输送,也可采用溜槽与布料机联合输送方案,溜槽出口距仓面距离不应大于 2 m,应采取有效措施防止骨料分离。混凝土浇筑应保持连续性,允许间歇时间应通过试验确定,浇筑超过允许间歇时间应按施工缝处理。混凝土初凝后应及时养护,宜连续养护至水库蓄水或至少养护 90 天。具体内容详见《混凝土面板堆石坝施工规范》(SL 49—2015)6 面板与趾板施工、《水利水电工程单元工程施工质量验收评定标准——混凝土工程》(SL 632—2012)6 混凝土面板工程。

（2）混凝土面板单元工程档案资料:①工序/单元工程施工质量报验单(CB18)详见《水利工程施工监理规范》(SL 288—2014)E.4 承包人常用表格推荐格式。②混凝土浇筑开仓报审表(CB17)详见《水利工程施工监理规范》(SL 288—2014)E.4 承包人常用表格推荐格式。③混凝土面板单元工程施工质量验收评定表详见《水利水电工程单元工程施工质量验收评定表及填表说明》表 2.4。

3.3.8 沥青混凝土心墙

（1）沥青及其他混合材料的质量应满足技术规范的要求,沥青混凝土的配合比应通过试验确定,碾压施工参数如压实机具的型号、规格、碾压遍数、碾压速度等应通过现场碾压试验确定。具体内容详见《水利水电工程单元工程施工质量验收评定标准——混凝土工程》(SL 632—2012)7 沥青混凝土工程。

（2）沥青混凝土心墙单元工程档案资料:①工序/单元工程施工质量报验单(CB18)详见《水利工程施工监理规范》(SL 288—2014)E.4 承包人常用表格推荐格式。②混凝土浇筑开仓报审表(CB17)详见《水利工程施工监理规范》(SL 288—2014)E.4 承包人常用表格推荐格式。③沥青混凝土心墙单元工程施工质量验收评定表详见《水利水电工程单元工程施工质量验收评定表及填表说明》表 2.5。

3.3.9 沥青混凝土面板

（1）沥青混凝土面板施工程序、标准参照沥青混凝土心墙。

（2）沥青混凝土面板单元工程档案资料：①工序/单元工程施工质量报验单（CB18）详见《水利工程施工监理规范》（SL 288—2014）E.4 承包人常用表格推荐格式。②混凝土浇筑开仓报审表（CB17）详见《水利工程施工监理规范》（SL 288—2014）E.4 承包人常用表格推荐格式。③沥青混凝土面板单元工程施工质量验收评定表详见《水利水电工程单元工程施工质量验收评定表及填表说明》表 2.6。

3.3.10　预应力混凝土

（1）预应力混凝土施工程序、标准参照普通混凝土。

（2）预应力混凝土施工前，预应力筋、锚具、夹具和连接器等，品种和规格应符合设计要求及规范要求，施加预应力的拉伸机经过校验，材料和设备经检测验收合格，方可进行预应力混凝土施工。张拉操作人员未经考核不得上岗；张拉时必须按规定的操作程序进行，严禁违章操作（强条）。

（3）预应力混凝土按其工艺分为先张法和后张法。先张法是先张拉预应力筋后制作构件，需要混凝土预应力筋放张程序。后张法是先制作构件后张拉预应力筋，需要预埋管孔进行孔道灌浆工序。

（4）后张法有粘结预应力筋张拉完毕并经检验合格后，应尽早进行孔道灌浆，孔道灌浆前应确认孔道、排气兼泌水管及灌浆孔道畅通。灌浆施工宜先灌注下层孔道，后灌注上层孔道，灌注应连续进行，直至排气管排出的浆体稠度与注浆孔处相同且无气泡后，再顺浆体流动方向依次封闭排气孔。全部出浆口封闭后，宜继续加压 0.5～0.7 MPa，并应稳压 1～2 min 后封闭灌浆口。压浆过程中及压浆完成后 48 h 内，环境温度低于 5 ℃时应采取防冻或保温措施。

（5）当泌水较大时，宜进行二次灌浆和对泌水孔进行重力补浆。因故中途停止灌浆时，应用压力水将未灌注完孔道内已注入的水泥浆冲洗干净。

（6）支座的材料、质量和规格必须满足设计和有关规范的要求，经验收合格后方可安装。安装前，应对支座垫石的混凝土强度、平面位置、顶面高程、预留地脚螺栓孔和预埋钢垫板等进行复核检查，确认符合设计要求后方可进行安装。支座底板调平砂浆性能应符合设计要求，灌注密实，不得留有空洞。支座上下各部件纵轴线必须对正，不得发生偏斜、不均匀受力和脱空现象。支座表面应保持清洁，支座附近的杂物及灰尘应清理干净。

具体内容详见《预应力混凝土用钢绞线》（GB/T 5224—2014）7 技术要求、

《预应力筋用锚具、夹具和连接器》（GB/T 14370—2015）、《混凝土结构工程施工规范》（GB 50666—2011）6 预应力工程、《公路工程质量检验评定标准 第一册 土建工程》（JTG F80/1—2017）8.3 钢筋、预应力筋及管道压浆、《公路桥梁加固施工技术规范》（JTG/T J23—2008）12.3 质量检验与验收、《公路桥涵施工技术规范》（JTG/T 3650—2020）23.2 支座、《水利工程建设标准强制性条文（2020 年版）》、《水利水电工程单元工程施工质量验收评定标准——混凝土工程》（SL 632—2012）8 预应力混凝土工程。

（7）预应力混凝土单元工程档案资料：①工序/单元工程施工质量报验单（CB18）详见《水利工程施工监理规范》（SL 288—2014）E.4 承包人常用表格推荐格式。②混凝土浇筑开仓报审表（CB17）详见《水利工程施工监理规范》（SL 288—2014）E.4 承包人常用表格推荐格式。③预应力混凝土单元工程施工质量验收评定表详见《水利水电工程单元工程施工质量验收评定表及填表说明》表 2.7。

3.3.11　混凝土预制构件安装

（1）混凝土预制构件质量应满足设计要求，从场外购置的混凝土预制构件，应提供构件性能检验等质量合格的相关证明资料。构件吊装时的混凝土强度应符合设计要求，设计无要求时不应低于设计强度值的 70%，预应力构件孔道灌浆的强度应达到设计要求。具体内容详见《水利水电工程单元工程施工质量验收评定标准——混凝土工程》（SL 632—2012）9 混凝土预制构件安装工程、《混凝土结构工程施工质量验收规范》（GB 50204—2015）附录 B 受弯预制构件结构性能检验、附录 C 结构实体混凝土同条件养护试件强度检验。

（2）混凝土预制构件安装单元工程档案资料：①工序/单元工程施工质量报验单（CB18）详见《水利工程施工监理规范》（SL 288—2014）E.4 承包人常用表格推荐格式。②混凝土预制构件安装单元工程施工质量验收评定表详见《水利水电工程单元工程施工质量验收评定表及填表说明》表 2.8。

3.3.12　安全监测仪器设备安装埋设

（1）安全监测仪器设备各项性能应符合设计和规范要求，对照检验率定记录检查全部合格后，方可按照设计要求和有关技术规范要求进行仪器设备的埋设安装，仪器埋设时应通知监理单位到现场，并做好仪器设备埋设记录。具体内容详见《水利水电工程单元工程施工质量验收评定标准——混凝土工程》(SL 632—2012)11.2 安全监测仪器设备安装埋设,《混凝土坝安全监测技术规范》(DL/T 5178—2016)附录 B 电缆连接及敷设、附录 H 埋入式监测仪器的检验和埋设。

(2)安全监测仪器设备安装埋设单元工程档案资料:①工序/单元工程施工质量报验单(CB18)详见《水利工程施工监理规范》(SL 288—2014)E.4 承包人常用表格推荐格式。②安全监测仪器设备安装埋设单元工程施工质量验收评定表详见《水利水电工程单元工程施工质量验收评定表及填表说明》表2.10。

3.3.13　观测孔(井)

(1)造孔施工工艺应符合设计要求,孔位、孔深偏差应符合设计和规范要求,管材规格尺寸应符合设计要求,并经检验合格后,方可进行安装埋设,滤料和封孔材料的填筑高度和填入工艺符合设计要求。具体内容详见《水利水电工程单元工程施工质量验收评定标准——混凝土工程》(SL 632—2012)11.3 观测孔(井)工程。

(2)观测孔(井)单元工程档案资料:①工序/单元工程施工质量报验单(CB18)详见《水利工程施工监理规范》(SL 288—2014)E.4 承包人常用表格推荐格式。②观测孔(井)单元工程施工质量验收评定表详见《水利水电工程单元工程施工质量验收评定表及填表说明》表 2.11。

3.4　地基处理与基础工程

3.4.1　岩石地基帷幕灌浆

(1)施工前应对灌浆材料进行检验检测,灌浆材料性能应符合设计或规范要求,灌浆设备的技术性能应与所灌注的浆液的类型、特性相适应。灌浆用的计量器具,如钻孔测斜仪、压力表、灌浆记录仪(包括流量传感器、压力传感器、密度传感器等)以及其他监测试验仪表,应定期进行校验或鉴定,保持量值准确。灌浆记录仪在灌浆工程开始前和维修后需检验,设备停用或连续使用超过半年的,每半年检验一次。

（2）帷幕灌浆孔的钻孔方法应根据地质条件、灌浆方法与钻孔要求确定。当采用自上而下灌浆法、孔口封闭灌浆法时，宜采用回转式钻机和金刚石或硬质合金钻头钻进；当采用自下而上灌浆法时，可采用回转式钻机或冲击回转式钻机钻进。

（3）采用自上而下分段灌浆法和孔口封闭法进行帷幕灌浆时，各灌浆段在灌浆前应进行裂隙冲洗。裂隙冲洗方法为，在孔口或段顶安放灌浆塞（孔口封闭器），向孔内泵入压力水流，压力可为灌浆压力的 80%，并不大于 1 MPa，冲洗时间至回水澄清时止或不大于 20 min。当采用自下而上分段灌浆法时，可在灌浆前对全孔进行一次裂隙冲洗。

（4）帷幕灌浆先导孔、质量检查孔应自上而下分段进行压水试验，压水试验宜采用单点法，按《水工建筑物水泥灌浆施工技术规范》（SL/T 62—2020）附录 C 灌浆工程压水试验执行。

（5）采用自上而下分段灌浆法、孔口封闭灌浆法进行帷幕灌浆时，各灌浆段在灌浆前宜进行简易压水试验，按《水工建筑物水泥灌浆施工技术规范》（SL/T 62—2020）附录 C 灌浆工程压水试验执行，简易压水试验可与裂隙冲洗合并进行。采用自下而上分段灌浆法时，灌浆前可进行全孔一段简易压水试验和孔底段简易压水试验。

（6）帷幕灌浆应按分序加密的原则进行。根据不同的地质条件和工程要求，帷幕灌浆可选用自上而下分段灌浆法、自下而上分段灌浆法、综合灌浆法及孔口封闭灌浆法。混凝土与基岩接触段宜先进行灌浆，灌浆塞宜安设在混凝土内，以下各段灌浆时灌浆塞应安设在灌浆段段顶以上 50 cm 处，防止漏灌。

（7）灌浆压力应根据工程等级、灌浆部位的地质条件、承受水头等情况进行分析计算并结合工程类比拟定，重要工程的灌浆压力应通过现场灌浆试验论证。施工过程中，灌浆压力可根据具体情况进行调整，灌浆压力的改变应征得设计同意。普通水泥浆液水灰比可采用 5、3、2、1、0.7、0.5 等六级，细水泥浆液水灰比可采用 3、2、1、0.5 等四级，灌注时由稀至浓逐级变换。

（8）孔口封闭器应具有良好的耐压和密封性能，灌浆管应能在灌浆过程中灵活转动和升降。

（9）帷幕灌浆工程质量的评价应以检查孔压水试验成果为主要依据，结合施工成果资料和其他检验测试资料，综合分析确定。

具体内容详见《水工建筑物水泥灌浆施工技术规范》(SL/T 62—2020)3 技术准备、5 基岩帷幕灌浆、附录 A 浆液主要性能现场检测方法、附录 C 灌浆工程压水试验、附录 E 灌浆工程施工记录和成果图表,《水利水电工程单元工程施工质量验收评定标准——地基处理与基础工程》(SL 633—2012)4 灌浆工程。

(10)岩石地基帷幕灌浆单元工程档案资料:①工序/单元工程施工质量报验单(CB18)详见《水利工程施工监理规范》(SL 288—2014)E.4 承包人常用表格推荐格式。②岩石地基帷幕灌浆单孔及单元工程施工质量验收评定表详见《水利水电工程单元工程施工质量验收评定表及填表说明》表 3.1。

3.4.2 岩石地基固结灌浆

(1)灌浆材料、设备、仪器仪表等参照岩石地基帷幕灌浆。

(2)固结灌浆宜在有盖重混凝土的条件下进行,对于混凝土坝,盖重混凝土厚度宜不小于 1.5 m,其强度应达到 50%设计强度后方可进行钻灌。对于土石坝防渗体基础混凝土盖板或喷混凝土护面、混凝土面板坝趾板下的基岩进行固结灌浆时,应待其盖体结构混凝土达到设计强度后进行。固结灌浆应按分序加密的原则进行。同一区段或坝块内,周边孔应先行施工,其余部位灌浆孔排与排之间和同一排孔孔与孔之间,可分为二序施工,也可以只分排序不分孔序或只分孔序不分排序。

(3)灌浆孔或灌浆段在灌浆前应采用压力水进行裂隙冲洗,冲洗压力采用灌浆压力的 80%并不大于 1 MPa,冲洗时间至回水清净时止或不大于 20 min。串通孔冲洗方法与时间按设计要求执行。地质条件复杂以及对裂隙冲洗有特殊要求时,冲洗方法应通过现场灌浆试验确定。可在各序孔中选取不少于 5%的灌浆孔(段)在灌浆前进行简易压水试验,简易压水试验可与裂隙冲洗合并进行。

(4)根据不同的地质条件和工程要求,固结灌浆可选用全孔一次灌浆法、自上而下分段灌浆法、自下而上分段灌浆法,也可采用孔口封闭灌浆法或综合灌浆法。

具体内容详见《水工建筑物水泥灌浆施工技术规范》(SL/T 62—2020)6 基岩固结灌浆、《水利水电工程单元工程施工质量验收评定标准——地基处理与基础工程》(SL 633—2012)4 灌浆工程。

（5）岩石地基固结灌浆单元工程档案资料：①工序/单元工程施工质量报验单（CB18）详见《水利工程施工监理规范》（SL 288—2014）E.4 承包人常用表格推荐格式。②岩石地基固结灌浆单孔及单元工程施工质量验收评定表详见《水利水电工程单元工程施工质量验收评定表及填表说明》表 3.2。

3.4.3 混凝土防渗墙

（1）施工前，应根据设计和施工要求、施工条件确定固壁泥浆的种类和性能指标，并完成泥浆配合比试验、墙体材料施工配合比试验。施工供水、供电、供浆、道路、排水等设施，应准备就绪。重要或有特殊要求的工程，宜在防渗墙轴线上进行施工试验，或在地质条件类似的地点进行施工试验。

（2）防渗墙施工平台应坚固、平整，满足施工设备作业要求，且应高于施工期最高地下水位 2.0 m 以上，当不能满足要求时，应进行专题论证。导墙的结构形式、尺寸、力学指标等，应根据防渗墙体厚度、深度、导墙下土质情况以及施工机械等施工荷载综合考虑确定，导墙应建在坚实的地基上。施工过程中，宜对导墙的沉降、位移进行观测。

（3）拌制泥浆的土料可选择膨润土、黏土或两者的混合料。应根据地质条件、成槽深度、成槽阶段、成槽工艺、施工条件等选择相应性能的泥浆。宜优先选用膨润土作为主材，处理剂应通过现场试验确定。拌制泥浆的方法及时间应通过试验确定，泥浆的生产能力及储备量应满足施工需求。

（4）根据地层情况、墙体结构型式选择相应的槽孔建造设备和方法，相邻槽孔同时施工时，应留有足够的安全距离。钢筋笼的外形尺寸根据槽段长度、深度、接头型式等因素确定，导管应连接可靠，下导管前进行封闭试验，开浇前，导管内应放可浮起的隔离塞球或其他适宜的隔离物。采用铣削法施工接头时应根据槽孔深度和成槽孔斜率要求，确定铣削一期墙段混凝土长度。预埋管或预留孔孔位宜布置在相邻混凝土导管间的中心位置，预埋观测仪器时，应按设计要求严格控制其位置和方向，注意对电缆的保护。

具体内容详见《水利水电工程混凝土防渗墙施工技术规范》（SL 174—2014）4 施工平台及导墙、5 泥浆、6 槽孔建造，《水利水电工程单元工程施工质量验收评定标准——地基处理与基础工程》（SL 633—2012）5 防渗墙工程。

（5）混凝土防渗墙单元工程档案资料：①工序/单元工程施工质量报验单（CB18）详见《水利工程施工监理规范》（SL 288—2014）E.4 承包人常用表格推

荐格式。②混凝土浇筑开仓报审表(CB17)详见《水利工程施工监理规范》(SL 288—2014)E.4 承包人常用表格推荐格式。③混凝土防渗墙单元工程施工质量验收评定表详见《水利水电工程单元工程施工质量验收评定表及填表说明》表 3.8。

3.4.4　高压喷射灌浆防渗墙

(1)高喷灌浆应在钻孔检测合格后进行。下喷射管前,应进行地面试喷,检查机械及管路运行情况,并调准喷射方向和摆动角度。高喷灌浆宜全孔自下而上连续作业,中途拆卸喷射管时,搭接段应进行复喷,搭接长度不小于0.2 m。因故中断后恢复施工时,复喷长度不小于 0.5 m。高喷灌浆过程中发生串浆时,应填堵串浆孔,待灌浆孔灌浆结束后,尽快进行串浆孔的扫孔、高喷灌浆。具体内容详见《水电水利工程高压喷射灌浆技术规范》(DL/T 5200—2019)7 高喷灌浆、《水利水电工程单元工程施工质量验收评定标准——地基处理与基础工程》(SL 633—2012)5.2 高压喷射灌浆防渗墙。

(2)高压喷射灌浆防渗墙单元工程档案资料:①工序/单元工程施工质量报验单(CB18)详见《水利工程施工监理规范》(SL 288—2014)E.4 承包人常用表格推荐格式。②高压喷射灌浆防渗墙单元工程施工质量验收评定表详见《水利水电工程单元工程施工质量验收评定表及填表说明》表 3.9。

3.4.5　水泥土搅拌防渗墙

(1)施工前宜布设超前探孔,沿防渗墙轴线间距以 50 m 为宜,地质条件复杂时可适当加密,超前探孔应深入设计防渗墙底以下 5 m。应根据设计要求选择有代表性的地层进行工艺试验。复合地基工艺试验,搅拌桩不应少于3 根,多头深层搅拌桩施工不得少于 3 组。防渗墙和支护挡墙工艺试验应形成轴线长为 3～5 m 的墙体。

(2)深层搅拌法用于地基加固和支护挡墙时,施工工序因施工设备的不同而有差异,其常规工序为“二喷四搅”,用于防渗墙、支护挡墙施工时,施工方式有二次成墙、一次成墙等方式。搅拌桩机预搅下沉时,起吊设备应保持平稳和导向架垂直,并根据土体条件和工艺试验选用钻进下沉、喷浆下沉、适量冲水搅拌下沉等方式。

具体内容详见《深层搅拌法地基处理技术规范》(DL/T 5425—2018)5 施

工、《水利水电工程单元工程施工质量验收评定标准——地基处理与基础工程》（SL 633—2012）5.3 水泥土搅拌防渗墙。

（3）水泥土搅拌防渗墙单元工程档案资料：①工序/单元工程施工质量报验单（CB18）详见《水利工程施工监理规范》（SL 288—2014）E.4 承包人常用表格推荐格式。②水泥土搅拌防渗墙单元工程施工质量验收评定表详见《水利水电工程单元工程施工质量验收评定表及填表说明》表 3.10。

3.4.6 钻孔灌注桩

（1）桩位施工放样后，在旱地时，可在原地适当平整并填土压实形成工作平台，位于浅水区时，宜采用筑岛法施工，位于深水区时，宜搭设钢制平台。各类施工平台应满足钻孔成桩作业的需要，平台顶面高程依据施工期最高水位确定。护筒材质尺寸、埋设位置偏差、倾斜度等应符合设计及规范要求，护筒顶端应高出地面 0.3 m 以上，当桩位土层有承压水时，应保持孔内泥浆面高出承压水位 1.5～2.0 m。护筒埋设深度在黏性土中不宜小于 1.0 m，在沙土中不宜小于 1.5 m，在回填土中应超过填土层 200 mm，护筒与坑壁之间应分层回填黏性土对称夯实。

（2）钻机的选型宜根据孔径、孔深、水文地质情况等因素综合确定，钻孔方法应能满足施工质量和施工安全的要求，钻机安装后，其底座和顶端应平稳，孔位必须准确，因故停钻时，必须将钻头提出孔外。泥浆的配合比和配制方法宜通过试验确定，其性能应与钻孔方法、土层情况相适应，钻孔过程中，应随时对泥浆性能进行检测，不符合要求时及时调整。

（3）钻孔深度达到设计高程后，应对孔径、孔深和孔的倾斜度进行检验，符合要求后方可清孔，在清孔排渣时，必须保持孔内水头，防止坍孔。吊装钢筋骨架时，应将其吊挂在孔口的护筒上或在孔口地面上设置扩大受力面积的装置进行吊挂，安装时应采用有效的定位措施，减小钢筋骨架中心与桩中心的偏位。

（4）灌注水下混凝土宜采用钢导管灌注，使用前应进行水密承压和抗拉试验，灌注混凝土的配合比应保证混凝土拌和物具有良好的和易性、流动性，并充分考虑气温、运距等因素影响导致的坍落度损失。混凝土灌注至桩顶部位时，应采取措施保持导管内的混凝土压力，避免桩顶泥浆密度过大而产生泥团或桩顶混凝土不密实、松散等现象，灌注桩桩顶高程应比设计高程高出不小于 0.5 m。

具体内容详见《公路桥涵施工技术规范》(JTG/T 3650—2020)9.2 钻孔灌注桩、《水闸施工规范》(SL 27—2014)6.4 钻孔灌注桩、《水利水电工程单元工程施工质量验收评定标准——地基处理与基础工程》(SL 633—2012)8 钻孔灌注桩工程。

(5)钻孔灌注桩工程单元工程档案资料:①工序/单元工程施工质量报验单(CB18)详见《水利工程施工监理规范》(SL 288—2014)E.4 承包人常用表格推荐格式。②混凝土浇筑开仓报审表(CB17)详见《水利工程施工监理规范》(SL 288—2014)E.4 承包人常用表格推荐格式。③钻孔灌注桩工程单桩及单元工程施工质量验收评定表详见《水利水电工程单元工程施工质量验收评定表及填表说明》表 3.15。

3.5 水工金属结构安装工程

3.5.1 压力钢管

(1)安装前应对钢管、伸缩节和岔管的各项尺寸进行复测,复测结果应满足规范和设计要求,钢管中心、高程和里程等控制点宜永久性保留,并作出明显标识。管节就位调整后,应与支墩和锚栓加固焊接,支墩应具有足够的强度和稳定性,防止浇筑混凝土时管节发生变形及移位,钢管、伸缩节和岔管的表面防腐蚀工作,除安装焊缝坡口两侧(100 mm)外,均应在安装前全部完成。

(2)参加职业资格(焊接专业)培训并取得相应的技术资质人员,方可从事焊接工作,焊接工作应按照焊接工艺规程施焊。焊接完毕后,焊工或焊接操作工应仔细清理焊缝表面,焊缝外形尺寸和外观质量应符合《水工金属结构焊接通用技术条件》(SL 36—2016)表 14 的要求,且应在焊缝附近打上明显标识,注明焊口编号、焊工编号及其他规定的标识。焊缝的无损检测应根据施工图样和相关标准的规定进行,一、二类焊缝的射线、超声波、磁粉、渗透探伤等应分别符合《焊缝无损检测 射线检测 第 1 部分:X 和伽玛射线的胶片技术》(GB/T 3323.1—2019)和《焊缝无损检测 射线检测 第 2 部分:使用数字化探测器的 X 和伽玛射线技术》(GB/T 3323.2—2019)、《焊缝无损检测 超声检测 技术、检测等级和评定》(GB/T 11345—2013)、《焊缝无损检测 磁粉检测》(GB/T 26951—2011)、《焊缝无损检测 焊缝渗透检测 验收等级》

（GB/T 26953—2011）的规定。焊缝的内部质量标准应符合《水利水电工程单元工程施工质量验收评定标准——水工金属结构安装工程》（SL 635—2012）表4.3.4的规定。

（3）钢管表面预处理前应将铁锈、油污、积水、遗漏的焊渣和飞溅等附着污物清除干净，表面预处理采用喷射或抛射除锈，所用的磨料应清洁、干燥，喷射用的压缩空气应进行过滤，除去油、水。钢管除锈后，应用干燥的压缩空气吹净或用吸尘器除尘，使用的涂料应符合设计文件规定，涂装施工应按涂料使用说明书的相关规定执行，表面防腐蚀质量标准应符合《水利水电工程单元工程施工质量验收评定标准——水工金属结构安装工程》（SL 635—2012）表4.4.3的规定。

（4）水压试验应在焊缝质量检验合格后进行，其水压试验和试验压力值应符合设计文件规定。充水前，在其最高处应设置排气管阀，加压前必须排气，加压时应分级加载，加压速度不宜大于0.05 MPa/min，升至工作压力并保持30 min以上，压力表指针稳定，情况正常可继续加压，升至最大试验压力保持30 min以上，压力表指示的压力应无变动，然后下降至工作压力保持30 min以上。水压试验过程中，钢管应无渗水、混凝土应无裂缝、镇墩应无异常变位和其他异常情况。出现问题需要处理时，先将管内压力卸至零压力，再将钢管内水排空后，方可进行其他作业。试验完成后，应立即将管内压力卸至钢管内水自重压力，在确认管段上端的排（补）气管阀门打开后，方可进行钢管内水排放作业。

具体内容详见《水利工程压力钢管制造安装及验收规范》（SL 432—2008）、《水工金属结构焊接通用技术条件》（SL 36—2016）、《水利水电工程单元工程施工质量验收评定标准——水工金属结构安装工程》（SL 635—2012）4压力钢管安装工程。

（5）压力钢管单元工程档案资料：①工序/单元工程施工质量报验单（CB18）详见《水利工程施工监理规范》（SL 288—2014）E.4承包人常用表格推荐格式。②压力钢管单元工程安装质量验收评定表详见《水利水电工程单元工程施工质量验收评定表及填表说明》表5.1。

3.5.2 平面闸门埋件

（1）预埋在一期混凝土中的锚栓或锚板，应按设计图样制造、预埋，在混凝土浇筑之前应对预埋的锚栓或锚板位置进行检查、核对,埋件安装前,门槽中的模板等杂物及有油污的地方应清除干净,一、二期混凝土的结合面应凿毛,并冲洗干净,二期混凝土门槽的断面尺寸及预埋锚栓或锚板的位置应复验。

(2)二期混凝土一次浇筑高度不宜超过 5 m,浇筑时,应注意防止撞击埋件和模板,并采取措施捣实混凝土,应防止二期混凝土离析、跑模和漏浆。埋件的二期混凝土强度达到 70% 以后方可拆模,拆模后应对埋件进行复测,并作好记录,同时检查混凝土尺寸,清除遗留的外露钢筋头和模板等杂物,以免影响闸门启闭。

具体内容详见《水利水电工程钢闸门制造、安装及验收规范》(GB/T 14173—2008)8 闸门安装、《水利水电工程单元工程施工质量验收评定标准——水工金属结构安装工程》(SL 635—2012)5 平面闸门埋件安装工程。

(3)平面闸门埋件单元工程档案资料:①工序/单元工程施工质量报验单(CB18)详见《水利工程施工监理规范》(SL 288—2014)E.4 承包人常用表格推荐格式。②平面闸门埋件单元工程安装质量验收评定表详见《水利水电工程单元工程施工质量验收评定表及填表说明》表 5.2。

3.5.3　平面闸门门体

(1)闸门出厂前,应进行闸门制造出厂验收。验收时制造单位应提供闸门制造后的竣工总图、施工图样、制造工艺文件、部件装配图及使用说明书,产品的预装检查报告和出厂试验报告,主要材料、标准件、外购件及外协加工件的质量证明书,焊缝质量检验报告,对重大欠缺处理的记录和报告,闸门和预埋件产品质量检验记录。

(2)进场验收着重检查闸门、启闭机、附属机电设备安装的有关样图和技术文件、材料清单、产品合格证、产品型号及主要技术参数,有无运输损毁,出厂时涂料涂刷与预留是否满足要求等。

(3)闸门安装前、分节闸门组装成整体后,应对其各项尺寸进行复测。充水阀的尺寸应符合设计图样,其导向机构应灵活可靠,密封件与座阀应接触均匀,并满足止水要求。止水橡皮表面应光滑平直,止水橡皮接头可采用生胶热压等方法胶合,胶合接头处不得有错位、凹凸不平和疏松现象,安装时止水橡皮的螺栓孔位置应与门叶和止水压板上的螺栓孔位置一致。

(4)平面闸门安装前应作静平衡试验,试验方法为:将闸门吊离地面

100 mm,通过滚轮或滑道的中心测量上、下游与左、右方向的倾斜,平面闸门的倾斜不应超过门高的 1/1000,且不大于 8 mm,平面链轮闸门的倾斜应不超过门高的 1/1500,且不大于 3 mm,当超过时应予配重。

（5）闸门安装合格后,应在无水情况下做全行程启闭试验。试验前应检查自动挂脱梁挂钩脱钩是否灵活可靠,充水阀在行程范围内的升降是否自如,在最低位置时止水是否严密,同时还须清除门叶上和门槽内所有杂物并检查吊杆的连接情况。启闭时,应在止水橡胶皮处浇水润滑,有条件时,工作闸门应做动水启闭试验,事故闸门应做动水关闭试验。

（6）闸门启闭过程中应检查滚轮、支铰及顶、底枢等转动部位运行情况,闸门升降或旋转过程有无卡阻,启闭设备左右两侧是否同步,止水橡皮有无损伤。闸门全部处于工作部位后,应用灯光或其他方法检查止水橡皮的压缩程度,不应有透亮或有间隙。闸门在承受设计水头的压力时,通过任意 1 m 长度的水封范围内漏水量不应超过 0.1 L/s。

具体内容详见《水利水电工程钢闸门制造、安装及验收规范》(GB/T 14173—2008)8 闸门安装、《水利水电工程单元工程施工质量验收评定标准——水工金属结构安装工程》(SL 635—2012)6 平面闸门门体安装工程。

（7）平面闸门门体单元工程档案资料:①工序/单元工程施工质量报验单(CB18)详见《水利工程施工监理规范》(SL 288—2014)E.4 承包人常用表格推荐格式。②平面闸门门体单元工程安装质量验收评定表详见《水利水电工程单元工程施工质量验收评定表及填表说明》表 5.3。

3.5.4　其他类型闸门

（1）弧形闸门安装。分节弧形闸门门叶组装成整体后,应按有关规定对各项尺寸进行复测,复测合格后采用评定合格的焊接工艺,按有关规定进行门叶结构焊接和检验,焊接时应采取措施控制变形。当门叶节间采取螺栓连接时,应遵照螺栓连接有关规定进行紧固和检验。弧形闸门安装应符合以下规定:支臂两端的连接板若需要在安装时焊接,应采取措施减少焊接变形,以保证焊接后其组合面符合标准要求;抗剪板应和连接板顶紧施焊;连接螺栓应遵照螺栓连接有关规定进行紧固和检验;铰轴中心至面板外缘的曲率半径的极限偏差不超规定值;止水橡皮的质量应符合国家或行业有关技术标准的规定,顶、侧止水橡皮安装质量应符合有关规定。具体内容详见《水利水电工程钢闸门制造、安装及验收规范》(GB/T 14173—2008)8.3 弧形闸门门体安装。

（2）人字闸门安装。门叶安装应以底横梁中心线为水平基准线，以门体中心线为垂直基准线，并在门轴柱和斜接柱端板及其他必要部位悬挂铅垂线进行控制与检查。门叶安装应按照吊装对位、焊接并检验合格之后再吊装下一节的程序进行。焊接应采用已经评定合格的焊接工艺，并采取有效的防止和监视焊接变形措施，遵照有关焊接规定进行焊接与检验，门叶整体几何尺寸及形位公差应不超规定值。顶枢装置安装和支、枕座的安装应符合规定要求。具体内容详见《水利水电工程钢闸门制造、安装及验收规范》(GB/T 14173—2008)8.4 人字闸门门体安装。

（3）埋件及门体单元工程档案资料：①工序/单元工程施工质量报验单(CB18)详见《水利工程施工监理规范》(SL 288—2014)E.4 承包人常用表格推荐格式。②弧形闸门埋件、弧形闸门门体、人字闸门埋件、人字闸门门体单元工程安装质量验收评定表详见《水利水电工程单元工程施工质量验收评定表及填表说明》表 5.4～表 5.7。

3.5.5　活动式拦污栅

（1）活动式拦污栅安装的埋件、各埋件间距离及栅体安装等应符合规范要求，栅体吊入栅槽后，应做升降试验，检查栅槽有无卡滞情况，检查栅体动作和各节的连接是否可靠。具体内容详见《水利水电工程钢闸门制造、安装及验收规范》(GB/T 14173—2008)9 拦污栅制造和安装、《水利水电工程单元工程施工质量验收评定标准——水工金属结构安装工程》(SL 635—2012)11 活动式拦污栅安装工程。

（2）活动式拦污栅单元工程档案资料：①工序/单元工程施工质量报验单(CB18)详见《水利工程施工监理规范》(SL 288—2014)E.4 承包人常用表格推荐格式。②活动式拦污栅单元工程安装质量验收评定表详见《水利水电工程单元工程施工质量验收评定表及填表说明》表 5.8。

3.5.6　大车轨道安装

（1）钢轨铺设前，应检查钢轨出厂证明和合格证，合格后方可铺设，钢轨如有弯曲、歪扭等变形，应予矫形，但不应采用火焰法矫形，不合格的钢轨不应安装。轨道基础螺栓对轨道中心线距离偏差不应超过±2 mm，拧紧螺母后，螺栓应露出螺母,其露出的长度宜为2~5个螺距。两平行轨道接头的位置应错开,其错开距离不应等于启闭机前后车轮的轮距。启闭机轨道单元工程质量评定时,应提供大车轨道的安装图样、安装记录及轨道安装前的检查记录等资料。具体内容详见《水利水电工程启闭机制造安装及验收规范》(SL/T 381—2021)、《水利水电工程单元工程施工质量验收评定标准——水工金属结构安装工程》(SL 635—2012)12 启闭机轨道安装工程。

(2)大车轨道安装单元工程档案资料:①工序/单元工程施工质量报验单(CB18)详见《水利工程施工监理规范》(SL 288—2014)E.4 承包人常用表格推荐格式。②大车轨道单元工程安装质量验收评定表详见《水利水电工程单元工程施工质量验收评定表及填表说明》表5.9。

3.5.7　桥式启闭机

(1)桥式启闭机到货后应按合同要求进行验收,检验其各部件的完好状态、产品合格证、整体组装图纸等资料,做好验收记录。桥式启闭机安装工程由桥架和大车行走机构、小车行走机构、制动器安装、电气设备安装等部分组成,在各部分安装完毕后应进行试运行。桥架和大车行走机构安装、小车行走机构安装跨度相对差等检验项目应符合规范要求,制动器安装质量评定包括制动轮径向跳动等检验项目。桥式启闭机试运行质量检验包括试运行前检查、试运行、静载试验、动载试验等。具体内容详见《水利水电工程启闭机制造安装及验收规范》(SL/T 381—2021)、《水利水电工程单元工程施工质量验收评定标准——水工金属结构安装工程》(SL 635—2012)13 桥式启闭机安装工程。

(2)桥式启闭机单元工程档案资料:①工序/单元工程施工质量报验单(CB18)详见《水利工程施工监理规范》(SL 288—2014)E.4 承包人常用表格推荐格式。②桥式启闭机单元工程安装质量验收评定表详见《水利水电工程单元工程施工质量验收评定表及填表说明》表5.10。

3.5.8　门式启闭机

(1)门式启闭机出厂前,应进行整体组装和试运行,经检查合格,方可出厂。门式启闭机安装由门架和大车行走机构、门腿、小车行走机构、制动器、电气设备安装等部分组成,在各部分安装完毕后应进行试运行。门式启闭机单元工程安装质量验收评定时,应提供该设备进场检验记录、安装图样、安装记录、重大缺陷处理记录及试运行记录等。门架和大车行走机构、小车行走机构、制动器、电气设备及试运行质量标准参照桥式启闭机有关规定。具体内容详见《水利水电工程启闭机制造安装及验收规范》(SL/T 381—2021)、《水利水电工程单元工程施工质量验收评定标准——水工金属结构安装工程》(SL 635—2012)14 门式启闭机安装工程。

(2)门式启闭机单元工程档案资料:①工序/单元工程施工质量报验单(CB18)详见《水利工程施工监理规范》(SL 288—2014)E.4 承包人常用表格推荐格式。②门式启闭机单元工程安装质量验收评定表详见《水利水电工程单元工程施工质量验收评定表及填表说明》表5.11。

3.5.9 固定卷扬式启闭机

(1)固定卷扬式启闭机进场后,应按订货合同检查其产品合格证、随机构配件、专用工具及完整的技术文件等。固定卷扬式启闭机安装工程由启闭机位置、制动器安装、电气设备安装等部分组成,固定卷扬式启闭机单元工程安装质量验收评定时,应提供各部分安装图纸、安装记录、试运行记录以及进场检验记录等。固定卷扬式启闭机安装质量评定包括纵、横向中心线与起吊中心线之差等检验项目。固定卷扬式启闭机试运行由电气设备试验、无载荷试验、载荷试验等三部分组成。具体内容详见《水利水电工程启闭机制造安装及验收规范》(SL/T 381—2021)8 固定卷扬式启闭机、《水利水电工程单元工程施工质量验收评定标准——水工金属结构安装工程》(SL 635—2012)15 固定卷扬式启闭机安装工程、《水利水电工程单元工程施工质量验收评定标准——发电电气设备安装工程》(SL 638—2013)22 起重设备电气装置安装工程。

(2)固定卷扬式启闭机单元工程档案资料:①工序/单元工程施工质量报验单(CB18)详见《水利工程施工监理规范》(SL 288—2014)E.4 承包人常用表格推荐格式。②固定卷扬式启闭机单元工程安装质量验收评定表详见《水利水电工程单元工程施工质量验收评定表及填表说明》表5.12。

3.5.10 螺杆式启闭机

(1)螺杆式启闭机出厂前,应进行整体组装和试运行,经检查合格,方可出厂,到货后应按合同验收,并对其主要零部件进行复测、检查、登记。螺杆式启闭机安装由启闭机安装位置、电气设备安装等组成,安装完毕后应进行试运行。螺杆式启闭机单元工程安装质量验收评定时,应提供产品到货验收记录、现场安装记录等资料。螺杆式启闭机安装质量评定包括基座纵、横向中心线与闸门吊耳的起吊中心线之差等检验项目。螺杆式启闭机的试运行由电气设备测试、无载荷试验、载荷试验等三部分组成。具体内容详见《水利水电工程启闭机制造安装及验收规范》(SL/T 381—2021)7 螺杆式启闭机、《水利水电工程单元工程施工质量验收评定标准——水工金属结构安装工程》(SL 635—2012)16 螺杆式启闭机安装工程、《水利水电工程单元工程施工质量验收评定标准——发电电气设备安装工程》(SL 638—2013)22 起重设备电气装置安装工程。

(2)螺杆式启闭机单元工程档案资料:①工序/单元工程施工质量报验单(CB18)详见《水利工程施工监理规范》(SL 288—2014)E.4 承包人常用表格推荐格式。②螺杆式启闭机单元工程安装质量验收评定表详见《水利水电工程单元工程施工质量验收评定表及填表说明》表 5.13。

3.6 机电设备安装工程

3.6.1 离心泵安装

(1)机电设备出厂验收的内容包括审查主要机电设备及主要技术标准是否符合合同技术要求,检查设备测量仪表质检证书,进行设备外观检查、功能测试、性能指标试验、组装试验以及其他特定检验项目,同时检查机电设备的材质单、检验资料、备件明细、出厂合格证、设备清单等。机电设备到达工地后,应由监理工程师组织有关人员根据设备到货清单进行验收,检查质保书、出厂检验报告、测试报告、产品合格证、组件手册、设备全套图纸、设备安装调试说明书、操作维护维修手册、压力容器相关资料、装箱清单及设备其他资料文件。

(2)设备安装前,土建工程主要设备基础及建筑物已验收,设备基础混凝土的强度已达到设计强度的 70% 以上,设备基础上的基准线、基准点、水准标高点和沉陷观测资料等技术资料齐全。预埋件的材料、型号及安装位置均应符合图纸要求,预埋件与混凝土结合面应无油污、残砂和严重锈蚀。预留孔几何尺寸应符合设计要求,孔内应清理干净,无横穿的钢筋和遗留杂物。预留孔中心线与基准线的偏差不应大于 3 mm,孔壁的垂直度偏差不应大于 $L/200$(L 为地脚螺栓长度,mm)。

(3)施工前将已浇筑好的混凝土基座清理干净,将水泵吊至基座上,套进地脚螺栓,进行水泵找正,使水泵的进出口中心线以及轴心线与水泵混凝土基座浇筑时所划定的相应中心线完全一致。若螺栓孔与螺栓对不上,或对上后无移动余量,应采取相应措施,如扩大水泵地脚螺栓孔等,使水泵找正误差不超过规定的数值。安装的水泵轴要呈水平状态,水泵的进、出口法兰盘面呈垂直状态,保证与进、出口水管的连接正确。测量水泵实际安装高度和设计安装高度是否符合,以保证水泵在允许的吸水高度内工作,水泵位置找准后将各紧固件锁紧。

(4)单台机组试运行应在 7 天内累计运行 48 h 或连续运行 24 h。试运行中应检查站内外土建工程和机电设备的运行状况,鉴定机电设备的安装质量。检查机组在启动、停机和持续运行时各部位工作是否正常,设备工作是否协调,停机后检查机组各部位有无异常现象。测定机组在设计和非设计工况下运行时的主要水力、电气参数和各部位温度等是否符合设计、制造要求。对于高扬程泵站,宜进行一次事故停泵后有关水力参数的测试,检验水锤防护设施是否安全可靠。

具体内容详见《泵站设备安装及验收规范》(SL 317—2015)、《机械设备安装工程施工及验收通用规范》(GB 50231—2009)。

(5)离心泵安装单元工程档案资料:①工序/单元工程施工质量报验单(CB18)详见《水利工程施工监理规范》(SL 288—2014)E.4 承包人常用表格推荐格式。②离心泵安装单元工程质量验收评定表详见《水利水电工程单元工程施工质量验收评定表及填表说明》表 7.4。

3.6.2　水环式真空泵(含气水分离器)安装

(1)水环式真空泵安装程序、标准参照离心泵安装。

(2)水环式真空泵安装单元工程档案资料:①工序/单元工程施工质量报验单(CB18)详见《水利工程施工监理规范》(SL 288—2014)E.4 承包人常用表格推荐格式。②水环式真空泵(含气水分离器)安装单元工程质量验收评定表详见《水利水电工程单元工程施工质量验收评定表及填表说明》表 7.5。

3.6.3　深井泵安装

(1)安装前,检查水井的直径、静水深度以及供电系统是否符合要求,检查水泵转动是否灵活,分装的电机和水泵应用联轴器连接,打开排气和注水螺塞,注满水后不应有渗漏现象,电机绝缘应符合规范要求。安装时在泵的出水口安装接泵管一节,并用夹板夹住,吊起落入井中,使夹板坐落在井台上,再用另一副夹板夹住另一节输水管,然后吊起,降下与接水管法兰加胶垫相接,紧固螺丝时应对角线同时进行,吊起水泵拆下第一副夹板,使泵管下降夹板落到井台上,依次反复进行安装、下井直至全部安装完成,放上井盖,最后一副夹板不再拆卸,将其放在井盖上。具体内容详见《泵站设备安装及验收规范》(SL 317—2015)、《机械设备安装工程施工及验收通用规范》(GB 50231—2009)。

(2)深井泵安装单元工程档案资料:①工序/单元工程施工质量报验单(CB18)详见《水利工程施工监理规范》(SL 288—2014)E.4承包人常用表格推荐格式。②深井泵安装单元工程质量验收评定表详见《水利水电工程单元工程施工质量验收评定表及填表说明》表7.6。

3.6.4　潜水泵安装

(1)潜水泵安装程序、标准参照深井泵安装。

(2)潜水泵安装单元工程档案资料:①工序/单元工程施工质量报验单(CB18)详见《水利工程施工监理规范》(SL 288—2014)E.4承包人常用表格推荐格式。②潜水泵安装单元工程质量验收评定表详见《水利水电工程单元工程施工质量验收评定表及填表说明》表7.7。

3.6.5　齿轮油泵安装

(1)安装前应检查泵、电机、泵进出口的防尘盖是否损坏或有其他污物等,对管道内壁用清水或蒸汽清洗干净,安装时应避免使管道的重量由泵来承担,以免影响泵的精度。油泵应尽量靠近油池,管道各连接部位不得漏气、漏液。为防止颗粒杂物等污物进入泵内,应在吸入口安装金属过滤网。具体内容详见《泵站设备安装及验收规范》(SL 317—2015)。

(2)齿轮油泵安装单元工程档案资料:①工序/单元工程施工质量报验单

（CB18）详见《水利工程施工监理规范》（SL 288—2014）E.4 承包人常用表格推荐格式。②齿轮油泵安装单元工程质量验收评定表详见《水利水电工程单元工程施工质量验收评定表及填表说明》表 7.8。

3.6.6　螺杆油泵安装

（1）螺杆油泵安装程序、标准参照齿轮油泵安装。

（2）螺杆油泵安装单元工程档案资料：①工序/单元工程施工质量报验单（CB18）详见《水利工程施工监理规范》（SL 288—2014）E.4 承包人常用表格推荐格式。②螺杆油泵安装单元工程质量验收评定表详见《水利水电工程单元工程施工质量验收评定表及填表说明》表 7.9。

3.6.7　滤水器安装

（1）滤水器支座底板与基础面应均匀接触,基础设置预埋螺栓,待滤水器安装就位后进行二次浇筑,进出口法兰、排污法兰、放水法兰等与系统管相连接,最后安装差压控制装置、排气球阀等附件,电动滤水器应做可靠接地。滤水器安装后,应清除滤网前水管中的杂物,并做运行试验,检测滤水器减速机、排污阀是否接线正确,检查各部位管线有无渗漏。具体内容详见《泵站设备安装及验收规范》（SL 317—2015）。

（2）滤水器安装单元工程档案资料：①工序/单元工程施工质量报验单（CB18）详见《水利工程施工监理规范》（SL 288—2014）E.4 承包人常用表格推荐格式。②滤水器安装单元工程质量验收评定表详见《水利水电工程单元工程施工质量验收评定表及填表说明》表 7.10。

3.6.8　水力监测仪表（非电量监测）装置安装

（1）水力监测仪表装置安装前应进行精度检验和验证,水力检测仪表装置的铭牌和标识应牢固、正确、清晰、齐全,安装位置应符合设计文件的要求,安装支撑方式应符合产品技术条件规定,按设计文件核对其位号、型号、规格、材质和附件。信号线和电源线进入盘、柜、箱时,宜从底部进入,并应采取防水密封措施,仪表引线应完好、无损伤,导电部分应无外露,标号应齐全,若直接安装在管道上,宜在管道吹扫后安装,安装完毕应进行压力试验。具体内容详见《自动化仪表工程施工及质量验收规范》（GB 50093—2013）、《水电厂自动化元件（装置）安装和验收规程》（DL/T 862—2016）。

（2）水力监测仪表装置安装单元工程档案资料：①工序/单元工程施工质量报验单（CB18）详见《水利工程施工监理规范》（SL 288—2014）E.4 承包人常用表格推荐格式。②水力监测仪表（非电量监测）装置安装单元工程质量验收评定表详见《水利水电工程单元工程施工质量验收评定表及填表说明》表7.11。

3.6.9 水力机械系统管道制作及安装

（1）钢管切割和坡口表面应符合设计图纸的加工要求，管口应光滑、平整、无裂纹、毛刺等，切口断面倾斜偏差应符合规范要求。采用有缝钢管加工弯管时，焊缝应避开受拉（压）区，设计图纸未规定且在埋设条件允许时，应采用大弯曲半径。管道接头应根据管壁厚度选择适当的坡口型式和尺寸，焊接时焊缝表面应有加强高，焊缝表面应无裂纹、夹渣和气孔等缺陷，焊接的工艺要求及焊缝内部质量应符合规范要求。

（2）管道安装前，内部应清理干净，按设计要求进行除锈防腐处理，焊面及坡口两侧的油污、铁锈、毛刺应清理合格后及时焊接，根据不同材质的管材选择相应的焊接工艺。在管道焊缝上不得开孔，穿过隔墙和楼板的管道，在隔墙和楼板内不得有焊缝。采用螺纹连接时，管节的切口断面应平整，丝扣应光洁，不得有毛刺和断丝。管道与法兰连接时，采取内外焊接，内焊缝不得高出法兰工作面，法兰与管道焊接后应垂直，压力管道弯头处，不应设法兰，法兰密封及密封垫不得有影响密封性能的缺陷，密封垫的材质应与工作介质相符合。管道安装时应及时进行支、吊架的固定和调节，卡箍式和卡套式管接头的安装位置距支、吊架的距离应符合设计要求。

具体内容详见《工业金属管道工程施工规范》（GB 50235—2010）、《现场设备、工业管道焊接工程施工规范》（GB 50236—2011）。

（3）水力机械系统管道制作及安装单元工程档案资料：①工序/单元工程施工质量报验单（CB18）详见《水利工程施工监理规范》（SL 288—2014）E.4 承包人常用表格推荐格式。②水力机械系统管道制作及安装单元工程质量验收评定表详见《水利水电工程单元工程施工质量验收评定表及填表说明》表7.13。

3.6.10　箱、罐及其他容器安装

（1）箱、罐及其他容器就位前，应按施工图纸和相关建筑物的轴线、边缘线、标高线，划定安装的基准线，相互间有连接、衔接或排列关系的机械设备，应划定共同的安装基准线。设备找正、调平的定位基准的面、线或点确定后，其找正、调平应在确定的测量位置上进行检验，且应做好标记，复检时应在原来的测量位置。具体内容详见《机械设备安装工程施工及验收通用规范》（GB 50231—2009）。

（2）箱、罐及其他容器安装单元工程档案资料：①工序/单元工程施工质量报验单（CB18）详见《水利工程施工监理规范》（SL 288—2014）E.4 承包人常用表格推荐格式。②箱、罐及其他容器安装单元工程质量验收评定表详见《水利水电工程单元工程施工质量验收评定表及填表说明》表 7.14。

3.6.11　自动化元件（装置）安装

（1）自动化元件安装程序、标准参照水力监测仪表装置安装。

（2）自动化元件安装单元工程档案资料：①工序/单元工程施工质量报验单（CB18）详见《水利工程施工监理规范》（SL 288—2014）E.4 承包人常用表格推荐格式。②自动化元件（装置）安装单元工程质量验收评定表详见《水利水电工程单元工程施工质量验收评定表及填表说明》表 7.12。

3.7　其他工程

3.7.1　房屋建筑

3.7.1.1　地基与基础

（1）由建设、监理、勘测、设计、施工单位组成联合验收小组进行地基验槽，完成验槽记录及地基隐检手续，如遇地基处理，办理设计洽商，完成后由监理、设计、施工三方复验签认。

（2）地基验槽完成后，清除表面浮土及扰动土，不得积水，进行垫层混凝土施工，期间严禁晾晒基土。

（3）垫层达到一定强度后，在其上弹线、支模、铺放钢筋网片，底部钢筋网

片应用与混凝土保护层同厚度的水泥砂浆垫块垫塞，以保证位置正确。模板采用小钢模或木模，应保证模板的牢固和严密。

（4）浇筑前清除模板内的杂物，在浇筑开始时，先满铺一层 5～10 cm 厚的混凝土并振捣，使柱子插筋下段和钢筋网片的位置基本固定，然后对称浇筑，条型基础根据高度分段分层连续浇筑，不留施工缝，逐层逐段呈阶梯形推进，混凝土浇筑后必须校核混凝土表面标高。

（5）浇筑完成的混凝土，常温下应在 12 h 左右覆盖和浇水养护，一般常温养护不少于 7 天，特种混凝土养护不少于 14 天。

具体内容详见《建筑地基基础工程施工质量验收标准》（GB 50202—2018）、《砌体结构工程施工质量验收规范》（GB 50203—2011）、《混凝土结构工程施工质量验收规范》（GB 50204—2015）、《地下防水工程质量验收规范》（GB 50208—2011）、《建筑工程施工质量验收统一标准》（GB 50300—2013）、《建设工程监理规范》（GB/T 50319—2013）。

3.7.1.2　主体结构

（1）砖砌体施工：①施工前，室外及房心回填土、预留沟槽等施工完成，已进行地基、基础工程等隐蔽工程验收。②砌体用砖必须提前浇水湿润，常温施工不得用干砖上墙，雨期不得使用含水率达饱和状态的砖砌墙，冬期不得浇水，可适当增大砂浆稠度。③砌体一般采用"一顺一丁"砌法，砖柱不得采用先砌四周后填心的包心砌法，外墙选砖要棱角整齐，规格基本一致。砌砖采用一铲灰、一块砖、一挤揉的"三一"砌砖法，砌砖时要挂线施工，"上跟线，下跟棱，左右相邻要对平"。④砌筑砂浆配合比及机械搅拌应符合要求。砂浆要随拌随用，一般水泥砂浆必须在 3 h 内使用完，混合砂浆必须在 4 h 内用完。

（2）钢筋施工：①施工前，按设计图纸量测放样钢筋安装位置，核对加工配料单。②对于构造柱钢筋的绑扎，应预留出搭接部位的长度，为防止骨架变形，宜采用反十字扣或缠扣绑扎。在柱顶、柱脚与圈梁钢筋交接的部位，应按设计要求加密柱的箍筋。③对于圈梁钢筋的绑扎，一般采用预制圈梁钢筋骨架，然后按编号吊装就位进行组装后支模板。如在模内绑扎时，按设计图纸要求间距绑扎箍筋，箍筋搭接处应与受力钢筋互相错开。圈梁钢筋绑扎后，应加钢筋保护层垫块，以控制受力钢筋的保护层。④对于剪力墙钢筋的绑扎，双排钢筋之间的拉筋应呈梅花形布置，水平钢筋和竖向钢筋的搭接要相互错开，绑扎方法及长度应符合设计及规范要求。

（3）模板施工：①模板施工前，钢筋绑扎应已完毕，并已办好隐检手续，钢筋上挂的灰浆及柱根部的落地灰应清理干净。②构造柱模板采用定型组合钢模板或竹胶板模板，外墙转角部位外侧用阳角模板与平模拼装，内墙十字交点部位用阴角模板拼装。③对于圈梁模板安装，摆放圈梁钢模板并用 U 型卡连接，用木楔将缺口方木和模板固定牢固，检查模板的标高，如不符合要求，调整缺口方木的角度并达到设计要求。

（4）混凝土施工：①混凝土浇筑前，应检查模板拼接是否严密，各种连接件及支撑是否牢固，板、梁、柱钢筋应有可靠的定位保护措施。②根据浇筑段墙体长度和墙厚度计算方量，搅拌与混凝土同配比的水泥砂浆，浇筑在底部接搓处，入模应根据墙体混凝土浇筑顺序进行，随浇筑砂浆随浇筑混凝土，禁止一次将一段全部浇筑，以免砂浆凝结。③墙体浇筑要连续，严格按照墙体混凝土浇筑顺序图的要求按顺序分层浇筑、振捣，在钢筋密集处或墙体交叉节点处，要加强振捣，保证密实。混凝土振捣完毕后，将上口甩出的钢筋加以整理，按标高控制线将表面找平。④养护方法一般为刷养护剂或喷水养护，喷水养护应每隔 2 h 养护一次，养护期不小于 7 天，刷养护剂时，基层应洒水湿润，待表面无明水时，开始刷养护剂。

具体内容详见《砌体结构工程施工质量验收规范》（GB 50203—2011）、《混凝土结构工程施工质量验收规范》（GB 50204—2015）、《建筑工程施工质量验收统一标准》（GB 50300—2013）、《建设工程监理规范》（GB/T 50319—2013）。

3.7.1.3　装饰装修

（1）天棚抹灰：①应进行基层处理，楼板底面突出的砂浆或混凝土块均应剔平，表面光滑的应凿毛，表面凹坑应清洗后用 1∶2 水泥砂浆分层补平。②抹灰前，在靠近天棚的墙面上弹出水平线，作为抹灰厚度和阴角平直的控制线，同时拉线检查楼板底面平整度情况，对凹面较大的作出标记，分层找平，每层厚度不宜超过 7 mm。③抹灰前一天将板面浇水湿透，抹灰时先用喷雾器喷水湿润板面，待板面无明水时，刷素水泥浆一遍，抹 1∶1 水泥砂浆底糙灰，抹底糙灰要用力抹压，养护 2～3 天后抹找平糙灰，隔一夜再用混合砂浆找平，找平砂浆凝固后，用喷雾器喷水湿润，抹水泥砂浆罩面灰。

（2）内墙面抹灰：①应进行基层处理，首先将表面的灰尘、污垢和油渍等清除干净并洒水湿润，将门窗与墙的间缝填塞严密，并用水泥砂浆嵌补密实，同时将脚手架眼及水电暗管安装后的孔槽分层填实补平，将混凝土表面洗刷或凿毛。②检查墙体表面的平整度和垂直度，抹底糙灰前洒水湿润墙面，抹灰时用力抹压，将砂浆挤入墙缝中，达到糙灰和基层紧密结合的目的。待底层糙灰凝固后抹中层糙灰，采用分层填抹，用长刮尺赶平，阴阳角处用阴阳角尺通直，做到表面毛、墙面平、棱角直，经检验合格后再做罩面灰。

（3）楼地面工程：①楼地面施工前应进行全面的抄平测量，并在距离地面500 mm 高的墙体上弹出水平基准通线，施工前一天应对地面喷水湿润，在做找平层时表面必须无明水，刷水灰比为1：0.4 水泥砂浆一道，涂刷均匀，随即铺找平砂浆。②地砖铺贴前在板上用1：3 水泥砂浆做找平层后，即可在上面抄平弹线，铺贴标高点，按设计图案排放。必须按设计要求做好防水，同时注意排水坡度。

（4）内墙面涂料：将基层表面的尘土、脏物事先清扫或铲除，基层含水率不得大于10%，刮腻子时随用随调，在找补腻子时，对孔缝深的应分二次或三次找平，待腻子干透后，用砂纸打磨光滑即可刷涂料。

（5）外墙饰面：①外墙所采用的面砖，应按设计要求挑选规格、颜色一样的面砖，使用前在清水中浸泡2～3 h，镶贴前根据设计要求，统一弹线分格、排砖。②镶贴时，在面砖背后满铺粘结砂浆，镶贴后，用小铲把轻轻敲击，使之与基层粘贴牢固，并用靠尺、方尺随时找平找方，贴完一皮后须将砖上口灰刮平。③缝子的米厘条当天取下，在面砖镶贴完成一定流水段后，立即用1：1 水泥砂浆勾缝。

（6）门窗安装：门窗安装时，门窗位置必须符合设计规定，钉要牢固、平直、无锤印，与墙间空隙应用沥青麻刀灰填塞密实，并不得污染框面；安装门窗扇应裁口顺直，刨面平整光洁，开启灵活、稳定、无自关现象。

具体内容详见《钢结构工程施工质量验收标准》（GB 50205—2020）、《木结构工程施工质量验收规范》（GB 50206—2012）、《屋面工程质量验收规范》（GB 50207—2012）、《建筑地面工程施工质量验收规范》（GB 50209—2010）、《建筑装饰装修工程质量验收标准》（GB 50210—2018）、《建筑给水排水及采暖工程施工质量验收规范》（GB 50242—2002）、《建筑工程施工质量验收统一标准》（GB 50300—2013）、《建设工程监理规范》（GB/T 50319—2013）。

3.7.2　道路交通

3.7.2.1　路基

（1）土方路基在路基用地和取土坑范围内，应清除地表植被、杂物、积水、淤泥和表土，处理坑塘，并按规范和设计要求对基底进行压实。填方路基须分层填筑压实，每层表面平整，路拱合适，排水良好，不得有明显碾压轮迹，不得亏坡；应设施工临时排水系统，避免冲刷边坡，路床顶面不得积水。软土地基上的路堤应满足沉降标准和稳定性的设计要求。

（2）填石路基应分层填筑压实，每层表面平整，路拱合适，排水良好，上路床不得有碾压轮迹，不得亏坡；修筑填石路基时应进行地表清理，填筑层厚度应符合规范规定并满足设计要求，填石空隙用石渣、石屑嵌压稳定，上边坡不得有危石。

（3）土工合成材料处置层应无老化，外观无破损、污染，土工合成材料紧贴下承层，按设计和施工要求铺设、张拉、固定，接缝搭接、黏结强度和长度应满足设计要求，上、下层土工合成材料搭接缝应交替错开。

具体内容详见《公路工程质量检验评定标准　第一册　土建工程》（JTG F80/1—2017）、《公路路面基层施工技术细则》（JTG/T F20—2015）。

3.7.2.2　排水

（1）排水施工应满足设计要求并符合施工规范的规定，依照实际地形，选择合适的位置，将地面水和地下水排出路基以外。

（2）排水管安装前应逐节检查，不得有裂缝、破损，排水管基础应满足设计要求，管节铺设应平顺、稳固，管底坡度不得出现反坡；管径大于 750 mm 时，应在管内作整圈勾缝，抹带前，管口应洗刷干净，管口表面应平整密实，无裂缝现象，抹带后及时覆盖养护，管内不得有泥土、砖块、砂浆等杂物。

（3）检查（雨水）井砌筑材料、井基混凝土强度、井盖质量应满足设计要求；砌筑砂浆配合比准确，井壁砂浆饱满，灰缝平整，内壁应平顺，抹面密实光洁无裂缝，踏步安装牢固；井框、井盖安装不应松动，井口周围不得有积水。

（4）浆砌片（块）石、混凝土预制块的质量和规格，应符合国家和行业强制性标准以及合同约定的其他标准的规定，并满足设计要求；砌体砂浆配合比准确，砌缝内砂浆均匀饱满，勾缝密实。

具体内容详见《公路工程质量检验评定标准　第一册　土建工程》（JTG F80/1—2017）。

3.7.2.3 路面

（1）稳定土基层和底基层，石灰应经充分消解，路拌深度应达到层底；石灰类材料应处于最佳含水率状态下碾压，水泥类材料碾压终了的时间不应超过水泥的终凝时间，碾压表面应无松散、无坑洼、无碾压轮迹；碾压检查合格后立即覆盖或洒水养护，养生期应符合规范规定。

（2）稳定粒料基层和底基层，应选择质坚干净的粒料，石灰应充分消解，矿渣应分解稳定，未分解渣块应予剔除，路拌深度应达到层底；石灰类材料应处于最佳含水率状态下碾压，水泥类材料碾压终了的时间不应超过水泥的终凝时间，碾压表面应无松散、无坑洼、无碾压轮迹，表面连续离析不得超过 10 m，累计离析不得超过 50 m；碾压检查合格后立即覆盖或洒水养护，养护期应符合规范规定。

（3）级配碎（砾）石基层和底基层，配料应准确，塑性指数应满足设计要求，碾压表面应无松散、无坑洼、无碾压轮迹，表面连续离析不得超过 10 m，累计离析不得超过 50 m。

（4）混凝土面层接缝材料应符合规范规定并满足设计要求，接缝的位置、规格、尺寸及传力杆、拉力杆的设置应满足设计要求，路面铺筑后按施工规范要求养护；面板不应有坑穴、鼓包和掉角，接缝填注不得漏填、松脱，不应污染路面，路面应无积水。

（5）沥青混凝土面层和沥青碎（砾）石面层，施工前基层质量应符合规范并满足设计要求，表面应干燥、清洁、无浮土；施工时应严格控制沥青混合料拌和的加热温度，拌和后的沥青混合料应均匀、无花白、无粗细料分离和结团成块现象，应按规定要求控制碾压工艺，严格控制摊铺和碾压温度；表面裂缝、松散、推挤、碾压轮迹、油丁、泛油、离析的累计长度不得超过 50 m，搭接处烫缝应无枯焦，路面应无积水。

（6）路缘石铺设时，水泥混凝土强度应满足设计要求、无破损，安装应砌筑稳固，顶面平整，缝宽均匀，勾缝密实，线条直顺，槽底基础和后背填料应夯打密实。

（7）路肩表面应平整密实、无积水，路肩应直顺，曲线圆滑，压实度应符合设计及规范要求。

具体内容详见《公路工程质量检验评定标准 第一册 土建工程》（JTG F80/1—2017）。

3.8　防洪度汛

3.8.1　总则

（1）防汛工作实行"安全第一，常备不懈，以防为主，全力抢险"的方针，遵循团结协作和局部利益服从全局利益的原则。

（2）防汛工作实行企业主要行政领导负责制，实行统一指挥、属地管理、分级管理，全面落实防汛岗位责任制。

3.8.2　组织机构

成立项目防洪度汛领导小组，由项目经理担任组长，技术负责人担任副组长，组员由各科室主要负责人组成。

3.8.3　管理职责

（1）服从工程项目防汛领导小组的指挥，按要求完成职责范围内的各项防汛任务，确保施工现场及生活区的人员、设备、材料、已完工或未完工的构（建）筑物安全度汛。

（2）按照合同规定或设计单位提供的年度防汛要求，根据项目法人单位总体防汛计划，编制施工单位的度汛方案和超标准洪水应急预案，制订防汛度汛及抢险措施，报项目法人批准，并按批准的措施落实防汛抢险队伍和防汛器材、设备等物资准备工作，做好汛期值班，保证汛情、工情、险情信息渠道畅通。落实汛期值班制度，开展防洪度汛专项安全检查，及时整改发现的问题。

具体内容详见《中华人民共和国防汛条例》（2011 年修订版）、《水利水电工程施工安全管理导则》（SL 721—2015）7.5 度汛安全管理。

3.9　施工质量缺陷

3.9.1　质量缺陷

施工质量缺陷按照《水利工程质量事故处理暂行规定》（1999 年发布）的规

定确定,小于一般质量事故的质量问题称为质量缺陷。

在工程建设中发生的以下质量问题属于质量缺陷:

(1)发生在大体积混凝土、金结制作安装及机电设备安装工程中,处理所需物资、器材及设备、人工等直接损失费用不超过 20 万元人民币。

(2)发生在土石方工程或混凝土薄壁工程中,处理所需物资、器材及设备、人工等直接损失费用不超过 10 万元人民币。

(3)处理后不影响工程正常使用和寿命。

具体内容详见《水利水电工程施工质量检验与评定规程》(SL 176—2007)。

3.9.2 处理方案、措施计划报审

在施工过程中,工程个别部位或局部发生达不到技术标准和设计要求(但不影响使用),且未能及时进行处理的工程质量缺陷问题(质量评定仍为合格),应以工程质量缺陷备案形式进行记录备案。具体内容详见《水利水电工程施工质量检验与评定规程》(SL 176—2007)。

施工单位应向监理单位提交施工质量缺陷处理方案报审表及施工质量缺陷处理措施计划报审表。施工质量缺陷处理方案报审表(CB19)、施工质量缺陷处理措施计划报审表(CB20)详见《水利工程施工监理规范》(SL 288—2014)E.4 承包人常用表格推荐格式。

3.9.3 施工质量缺陷记录

质量缺陷备案表由监理机构组织填写,按《水利水电工程施工质量检验与评定规程》(SL 176—2007)中的附录 B 水利水电工程施工质量缺陷备案表格式填写,内容应真实、准确、完整。各工程参建单位代表应在质量缺陷备案表上签字,若有不同意见应明确记载。质量缺陷备案表应及时报工程质量监督机构备案。质量缺陷备案资料按竣工验收的标准制备。

3.10 事故报告

3.10.1 质量事故

根据《水利工程质量事故处理暂行规定》(1999 年发布),质量事故发生后,

事故单位要严格保护现场,采取有效措施抢救人员和财产,防止事故扩大,并及时向监理单位提交事故报告单。

3.10.2　生产安全事故

生产安全事故管理将在第 5 章详细介绍,这里不再赘述。事故报告单(CB21)详见《水利工程施工监理规范》(SL 288—2014)E.4 承包人常用表格推荐格式。

3.11　暂停施工

由于建设单位原因或其他非承包单位原因导致暂停施工时,施工单位应及时向监理单位提交暂停施工报审表。暂停施工报审表(CB22)详见《水利工程施工监理规范》(SL 288—2014)E.4 承包人常用表格推荐格式。

3.12　复工申请

停工因素消除或具备复工条件时,施工单位应向监理单位提交复工申请报审表。复工申请报审表(CB23)详见《水利工程施工监理规范》(SL 288—2014)E.4 承包人常用表格推荐格式。

3.13　变更申请

施工单位提出变更建议时,向监理单位提交变更申请表,应附变更建议书。施工单位收到监理单位发出的变更意向书或变更指示时,应向监理单位提交变更实施方案。变更申报表(CB24)详见《水利工程施工监理规范》(SL 288—2014)E.4 承包人常用表格推荐格式、批复表(JL05)详见《水利工程施工监理规范》(SL 288—2014)E.5 监理机构常用表格推荐格式。

3.14 进度计划调整与工期延长

3.14.1 进度计划调整

施工单位施工形象进度、工程量、机械、资源投入计划等发生变化时，应向监理单位提交施工进度计划调整申报表。施工进度计划调整申报表（CB25）详见《水利工程施工监理规范》（SL 288—2014）E.4 承包人常用表格推荐格式、批复表（JL05）详见《水利工程施工监理规范》（SL 288—2014）E.5 监理机构常用表格推荐格式。

3.14.2 延长工期

由于建设单位延期提供施工场地、工程变更、恶劣天气、指定分包或其他不可抗力导致施工单位无法按计划工期完工时，施工单位应及时向监理单位提交延长工期申报表。延长工期申报表（CB26）详见《水利工程施工监理规范》（SL 288—2014）E.4 承包人常用表格推荐格式、批复表（JL05）详见《水利工程施工监理规范》（SL 288—2014）E.5 监理机构常用表格推荐格式。

第4章 工程质量评定与验收

4.1 重要隐蔽、关键部位单元工程验收

在施工工程中,重要隐蔽单元工程是指主要建筑物的地基开挖、地下洞室开挖、地基防渗、加固处理和排水等隐蔽工程中,对工程安全或功能有严重影响的单元工程,关键部位单元工程是指对工程安全、或效益、或功能有显著影响的单元工程,针对此二类单元工程,在施工完成后,应首先经过施工单位自评合格、监理单位抽检,再由项目法人(或委托监理)、监理、设计、施工、工程运行管理(施工阶段已经有时)等单位组成联合小组,共同检查核定其施工质量等级并填写签证表,报工程质量监督机构核备。重要隐蔽单元工程(关键部位单元工程)质量等级签证表详见《水利水电工程施工质量检验与评定规程》(SL 176—2007)附录 F 重要隐蔽单元工程(关键部位单元工程)质量等级签证表。

4.2 单元工程验收

根据《建设工程质量管理条例》(2019 年修订版)、《水利工程质量管理规定》(2017 年修订版)、《水利工程施工监理规范》(SL 288—2014)的相关规定,施工质量由承建该工程的施工单位负责,单元工程质量由施工单位质检部门组织评定,每完成一道工序或一个单元工程,都应经过自检,自检合格填写《水利水电工程单元工程施工质量验收评定表及填表说明》中的《水利水电工程施工质量评定表》并由终检人员签字后,报监理机构进行复核。上道工序或上一单元工程未经复核或复核不合格,不得进行下道工序或下一单元工程施工。

4.2.1　工序施工质量验收评定

（1）工序施工质量验收评定应具备以下条件：①工序中所有的施工内容已完成，现场具备验收条件。②工序中所包含的施工质量检验项目经施工单位自检全部合格。

（2）工序施工质量验收评定的程序如下：①施工单位对已完成的工序进行自检，并填写检验记录。②施工单位自检合格后，填写工序施工质量验收评定表，质量责任人履行相应签认手续后，向监理单位申请复核。

（3）工序施工质量验收评定所需资料如下：①各班组的初检记录、施工队复检记录、施工单位专职质检员终检记录。②工序中各施工质量检验项目的检验资料。③施工单位自检完成后，填写的工序施工质量验收评定表。

4.2.2　单元工程施工质量验收评定

（1）单元工程施工质量验收评定应具备以下条件：①单元工程所含工序（或所有施工项目）已完成，并具备验收条件。②工序施工质量验收评定全部合格，有关质量缺陷已处理完毕或有监理单位批准的处理意见。

（2）单元工程施工质量验收评定的程序如下：①施工单位对已完成的单元工程施工质量进行自检，并填写检验记录。②施工单位自检合格后，填写单元工程施工质量验收评定表，向监理单位申请复核。③重要隐蔽单元工程和关键部位单元工程施工质量的验收评定由建设单位（或委托监理单位）主持，由建设、设计、地质勘探（若需要）、监理、施工等单位的代表组成联合验收小组，共同验收评定，并在验收前通知工程质量监督机构，重要隐蔽单元工程（关键部位单元工程）质量等级签证表详见《水利水电工程施工质量检验与评定规程》（SL 176—2007）附录 F 重要隐蔽单元工程（关键部位单元工程）质量等级签证表。

（3）单元工程施工质量验收评定所需资料如下：①单元工程中所含工序（或检验项目）验收评定的检验资料。②各项实体检验项目的检验记录资料。③施工单位自检完成后，填写的单元工程施工质量验收评定表。

4.2.3　水工金属结构单元工程施工质量验收评定

（1）单元工程安装质量验收评定应具备如下条件：①单元工程所有施工项目已完成，并自检合格，施工现场具备验收条件。②有关质量缺陷已处理完毕或有监理单位批准的处理意见。具体内容详见《水利水电工程单元工程施工质量验收评定规程——水工金属结构安装工程》(SL 635—2012)3.2.1。

(2)单元工程安装质量验收评定的程序如下:①施工单位对已完成的单元工程安装质量进行自检。②施工单位自检合格后,向监理单位申请复核。具体内容详见《水利水电工程单元工程施工质量验收评定规程——水工金属结构安装工程》(SL 635—2012)3.2.2。

(3)单元工程安装质量验收评定内容如下:①施工单位的专职质检部门首先对已经完成的单元工程安装质量进行自检,并填写检验记录。②施工单位自检合格后,填写单元工程安装质量验收评定表及安装质量检查表,向监理单位申请复核。具体内容详见《水利水电工程单元工程施工质量验收评定规程——水工金属结构安装工程》(SL 635—2012)3.2.3、附录 A 单元工程安装质量验收评定表及安装质量检查表(样式)。

(4)单元工程安装质量验收评定所需资料。施工单位申请验收评定时应提交下列资料:①单元工程安装图样和安装记录。②单元工程试验与试运行记录。③施工单位专职质量检查员和检测员填写的单元工程安装质量验收评定表及安装质量检查表。具体内容详见《水利水电工程单元工程施工质量验收评定规程——水工金属结构安装工程》(SL 635—2012)3.2.4。

4.2.4　水轮发电机组单元工程施工质量验收评定

(1)单元工程安装质量验收评定应具备如下条件:①单元工程所有施工项目已完成,并自检合格,施工现场具备验收条件。②单元工程所有施工项目的有关质量缺陷已处理完毕或有监理单位批准的处理意见。具体内容详见《水利水电工程单元工程施工质量验收评定规程——水轮发电机组安装工程》(SL 636—2012)3.2.1。

(2)单元工程安装质量验收评定的程序如下:①施工单位对已完成的单元工程安装质量进行自检。②施工单位自检合格后,向监理单位申请复核。具体内容详见《水利水电工程单元工程施工质量验收评定规程——水轮发电机组安装工程》(SL 636—2012)3.2.2。

(3)单元工程安装质量验收评定内容如下:①施工单位的专职质检部门首先对已经完成的单元工程安装质量进行自检,并填写检验记录。②施工单位自检合格后,填写单元工程安装质量验收评定表及安装质量检查表,向监理单位申请复核。具体内容详见《水利水电工程单元工程施工质量验收评定规程——水工金属结构安装工程》(SL 636—2012)3.2.3、附录 A 单元工程安装质量验收评定表及安装质量检查表(样式)。

(4)单元工程安装质量验收评定所需资料。施工单位申请验收评定时应提交下列资料:①单元工程所含的全部检验项目检验记录资料。②各项调试、检验记录资料。③单元工程试运行的检验记录资料。④施工单位专职质量检查员和检测员填写检验结果的单元工程安装质量验收评定表及安装质量检查表。具体内容详见《水利水电工程单元工程施工质量验收评定规程——水工金属结构安装工程》(SL 636—2012)3.2.4、附录 A 单元工程安装质量验收评定表及安装质量检查表(样式)。

4.3 分部工程验收

(1)分部工程验收应具备自检条件。分部工程验收应具备以下条件:①所有单元工程已完成。②已完单元工程施工质量经评定全部合格,有关质量缺陷已处理完毕或有监理机构批准的处理意见。③合同约定的其他条件。具体内容详见《水利水电建设工程验收规程》(SL 223—2008)3.0.4。

(2)分部工程施工质量自评。分部工程施工质量由施工单位自评,监理单位复核,项目法人认定,验收质量结论形成分部工程施工质量评定表,由项目法人报工程质量监督机构核备,大型枢纽工程主要建筑物的分部工程验收的质量结论由项目法人报工程质量监督机构核定,分部工程施工质量评定表详见《水利水电工程施工质量检验与评定规程》(SL 176—2007)表 G-1。

(3)提交分部工程验收申请报告。分部工程具备验收条件时,施工单位应向项目法人提交验收申请报告,准备工程建设和单元工程质量评定情况的汇报材料。具体内容详见《水利水电建设工程验收规程》(SL 223—2008)3.0.3、3.0.6。验收申请报告(CB35)详见《水利工程施工监理规范》(SL 288—2014)E.4 承包人常用表格推荐格式。

(4)参加分部工程验收会议,讨论并通过分部工程验收鉴定书。具体内容详见《水利水电建设工程验收规程》(SL 223—2008)3.0.6。

(5)验收应准备的备查档案资料清单详见《水利水电建设工程验收规程》(SL 223—2008)附录 B 验收应准备的备查档案资料清单。

4.4 单位工程验收

(1)单位工程验收应具备自检条件。单位工程验收应具备以下条件：①所有分部工程已完建并验收合格。②分部工程验收遗留问题已处理完毕并通过验收，未处理的遗留问题不影响单位工程质量评定并有处理意见。③合同约定的其他条件。具体内容详见《水利水电建设工程验收规程》(SL 223—2008)4.0.5。

(2)单位工程施工质量评定。单位工程质量，在施工单位自评合格后，由监理单位复核，项目法人认定，工程质量监督机构核定等级。单位工程施工质量评定表详见《水利水电工程施工质量检验与评定规程》(SL 176—2007)表G-2。

单位工程完工后，参加项目法人组织的由监理、设计、施工及工程运行管理等单位组成的工程外观质量评定组，对工程外观进行现场质量检验评定。具体内容详见《水利水电工程施工质量检验与评定规程》(SL 176—2007)4.3.7、附录 A 水利水电工程外观质量评定方法。

(3)提交单位工程验收申请报告。单位工程完工并具备验收条件时，施工单位应向项目法人提出验收申请报告，准备单位工程建设情况的汇报材料。具体内容详见《水利水电建设工程验收规程》(SL 223—2008)4.0.3、4.0.7。验收申请报告(CB35)详见《水利工程施工监理规范》(SL 288—2014)E.4 承包人常用表格推荐格式。

(4)编写工程施工管理工作报告，详细要求参考《水利水电建设工程验收规程》(SL 223—2008)附录 G 单位工程验收鉴定书格式。

(5)参加单位工程验收会议，讨论并通过单位工程验收鉴定书。具体内容详见《水利水电建设工程验收规程》(SL 223—2008)4.0.7。

(6)验收应准备的备查档案资料清单详见《水利水电建设工程验收规程》(SL 223—2008)附录 B 验收应准备的备查档案资料清单。

4.5 合同工程完工验收

(1)提交合同工程完工验收申请报告。合同工程具备验收条件时，施工单位应向项目法人提出验收申请报告。具体内容详见《水利水电建设工程验收规程》(SL 223—2008)5.0.3。验收申请报告(CB35)详见《水利工程施工监理规范》(SL 288—2014)E.4 承包人常用表格推荐格式。

（2）编写工程施工管理工作报告,详细要求参考《水利水电建设工程验收规程》(SL 223—2008)附录 G 单位工程验收鉴定书格式。

（3）参加合同工程完工验收会议,讨论并通过合同工程完工验收鉴定书。具体内容详见《水利水电建设工程验收规程》(SL 223—2008)5.0.5。

（4）验收应准备的备查档案资料清单详见《水利水电建设工程验收规程》(SL 223—2008)附录 B 验收应准备的备查档案资料清单。

4.6　阶段验收

（1）编写工程施工管理工作报告。

（2）参加阶段验收会议,解答验收专家组提出的问题,作为被验收单位在验收鉴定书上签字。

4.7　专项验收

（1）编写工程施工管理工作报告。

（2）参加专项验收会议,解答验收专家组提出的问题,作为被验收单位在验收鉴定书上签字。

4.8　竣工验收

（1）编写工程施工管理工作报告。

（2）参加竣工验收会议,解答验收专家组提出的问题,作为被验收单位在验收鉴定书上签字。

4.9　工程验收遗留问题处理

（1）分部工程验收遗留问题应由施工单位负责处理,在单位工程验收前处理完毕并通过验收,或已编制验收遗留问题处理方案并经项目法人认可,未处理的遗留问题不能影响单位工程质量评定并有处理意见。分部工程验收遗留问题处理情况书面记录由遗留问题处理验收单位签字确认后,随分部工程验收鉴定书一并归档。具体内容详见《水利水电建设工程验收规程》(SL 223—2008)3.0.10。

(2)合同工程完工验收遗留问题处理由施工单位负责的验收遗留问题应及时完成处理工作并组织验收,形成成果性文件,验收成果性文件应对验收遗留问题有明确的记载。影响工程正常运行的,不得作为验收遗留问题处理。具体内容详见《水利水电建设工程验收规程》(SL 223—2008)9.3 验收遗留问题及尾工处理。

4.10　工程交接

通过合同工程完工验收或投入使用验收后,施工单位与项目法人在 30 个工作日内组织专人负责工程的交接,并应在施工合同或验收鉴定书约定的时间内完成工程及其档案资料的交接工作,交接过程应有完整的文字记录并有双方交接负责人签字。具体内容详见《水利水电建设工程验收规程》(SL 223—2008)9.1.1、9.1.2。工程交接申请表(CB40)详见《水利工程施工监理规范》(SL 288—2014)E.4 承包人常用表格推荐格式。

工程办理具体交接手续的同时,施工单位应向项目法人递交工程质量保修书(详见附录 J),保修书的内容应符合合同约定的条件。

在施工单位递交了工程质量保修书、完成施工场地清理以及提交有关竣工资料后,项目法人应在 30 个工作日内向施工单位颁发合同工程完工证书。合同工程完工证书格式详见《水利水电建设工程验收规程》(SL 223—2008)附录 V 合同工程完工证书格式。

第 5 章　安全管理

为规范水利水电工程施工安全管理行为,指导施工安全管理活动,提高施工安全管理水平,本章节以《水利水电施工企业安全生产标准化评审标准》(详见附录 M)的核心要素为基础,结合《水利建设项目稽察常见问题清单(2021 年版)》安全管理部分(详见附录 N)及《水利水电工程施工安全管理导则》(SL 721—2015)进行编写,共分为 8 个部分,分别为目标职责、制度化管理、教育培训、现场管理、安全风险管控及隐患排查治理、应急管理、事故管理、持续改进。

5.1　目标职责

5.1.1　目标

(1)制定安全生产目标管理制度。制度应明确目标的制定、分解、实施、检查、考核等内容。具体内容详见《水利水电施工企业安全生产标准化评审标准》1.1.1。

(2)制定安全生产总目标和年度目标。制度应包括生产安全事故控制、生产安全事故隐患排查治理、职业健康、安全生产管理等目标。具体内容详见《水利水电施工企业安全生产标准化评审标准》1.1.2、《水利建设项目稽察常见问题清单(2021 年版)》安全管理 1.1.1。

(3)分解安全生产总目标和年度目标。根据部门和所属单位在安全生产中的职能,分解安全生产总目标和年度目标。具体内容详见《水利水电施工企业安全生产标准化评审标准》1.1.3。

(4)制订安全生产目标考核办法。施工单位应制订本单位各部门的安全生产目标考核办法。具体内容详见《水利建设项目稽察常见问题清单(2021 年版)》安全管理1.1.2。

(5)逐级签订安全生产责任书,并制定目标保证措施。具体内容详见《水利水电施工企业安全生产标准化评审标准》1.1.4、《水利建设项目稽察常见问题清单(2021 年版)》安全管理 1.1.3。

(6)定期对安全生产目标完成情况进行检查、评估,必要时调整安全生产目标。具体内容详见《水利水电施工企业安全生产标准化评审标准》1.1.5。

(7)定期对安全生产目标完成情况进行考核和奖惩。具体内容详见《水利水电施工企业安全生产标准化评审标准》1.1.6、《水利建设项目稽察常见问题清单(2021 年版)》安全管理 1.1.4。

5.1.2 机构与职责

(1)成立安全生产领导小组。成立由主要负责人、其他领导班子成员、有关部门负责人等组成的安全生产委员会(安全生产领导小组),并以公司红头文件形式发布(公司红头文格式详见附录 K),人员变化时及时调整发布。具体内容详见《水利水电施工企业安全生产标准化评审标准》1.2.1、《水利建设项目稽察常见问题清单(2021 年版)》安全管理 1.2.7。

(2)按规定设置安全生产管理机构。设置安全生产管理机构和专职安全生产管理人员并将配备情况以项目部红头文格式上报项目法人备案(项目部红头文格式详见附录 L)。具体内容详见《水利水电施工企业安全生产标准化评审标准》1.2.2、《水利建设项目稽察常见问题清单(2021 年版)》安全管理 1.2.8。

(3)按规定配备专(兼)职安全生产管理人员,建立健全安全生产管理网络。具体内容详见《水利水电施工企业安全生产标准化评审标准》1.2.3、《水利建设项目稽察常见问题清单(2021 年版)》安全管理 1.2.8。

(4)制定建立安全生产责任制。制度应明确各级单位、部门及人员的安全生产职责、权限和考核奖惩等内容。主要负责人全面负责安全生产工作,并履行相应责任和义务;分管负责人应对各自职责范围内的安全生产工作负责;各级管理人员应按照安全生产责任制的相关要求,履行其安全生产职责。具体内容详见《水利水电施工企业安全生产标准化评审标准》1.2.4、《水利建设项目稽察常见问题清单(2021 年版)》安全管理 1.2.1。

(5)安全生产领导小组每季度至少召开一次会议,并形成会议纪要。安全生产领导小组应每季度至少召开一次会议,跟踪落实上次会议要求,总结分析本单位的安全生产情况,评估本单位存在的风险,研究解决安全生产工作中的重大问题,并形成会议纪要,印发相关单位。具体内容详见《水利水电施工企业安全生产标准化评审标准》1.2.5、《水利建设项目稽察常见问题清单(2021年版)》安全管理1.2.9。

(6)主要负责人安全生产履职应到位。负责人的主要职责包括:①建立、健全本单位安全生产责任制。②组织制定本单位安全生产规章制度和操作规程。③组织制定并实施本单位安全生产教育和培训计划。④保证本单位安全生产投入的有效实施。⑤督促、检查本单位的安全生产工作,及时消除生产安全事故隐患。⑥组织制定并实施本单位的生产安全事故应急预案。⑦及时、如实报告生产安全事故。具体内容详见《水利建设项目稽察常见问题清单(2021年版)》安全管理1.2.2。

(7)施工单位安全生产管理三类人员持证上岗。施工单位的主要负责人、项目负责人、专职安全生产管理人员必须取得省级以上水行政主管部门颁发的安全生产考核合格证书,方可参与水利水电工程投标,从事施工管理工作。具体内容详见《水利建设项目稽察常见问题清单(2021年版)》安全管理1.2.10。

5.1.3　全员参与

(1)定期对部门、所属单位和从业人员的安全生产职责的适宜性、履职情况进行评估和监督考核。具体内容详见《水利水电施工企业安全生产标准化评审标准》1.3.1、《水利建设项目稽察常见问题清单(2021年版)》安全管理1.2.3。

(2)建立激励约束机制,鼓励从业人员积极建言献策,建言献策应有回复。具体内容详见《水利水电施工企业安全生产标准化评审标准》1.3.2。

5.1.4　安全生产投入

(1)制定安全生产费用保障制度。制度应明确费用的提取、使用、管理的程序、职责及权限。具体内容详见《水利水电施工企业安全生产标准化评审标准》1.4.1。

(2)按照规定足额提取安全生产费用,在编制投标文件时将安全生产费用列入工程造价。具体内容详见《水利水电施工企业安全生产标准化评审标准》1.4.2、《水利建设项目稽察常见问题清单(2021年版)》安全管理1.4.5。

（3）编制安全生产费用使用计划，并严格审批程序，建立安全生产费用使用台账。具体内容详见《水利水电施工企业安全生产标准化评审标准》1.4.3，《水利水电工程施工安全管理导则》（SL 721—2015）6.2.4、6.2.5。

（4）落实安全生产费用使用计划，并保证专款专用。施工单位应定期组织对本单位安全生产费用使用情况进行检查，并对存在的问题进行整改。具体内容详见《水利水电施工企业安全生产标准化评审标准》1.4.4、《水利水电工程施工安全管理导则》（SL 721—2015）6.2.10。

（5）每年对安全生产费用的落实情况进行检查、总结和考核，并以适当方式公开安全生产费用提取和使用情况。具体内容详见《水利水电施工企业安全生产标准化评审标准》1.4.5。

（6）按照有关规定，为从业人员及时办理相关保险。具体内容详见《水利水电施工企业安全生产标准化评审标准》1.4.6、《水利建设项目稽察常见问题清单（2021 年版）》安全管理 1.4.6。

5.1.5　安全文化建设

（1）确立本单位安全生产和职业病危害防治理念及行为准则，并教育、引导全体人员贯彻执行。具体内容详见《水利水电施工企业安全生产标准化评审标准》1.5.1。

（2）制定安全文化建设规划和计划，开展安全文化建设活动。具体内容详见《水利水电施工企业安全生产标准化评审标准》1.5.2。

5.1.6　安全生产信息化建设

根据实际情况，建立安全生产信息系统。具体内容详见《水利水电施工企业安全生产标准化评审标准》1.6.1。

5.2　制度化管理

5.2.1　法规标准识别

（1）制定安全生产法律法规、标准规范管理制度。制度应明确归口管理部门、识别、获取、评审、更新等内容。具体内容详见《水利水电施工企业安全生产标准化评审标准》2.1.1。

（2）职能部门和所属单位应及时识别、获取适用的安全生产法律法规和其他要求，归口管理部门每年发布一次适用的清单，建立文本数据库。具体内容详见《水利水电施工企业安全生产标准化评审标准》2.1.2。

（3）及时向员工传达并配备适用的安全生产法律法规和其他要求。具体内容详见《水利水电施工企业安全生产标准化评审标准》2.1.3、《水利水电工程施工安全管理导则》(SL 721—2015)5.2.5。

5.2.2 规章制度

（1）及时将识别、获取的安全生产法律法规和其他要求转化为本单位规章制度，结合本单位实际，建立健全安全生产规章制度体系。具体内容详见《水利水电施工企业安全生产标准化评审标准》2.2.1、《水利建设项目稽察常见问题清单（2021年版）》安全管理1.3.1。

（2）及时将安全生产规章制度发放到相关工作岗位，并组织培训。具体内容详见《水利水电施工企业安全生产标准化评审标准》2.2.2、《水利水电工程施工安全管理导则》(SL 721—2015)5.2.2。

（3）施工单位应严格执行工程建设标准强制性条文。具体内容详见《水利建设项目稽察常见问题清单（2021年版）》安全管理1.3.8。

5.2.3 操作规程

（1）引用或编制安全操作规程，确保从业人员参与安全操作规程的编制和修订工作。具体内容详见《水利水电施工企业安全生产标准化评审标准》2.3.1、《水利建设项目稽察常见问题清单（2021年版）》安全管理1.3.2。

（2）新技术、新材料、新工艺、新设备设施投入使用前，组织编制或修订相应的安全操作规程，并确保其适宜性和有效性。具体内容详见《水利水电施工企业安全生产标准化评审标准》2.3.2。

（3）安全操作规程应发放到相关作业人员。具体内容详见《水利水电施工企业安全生产标准化评审标准》2.3.3、《水利水电工程施工安全管理导则》(SL 721—2015)5.1.9。

（4）严格执行安全规章制度和安全操作规程。具体内容详见《水利建设项目稽察常见问题清单（2021年版）》安全管理1.3.3。

5.2.4　文档管理

（1）制定文件管理制度。制度应明确文件的编制、审批、标识、收发、使用、评审、修订、保管、废止等内容，并严格执行。具体内容详见《水利水电施工企业安全生产标准化评审标准》2.4.1。

（2）制定记录管理制度。制度应明确记录管理职责及记录的填写、收集、标识、保管和处置等内容，并严格执行。具体内容详见《水利水电施工企业安全生产标准化评审标准》2.4.2。

（3）制定档案管理制度。制度应明确档案管理职责及档案的收集、整理、标识、保管、使用和处置等内容，并严格执行。具体内容详见《水利水电施工企业安全生产标准化评审标准》2.4.3。

（4）每年至少评估一次安全生产法律法规、标准规范、规范性文件、规章制度、操作规程的适用性、有效性和执行情况。具体内容详见《水利水电施工企业安全生产标准化评审标准》2.4.4、《水利水电工程施工安全管理导则》（SL 721—2015）5.2.3。

（5）根据评估、检查、自评、评审、事故调查等发现的相关问题，及时修订安全生产规章制度、操作规程。具体内容详见《水利水电施工企业安全生产标准化评审标准》2.4.5、《水利水电工程施工安全管理导则》（SL 721—2015）5.2.5。

5.3　教育培训

5.3.1　教育培训管理

（1）制定安全教育培训制度。制度应明确归口管理部门、培训的对象与内容、组织与管理、检查和考核等要求。具体内容详见《水利水电施工企业安全生产标准化评审标准》3.1.1、《水利水电工程施工安全管理导则》（SL 721—2015）8.1.1。

（2）编制教育培训计划，按计划进行培训，对培训效果进行评价并根据评价结论进行改进，建立教育培训记录、档案。具体内容详见《水利水电施工企业安全生产标准化评审标准》3.1.2、《水利水电工程施工安全管理导则》（SL 721—2015）8.1.4。

5.3.2　人员教育培训

（1）应对各级管理人员进行教育培训，每年按规定进行再培训。主要负责人、项目负责人、专职安全生产管理人员按规定经水行政主管部门考核合格并持证上岗。具体内容详见《水利水电施工企业安全生产标准化评审标准》3.2.1，《水利水电工程施工安全管理导则》（SL 721—2015）8.2.2、8.2.5。

（2）新员工上岗前应接受三级安全教育培训；"四新"投入使用前，对有关管理、操作人员进行培训；作业人员转岗、离岗一年以上重新上岗前，均应进行项目部、班组安全教育培训，经考核合格后上岗。具体内容详见《水利水电施工企业安全生产标准化评审标准》3.2.2，《水利水电工程施工安全管理导则》（SL 721—2015）8.3.1、8.3.2、8.3.5。

（3）特种作业人员接受规定的安全作业培训，并取得特种作业操作资格证书后上岗作业；特种作业人员离岗6个月以上重新上岗，应经实际操作考核合格后上岗工作；建立健全特种作业人员档案。具体内容详见《水利水电施工企业安全生产标准化评审标准》3.2.3、《水利建设项目稽察常见问题清单（2021年版）》安全管理1.5.2。

（4）每年对在岗作业人员进行安全生产教育和培训，培训时间和内容应符合有关规定。具体内容详见《水利水电施工企业安全生产标准化评审标准》3.2.4、《水利建设项目稽察常见问题清单（2021年版）》安全管理1.5.1。

（5）监督检查分包单位对员工进行安全生产教育培训及持证上岗情况。具体内容详见《水利水电施工企业安全生产标准化评审标准》3.2.5、《水利建设项目稽察常见问题清单（2021年版）》安全管理1.5.4。

（6）对外来人员进行安全教育，主要内容应包括：安全规定、可能接触到的危险有害因素、职业病危害防护措施、应急知识等。由专人带领做好相关监护工作。具体内容详见《水利水电施工企业安全生产标准化评审标准》3.2.6、《水利水电工程施工安全管理导则》（SL 721—2015）8.4.6。

（7）如实告知作业场所和工作岗位存在的危险因素、防范措施以及事故应急措施。具体内容详见《水利建设项目稽察常见问题清单（2021年版）》安全管理1.5.3。

5.4 现场管理

5.4.1 设备设施管理

5.4.1.1 制定设备设施管理制度

制度应明确购置(租赁)、安装(拆除)、验收、检测、使用、检查、保养、维修、改造、报废等内容。具体内容详见《水利水电施工企业安全生产标准化评审标准》4.1.1、《水利水电工程施工安全管理导则》(SL 721—2015)9.1.1。

5.4.1.2 设备设施管理机构及人员

设置设备设施管理部门,配备管理人员,明确管理职责,形成设备设施安全管理网络。具体内容详见《水利水电施工企业安全生产标准化评审标准》4.1.2、《水利水电工程施工安全管理导则》(SL 721—2015)9.1.2。

5.4.1.3 设备设施采购及验收

严格执行设备设施管理制度,购置合格的设备设施。具体内容详见《水利水电施工企业安全生产标准化评审标准》4.1.3、《水利水电工程施工安全管理导则》(SL 721—2015)9.1.4。

5.4.1.4 特种设备安装(拆除)

特种设备安装(拆除)单位具备相应资质;安装(拆除)人员具备相应的能力和资格;安装(拆除)特种设备应编制安装(拆除)专项方案,安排专人现场监督,安装完成后组织验收,委托具有专业资质的检测、检验机构检测合格后投入使用;按规定办理使用登记。具体内容详见《水利水电施工企业安全生产标准化评审标准》4.1.4、《水利水电工程施工安全管理导则》(SL 721—2015)9.1.7、9.2.9。

5.4.1.5 设备设施台账

建立设备设施台账并及时更新;设备设施管理档案资料齐全、清晰,管理规范。具体内容详见《水利水电施工企业安全生产标准化评审标准》4.1.5、《水利水电工程施工安全管理导则》(SL 721—2015)9.1.6。

5.4.1.6 设备设施检查

设备设施运行前应进行全面检查;运行过程中应按规定进行自检、巡检、旁站监督、专项检查、周期性检查,确保性能完好。具体内容详见《水利水电施工企业安全生产标准化评审标准》4.1.6、《水利水电工程施工安全管理导则》（SL 721—2015)9.2.1。

5.4.1.7 设备性能及运行环境

设备结构、运转机构、电气及控制系统无缺陷，各部位润滑良好；基础稳固，行走面平整，轨道铺设规范；制动、限位等安全装置齐全、可靠、灵敏；仪表、信号、灯光等齐全、可靠、灵敏；防护罩、盖板、爬梯、护栏等防护设施完备可靠；设备醒目的位置悬挂有标识牌、检验合格证及安全操作规程；设备干净整洁，无跑冒滴漏；作业区域无影响安全运行的障碍物；同一区域有两台以上设备运行可能发生碰撞时，制定安全运行方案。具体内容详见《水利水电施工企业安全生产标准化评审标准》4.1.7、《水利水电工程施工安全管理导则》（SL 721—2015)9.2.2。

5.4.1.8 设备运行

设备操作人员严格按照操作规程运行设备，运行记录齐全。具体内容详见《水利水电施工企业安全生产标准化评审标准》4.1.8。

5.4.1.9 租赁设备和分包单位的设备

设备租赁合同或工程分包合同应明确双方的设备管理安全责任和设备技术状况要求等内容；租赁设备或分包单位的设备进入施工现场验收合格后投入使用；租赁设备或分包单位的设备应纳入本单位管理范围。具体内容详见《水利水电施工企业安全生产标准化评审标准》4.1.9、《水利水电工程施工安全管理导则》（SL 721—2015)9.1.4、9.2.10。

5.4.1.10 安全防护设施管理

建设项目安全设施必须执行"三同时"制度；临边、沟、坑、孔洞、交通梯道等危险部位的栏杆、盖板等设施齐全、牢固可靠；高处作业等危险作业部位按规定设置安全网等设施；施工通道稳固、畅通；垂直交叉作业等危险作业场所设置安全隔离棚；机械、传送装置等的转动部位安装可靠的防护栏、罩等安全防护设施；临水和水上作业有可靠的救生设施；暴雨、台风、暴风雪等极端天气前后组织有关人员对安全设施进行检查或重新验收。具体内容详见《水利水电施工企业安全生产标准化评审标准》4.1.10。

（1）施工区进出口、关键区域和危险区域管理应合规。具体内容详见《水利建设项目稽察常见问题清单（2021年版）》安全管理4.4.1。

（2）施工设施、管道线路等应符合防洪、防火、防爆、防强风、防雷击、防砸、防坍塌及职业卫生等要求。具体内容详见《水利建设项目稽察常见问题清单（2021 年版）》安全管理 4.4.2。

（3）井口应设安全设施，井道口（内）作业下方应设隔离防护层。具体内容详见《水利建设项目稽察常见问题清单（2021 年版）》安全管理 4.4.3。

（4）出入口和上部有施工作业的通道应设防护棚。具体内容详见《水利建设项目稽察常见问题清单（2021 年版）》安全管理 4.4.4。

（5）线路穿越道路或易受机械损伤的场所时应设套管。具体内容详见《水利建设项目稽察常见问题清单（2021 年版）》安全管理 4.4.5。

（6）防毒护具配备应符合规定，应配备必要的防毒护具，以备急用，并应及时检查、维护、更换，保证其始终处在良好的待用状态。具体内容详见《水利建设项目稽察常见问题清单（2021 年版）》安全管理 4.4.6。

（7）皮带栈桥供料线下方及布料皮带覆盖范围安全防护应符合规定。具体内容详见《水利建设项目稽察常见问题清单（2021 年版）》安全管理 4.4.7。

（8）灌浆作业交叉作业场所的危险出入口、井口、临边部位应设置警告标志或钢防护设施。具体内容详见《水利建设项目稽察常见问题清单（2021 年版）》安全管理 4.4.8。

（9）皮带机事故开关设置应符合规定。具体内容详见《水利建设项目稽察常见问题清单（2021 年版）》安全管理 4.4.9。

（10）氨压机车间安全设施设置应符合规定。具体内容详见《水利建设项目稽察常见问题清单（2021 年版）》安全管理 4.4.10。

（11）金属结构制作与安装人员安全防护用品和措施应符合规定。具体内容详见《水利建设项目稽察常见问题清单（2021 年版）》安全管理 4.4.11。

（12）高处焊接作业范围内存在可燃、易爆物品，应配置灭火器材。具体内容详见《水利建设项目稽察常见问题清单（2021 年版）》安全管理 4.4.12。

（13）机组安装现场应对预留进人孔、排水孔等孔洞采取安全防护措施。具体内容详见《水利建设项目稽察常见问题清单（2021 年版）》安全管理4.4.13。

（14）电气设备的高压试验安全防护措施应符合规定。具体内容详见《水利建设项目稽察常见问题清单（2021 年版）》安全管理 4.4.14。

（15）水轮发电机组运行区域与施工区域应隔离并有人看守。具体内容详见《水利建设项目稽察常见问题清单（2021 年版）》安全管理 4.4.15。

（16）心墙钢模人工拆除时作业人员应有安全防护装置。具体内容详见《水利建设项目稽察常见问题清单（2021年版）》安全管理4.4.16。

（17）应向作业人员提供合格的安全防护用品。具体内容详见《水利建设项目稽察常见问题清单（2021年版）》安全管理4.4.17。

（18）已完工安全设施应经验收合格后才可投入使用。具体内容详见《水利建设项目稽察常见问题清单（2021年版）》安全管理4.4.18。

5.4.1.11　设备设施维修保养

根据设备安全状况编制设备维修保养计划或方案，对设备进行维修保养；维修保养作业应落实安全措施，并明确专人监护；维修结束后应组织验收；记录规范。具体内容详见《水利水电施工企业安全生产标准化评审标准》4.1.11、《水利水电工程施工安全管理导则》（SL 721—2015）9.2.6。

5.4.1.12　特种设备管理

按规定进行登记、建档、使用、维护保养、自检、定期检验以及报废；有关记录规范；制定特种设备事故应急措施和救援预案；达到报废条件的及时向有关部门申请办理注销；建立特种设备技术档案（包括设计文件、制造单位、产品质量合格证明、使用维护说明等文件以及安装技术文件和资料；定期检验和定期自行检查的记录；日常使用状况记录；特种设备及其安全附件、安全保护装置、测量调控装置及有关附属仪器仪表的日常维护保养记录；运行故障和事故记录；高耗能特种设备的能效测试报告、能耗状况记录以及节能改造技术资料）；安全附件、安全保护装置、安全距离、安全防护措施以及与特种设备安全相关的建筑物、附属设施，应当符合有关规定。具体内容详见《水利水电施工企业安全生产标准化评审标准》4.1.12。

（1）特种设备应定期检验。特种设备使用单位应当对其使用的特种设备进行经常性维护保养和定期自行检查，并作出记录。具体内容详见《水利建设项目稽察常见问题清单（2021年版）》安全管理4.3.6。

（2）特种设备使用按规定办理使用登记。特种设备在投入使用前或者投入使用后30日内，使用单位应当向特种设备所在地的直辖市或者设区的市的特种设备安全监管部门申请办理使用登记。具体内容详见《水利建设项目稽察常见问题清单（2021年版）》安全管理4.3.7。

（3）制定特种设备事故应急专项预案并演练。特种设备使用单位应当制定特种设备事故应急专项预案，并定期进行应急演练。具体内容详见《水利建设项目稽察常见问题清单(2021年版)》安全管理4.3.8。

（4）制定特种设备安全管理制度及操作规程。特种设备使用单位应当建立岗位责任、隐患治理、应急救援等安全管理制度,制定操作规程,保证特种设备安全运行。具体内容详见《水利建设项目稽察常见问题清单(2021年版)》安全管理4.3.9。

（5）特种设备的资料和文件应齐全,建立安全技术档案。具体内容详见《水利建设项目稽察常见问题清单(2021年版)》安全管理4.3.10。

5.4.1.13　设备报废

设备设施存在严重安全隐患,无改造、维修价值,或者超过规定使用年限,应当及时报废。具体内容详见《水利水电施工企业安全生产标准化评审标准》4.1.13、《水利水电工程施工安全管理导则》(SL 721—2015)9.2.8。

5.4.1.14　设备设施拆除

设备设施拆除前应制定方案,办理作业许可,作业前进行安全技术交底,现场设置警示标志并采取隔离措施,按方案组织拆除。具体内容详见《水利水电施工企业安全生产标准化评审标准》4.1.14。

5.4.2　作业安全

5.4.2.1　施工布置与现场管理

施工总体布局与分区合理,规范有序,符合安全文明施工、交通、消防、职业健康、环境保护等有关规定。具体内容详见《水利水电施工企业安全生产标准化评审标准》4.2.1。

（1）按规定制定职业卫生与环境保护措施。对产生粉尘、噪声、有毒、有害物质及危害因素的施工生产作业场所,应制定职业卫生与环境保护措施。具体内容详见《水利建设项目稽察常见问题清单(2021年版)》安全管理4.1.1。

（2）现场作业人员应遵守安全生产基本要求。具体内容详见《水利建设项目稽察常见问题清单(2021年版)》安全管理4.1.2。

（3）现场作业人员应遵守本工种安全操作规程。参加水利水电工程施工的作业人员应熟悉掌握本专业工程的安全技术要求,严格遵守本工种的安全操作规程,并应熟悉、掌握和遵守配合作业的相关工种的安全操作规程。具体内容详见《水利建设项目稽察常见问题清单(2021年版)》安全管理4.1.3。

（4）弃渣场安全措施应到位并有专人指挥。弃渣场布置应满足环境保护、水土保持和安全防护的要求，开挖、弃渣场地应设专人指挥。具体内容详见《水利建设项目稽察常见问题清单（2021年版）》安全管理4.1.4。

（5）永久性机动车辆道路、桥梁、隧道的修建应符合安全要求。永久性机动车辆道路、桥梁、隧道，应按照《公路工程技术标准》（JTG B01—2014）的有关规定。具体内容详见《水利建设项目稽察常见问题清单（2021年版）》安全管理4.1.5。

（6）作业人员应按规定佩戴防护用品。具体内容详见《水利建设项目稽察常见问题清单（2021年版）》安全管理4.1.6。

（7）应根据季节、气候变化采取相应的安全施工措施。具体内容详见《水利建设项目稽察常见问题清单（2021年版）》安全管理4.1.7。

（8）不得使用国家明令淘汰、禁止使用的工艺、设备、材料。生产经营单位不得使用应当淘汰的危及生产安全的工艺、设备。具体内容详见《水利建设项目稽察常见问题清单（2021年版）》安全管理4.1.8。

5.4.2.2　施工技术管理

（1）设置施工技术管理机构，配足施工技术管理人员，建立施工技术管理制度，明确职责、程序及要求；工程开工前，应参加设计交底，并进行施工图会审；对施工现场安全管理和施工过程的安全控制进行全面策划，编制安全技术措施，并进行动态管理。具体内容详见《水利水电施工企业安全生产标准化评审标准》4.2.2。

（2）根据施工现场实际情况编制安全技术措施。施工单位应当在施工组织设计中编制安全技术措施和施工现场临时用电方案。具体内容详见《水利建设项目稽察常见问题清单（2021年版）》安全管理3.0.4。

（3）按要求编制危险性较大单项工程专项施工方案。对达到一定规模的危险性较大的分部分项工程编制专项施工方案，并附具安全验算结果，经施工单位技术负责人、总监理工程师签字后实施，由专职安全生产管理人员进行现场监督。具体内容详见《水利建设项目稽察常见问题清单（2021年版）》安全管理3.0.7。

（4）专项施工方案论证、审查应符合规定。超过一定规模的危险性较大的单项工程专项施工方案应由施工单位组织召开审查论证会，并提交论证报告。审查论证报告应对审查论证的内容提出明确的意见，并经专家组成员签字。具体内容详见《水利建设项目稽察常见问题清单（2021年版）》安全管理3.0.8。

（5）专项施工方案审批应符合规定。专项施工方案应由施工单位技术负责人组织施工技术、安全、质量等部门的专业技术人员进行审核。经审核合格的，应由施工单位技术负责人签字确认。实行分包的，应由总承包单位和分包单位技术负责人共同签字确认。不需专家论证的专项施工方案，经施工单位审核合格后应报监理单位，由项目总监理工程师审核签字，并报项目法人备案。具体内容详见《水利建设项目稽察常见问题清单（2021 年版）》安全管理3.0.9。

（6）安全技术交底符合规定。建设工程施工前，施工单位负责项目管理的技术人员应当对有关安全施工的技术要求向施工作业班组、作业人员作出详细说明，并由双方签字确认。具体内容详见《水利建设项目稽察常见问题清单（2021 年版）》安全管理 3.0.10。

（7）危大工程专项施工方案实施时应有专人监督。监理、施工单位应指定专人对专项施工方案实施情况进行旁站监督。总监理工程师、施工单位技术负责人应定期对专项施工方案实施情况进行巡查。具体内容详见《水利建设项目稽察常见问题清单（2021 年版）》安全管理 3.0.11。

（8）危险性较大单项工程应经验收合格才可进行后续施工。危险性较大的单项工程完成后，监理单位或施工单位应组织有关人员进行验收。验收合格的，经施工单位技术负责人及总监理工程师签字后，方可进行后续工程施工。具体内容详见《水利建设项目稽察常见问题清单（2021 年版）》安全管理 3.0.12。

5.4.2.3　施工用电管理

（1）按照有关法律法规、技术标准做好施工用电管理。建立施工用电管理制度；按规定编制用电组织设计或制定安全用电和电气防火措施；外电线路及电气设备防护满足要求；配电系统、配电室、配电箱、配电线路等符合相关规定；自备电源与网供电源的联锁装置安全可靠；接地与防雷满足要求；电动工器具使用管理符合规定；照明满足安全要求；施工用电应经验收合格后投入使用，并定期组织检查。具体内容详见《水利水电施工企业安全生产标准化评审标准》4.2.3。

（2）施工单位应编制施工用电及安全技术措施；施工现场临时用电设备在 5 台及以上或设备总容量在 50 kW 及以上者，应编制用电组织设计，内容包括：①现场勘测；②确定电源进线、变电所或配电室、配电装置、用电设备位置及线路走向；③进线负荷计算；④选择变压器；⑤设计配电系统；⑥设计防雷装置；⑦确定防护措施；⑧制定安全用电措施和电器防火措施。具体内容详见《水利建设项目稽察常见问题清单（2021年版）》安全管理4.5.1。

（3）临时用电专用的低压电力系统必须符合下列规定：①采用三级配电系统；②采用TN-S接零保护系统；③采用二级漏电保护系统。具体内容详见《水利建设项目稽察常见问题清单（2021年版）》安全管理4.5.2。

（4）用电线路架设、敷设应符合规定。电缆干线应采用埋地或架空敷设，严禁沿地面明设，并应避免机械损伤和介质腐蚀。施工供电线路应架空敷设，其高度不得低于5m，并满足电压等级的安全要求。具体内容详见《水利建设项目稽察常见问题清单（2021年版）》安全管理4.5.3。

（5）配电箱、开关箱设置应符合规定。动力配电箱与照明配电箱宜分别设置，安装、使用、维护应符合规定。具体内容详见《水利建设项目稽察常见问题清单（2021年版）》安全管理4.5.4。

（6）自备发电机组应符合规定。发电机组及其控制、配电、修理室等，在保证电气安全距离和满足防火要求的情况下可合并设置也可分开设置。具体内容详见《水利建设项目稽察常见问题清单（2021年版）》安全管理4.5.5。

（7）接地（接零）与防雷应符合规定。施工现场专用的中性点直接接地的电力线路中应采用TN-S接零保护系统，电气设备不带电的外露导电部分，应作保护接零。具体内容《水利建设项目稽察常见问题清单（2021年版）》安全管理4.5.6。

（8）电动机械、工具使用管理。电动施工机械和手持电动工具的选购、使用、检查和维修应符合规定。具体内容详见《水利建设项目稽察常见问题清单（2021年版）》安全管理4.5.7。

（9）施工照明。施工照明、线路及照明器具选择应符合规定，现场照明宜采用高光效、长寿命的照明光源，对需要大面积照明的场所，宜采用高压汞灯、高压钠灯或混光用的卤钨灯。具体内容详见《水利建设项目稽察常见问题清单（2021年版）》安全管理4.5.8。

（10）施工用电经验收合格后方可投入使用。临时用电工程必须经编制、审核、批准部门和使用单位共同验收，合格后方可投入使用。具体内容详见《水利建设项目稽察常见问题清单（2021年版）》安全管理4.5.9。

（11）应对施工现场临时用电进行检查。临时用电工程定期检查应按分部、分项工程进行,对安全隐患必须及时处理,并应履行复查验收手续。具体内容详见《水利建设项目稽察常见问题清单(2021年版)》安全管理4.5.10。

(12)临近带电体作业安全距离。在建工程(含脚手架)的外侧边缘与外电架空线路的边线之间应保持安全操作距离。具体内容详见《水利建设项目稽察常见问题清单(2021年版)》安全管理4.5.11。

(13)变电所(配电室)设置应符合规定。施工变电所(配电室)应选择在靠近电源、无灰尘、无蒸汽、无腐蚀介质、无振动的地方,能自然通风并采取防雨雪和动物的措施。具体内容详见《水利建设项目稽察常见问题清单(2021年版)》安全管理4.5.12。

(14)变压器安装、使用应符合规定。施工使用的10 kV及以下变压器装于地面时,应设有不低于0.50 m的平台,台的周围应装设栅栏和带锁的门,栅栏高度不低于1.70 m,栅栏与变压器外廓的距离不得小于1.00 m,杆件结构平台上变压器安装的高度应不低于2.50 m,并挂"止步、高压危险"的警示标志。变压器的引线应采用绝缘导线。具体内容详见《水利建设项目稽察常见问题清单(2021年版)》安全管理4.5.13。

5.4.2.4　施工脚手架管理

(1)建立脚手架安全管理制度,其内容包括:目的、范围、人员职责、专项方案内容、人员持证上岗、安全交底、验收、构配件、施工技术要求等。具体内容详见《水利水电施工企业安全生产标准化评审标准》4.2.4。

(2)高度超过25 m和特殊部位使用的脚手架,应专门设计、报批。具体内容详见《水利建设项目稽察常见问题清单(2021年版)》安全管理4.6.1。

(3)方案进行交底、签字确认后方可实施。具体内容详见《水利水电工程施工安全管理导则》7.6.8。

(4)专项施工方案实施情况的监督和验收。具体内容详见《水利水电工程施工安全管理导则》(SL 721—2015)7.3.10、7.3.11。

(5)应按设计图及技术标准搭设脚手架。脚手架安装搭设应严格按设计图纸实施,遵循自下而上、逐层搭设、逐层加固、逐层上升的原则。具体内容详见《水利建设项目稽察常见问题清单(2021年版)》安全管理4.6.2。

(6)脚手架工作人员应持证上岗。从事脚手架工作的人员,应熟悉各种架子的基本技术知识和技能,并应持有国家特种作业主管部门考核的合格证。具体内容详见《水利建设项目稽察常见问题清单(2021年版)》安全管理4.6.3。

（7）脚手架基础应符合规定。具体内容详见《水利建设项目稽察常见问题清单（2021 年版）》安全管理 4.6.4。

（8）钢管材料脚手架应符合规定。具体内容详见《水利建设项目稽察常见问题清单（2021 年版）》安全管理 4.6.5。

（9）井架、门架等特殊脚手架搭设应采用缆风绳加固。具体内容详见《水利建设项目稽察常见问题清单（2021 年版）》安全管理 4.6.6。

（10）平台脚手板铺设应符合规定。具体内容详见《水利建设项目稽察常见问题清单（2021 年版）》安全管理 4.6.7。

（11）脚手架经验收合格后方可投入使用。施工单位在使用施工起重机械和整体提升脚手架、模板等自升式架设设施前，应当组织有关单位进行验收，也可以委托具有相应资质的检验检测机构进行验收。具体内容详见《水利建设项目稽察常见问题清单（2021 年版）》安全管理4.6.8。

（12）脚手架定期检查。脚手架应定期检查，发现材料腐朽、紧固件松动时，应及时加固处理。靠近爆破地点的脚手架，每次爆破后均应进行检查。具体内容详见《水利建设项目稽察常见问题清单（2021 年版）》安全管理 4.6.9。

（13）不得随意改变脚手架结构和用途。脚手架验收投入使用后，未经有关人员同意，不应任意改变脚手架的结构和拆除部分杆件及改变使用用途。具体内容详见《水利建设项目稽察常见问题清单（2021 年版）》安全管理4.6.10。

（14）脚手架拆除应符合规定。具体内容详见《水利建设项目稽察常见问题清单（2021 年版）》安全管理 4.6.11。

（15）在暴雨、台风、暴风雪等极端天气前后组织有关人员对脚手架进行检查或重新验收。具体内容详见《水利水电施工企业安全生产标准化评审标准》4.2.4。

5.4.2.5　防洪度汛管理

（1）按照有关法律法规、技术标准做好防洪度汛管理。具体内容详见《水利水电施工企业安全生产标准化评审标准》4.2.5。

（2）成立防汛机构。具体内容详见《水利建设项目稽察常见问题清单（2021 年版）》安全管理 5.0.1。

（3）防汛值班工作应到位。具体内容详见《水利建设项目稽察常见问题清单（2021 年版）》安全管理 5.0.3。

（4）按规定制定防洪度汛方案和超标准洪水预案并进行备案报批。具体内容详见《水利建设项目稽察常见问题清单（2021 年版）》安全管理 5.0.5。

（5）落实防汛抢险队伍和防汛抢险物资。具体内容详见《水利建设项目稽察常见问题清单（2021 年版）》安全管理 5.0.6。

（6）开展防洪度汛专项检查。具体内容详见《水利建设项目稽察常见问题清单（2021 年版）》安全管理 5.0.8。

（7）超标准洪水来临前应组织人员及设备及时撤离。具体内容详见《水利建设项目稽察常见问题清单（2021 年版）》安全管理 5.0.9。

（8）进行防汛应急演练并对演练结果进行评估。具体内容详见《水利建设项目稽察常见问题清单（2021 年版）》安全管理 5.0.10。

5.4.2.6　施工现场交通安全管理

（1）施工现场主要通道应做硬化处理，防止滑坡下陷，并视情况设安全交通标色标牌。具体内容详见《水利建设项目稽察常见问题清单（2021 年版）》安全管理4.7.1。

（2）交通频繁的施工道路、交叉路口应按规定设置警示标志或信号指示灯。具体内容详见《水利建设项目稽察常见问题清单（2021 年版）》安全管理4.7.2。

（3）施工现场机动车临时道路应符合规定。具体内容详见《水利建设项目稽察常见问题清单（2021 年版）》安全管理 4.7.3。

（4）施工现场轨道机车道路应符合规定。具体内容详见《水利建设项目稽察常见问题清单（2021 年版）》安全管理 4.7.4。

（5）施工现场临时性桥梁应符合规定。具体内容详见《水利建设项目稽察常见问题清单（2021 年版）》安全管理 4.7.5。

（6）施工现场临时性便桥和边坡栈桥架设应符合规定。具体内容详见《水利建设项目稽察常见问题清单（2021 年版）》安全管理 4.7.6。

（7）施工交通隧道应符合规定。具体内容详见《水利建设项目稽察常见问题清单（2021 年版）》安全管理 4.7.7。

（8）施工现场人行通道设置应符合规定。具体内容详见《水利建设项目稽察常见问题清单（2021 年版）》安全管理 4.7.8。

5.4.2.7　消防安全管理

（1）建立、健全消防责任制和管理制度。具体内容详见《水利建设项目稽察常见问题清单（2021年版）》安全管理4.8.1。

（2）落实消防安全职责。具体内容详见《水利水电工程施工安全管理导则》（SL 721—2015）7.4.2。

（3）按规定办理动火审批手续。具体内容详见《水利建设项目稽察常见问题清单（2021年版）》安全管理4.8.2。

（4）消防通道或防火安全距离设置应合规。具体内容详见《水利建设项目稽察常见问题清单（2021年版）》安全管理4.8.3。

（5）施工现场宿舍、办公用房防火性能应满足要求。具体内容详见《水利建设项目稽察常见问题清单（2021年版）》安全管理4.8.4。

（6）消防器材配备、管理应合规。具体内容详见《水利建设项目稽察常见问题清单（2021年版）》安全管理4.8.5。

（7）定期组织消防演练。具体内容详见《水利建设项目稽察常见问题清单（2021年版）》安全管理4.8.6。

5.4.2.8　易燃易爆危险品管理

（1）建立易燃易爆危险品管理制度。具体内容详见《水利建设项目稽察常见问题清单（2021年版）》安全管理4.9.1。

（2）易燃易爆物品存放应符合规定。具体内容详见《水利建设项目稽察常见问题清单（2021年版）》安全管理4.9.2。

（3）放射性同位素管理应符合规定。具体内容详见《水利建设项目稽察常见问题清单（2021年版）》安全管理4.9.3。

（4）核子水分/密度仪使用应符合规定。具体内容详见《水利建设项目稽察常见问题清单（2021年版）》安全管理4.9.4。

（5）危险化学品安全管理应符合规定。具体内容详见《水利建设项目稽察常见问题清单（2021年版）》安全管理4.9.5。

（6）现场油库、加油站设置应符合规定。具体内容详见《水利建设项目稽察常见问题清单（2021年版）》安全管理4.9.6。

5.4.2.9　高边坡、深基坑作业

（1）高边坡、深基坑作业应符合规定。具体内容详见《水利建设项目稽察常见问题清单（2021年版）》安全管理4.10.1。

（2）土石方开挖作业出现危险情况时，应采取有效应急措施。具体内容详见《水利建设项目稽察常见问题清单（2021年版）》安全管理4.10.2。

（3）开挖时应根据实际情况制定防止坍塌的安全防护和监测措施。具体内容详见《水利建设项目稽察常见问题清单（2021 年版）》安全管理 4.10.3。

5.4.2.10　洞室作业

（1）隧洞洞口施工安全措施设置应符合规定。具体内容详见《水利建设项目稽察常见问题清单（2021 年版）》安全管理 4.11.1。

（2）隧洞照明、通风、排水安全措施应符合规定。具体内容详见《水利建设项目稽察常见问题清单（2021 年版）》安全管理 4.11.2。

（3）洞室开挖作业安全措施应符合规定。具体内容详见《水利建设项目稽察常见问题清单（2021 年版）》安全管理 4.11.3。

（4）竖井提升作业应符合规定。具体内容详见《水利建设项目稽察常见问题清单（2021 年版）》安全管理 4.11.4。

（5）隧洞施工安全监测应符合规定。具体内容详见《水利建设项目稽察常见问题清单（2021 年版）》安全管理 4.11.5。

（6）瓦斯地层段等不良地质洞段施工应采取有害气体监测与安全措施。具体内容详见《水利建设项目稽察常见问题清单（2021 年版）》安全管理4.11.6。

5.4.2.11　爆破、拆除作业

（1）建立爆破、拆除作业安全管理制度。具体内容详见《水利建设项目稽察常见问题清单（2021 年版）》安全管理 4.12.1。

（2）进行爆破设计。具体内容详见《水利建设项目稽察常见问题清单（2021 年版）》安全管理 4.12.2。

（3）爆破作业单位、作业人员应具备相应资质或资格。具体内容详见《水利建设项目稽察常见问题清单（2021 年版）》安全管理 4.12.3。

（4）爆破工程施工前应进行爆破试验。具体内容详见《水利建设项目稽察常见问题清单（2021 年版）》安全管理 4.12.4。

（5）爆破作业人员应遵守操作规程。具体内容详见《水利建设项目稽察常见问题清单（2021 年版）》安全管理 4.12.5。

（6）爆破影响区安全警戒和防护应符合规定。具体内容详见《水利建设项目稽察常见问题清单（2021 年版）》安全管理 4.12.6。

5.4.2.12　水上、水下作业

（1）水上作业及相关安全设施应符合规定。具体内容详见《水利建设项目

稽察常见问题清单（2021 年版）》安全管理 4.18.1。

（2）水下施工作业应符合规定。具体内容详见《水利建设项目稽察常见问题清单（2021 年版）》安全管理 4.18.2。

（3）按相关规定开展可能影响通航安全的水上、水下作业。具体内容详见《水利建设项目稽察常见问题清单（2021 年版）》安全管理 4.18.3。

5.4.2.13　高处作业

（1）三级、特级、悬空高处作业前应向施工人员进行技术交底。具体内容详见《水利建设项目稽察常见问题清单（2021 年版）》安全管理 4.13.1。

（2）应按规定设置安全防护栏杆或安全网。具体内容详见《水利建设项目稽察常见问题清单（2021 年版）》安全管理 4.13.2。

（3）高处作业时应排除或隔离附近有害气体。具体内容详见《水利建设项目稽察常见问题清单（2021 年版）》安全管理 4.13.3。

（4）带电体附近高处作业应合规。具体内容详见《水利建设项目稽察常见问题清单（2021 年版）》安全管理 4.13.4。

（5）高处作业人员应系安全带，下方应有安全措施。具体内容详见《水利建设项目稽察常见问题清单（2021 年版）》安全管理 4.13.5。

（6）高处拆模时应标出危险区。具体内容详见《水利建设项目稽察常见问题清单（2021 年版）》安全管理 4.13.6。

5.4.2.14　起重吊装作业

（1）起重机司机不应违规起吊。具体内容详见《水利建设项目稽察常见问题清单（2021 年版）》安全管理 4.14.1。

（2）起重机械应配备限位、限制及连锁装置。具体内容详见《水利建设项目稽察常见问题清单（2021 年版）》安全管理 4.14.2。

（3）恶劣天气时起重机械应停止作业、采取安全措施。具体内容详见《水利建设项目稽察常见问题清单（2021 年版）》安全管理 4.14.3。

5.4.2.15　临近带电体作业

（1）建立临近带电体作业安全管理制度。

（2）作业前编制专项施工方案或安全防护措施，向作业人员进行安全技术交底，并办理安全施工作业票，安排专人现场监护。

（3）电气作业人员应持证上岗并按操作规程作业。

（4）作业时施工人员、机械与带电线路和设备的距离应大于最小安全距离,并有防感应电措施。当小于最小安全距离时,应采取绝缘隔离的防护措施,并悬挂醒目的警告标志。当防护措施无法实现时,应采取停电等措施。

5.4.2.16　焊接与切割作业

(1)使用的焊接设备应符合规定。具体内容详见《水利建设项目稽察常见问题清单(2021 年版)》安全管理 4.15.1。

(2)气瓶使用、储存应符合规定。具体内容详见《水利建设项目稽察常见问题清单(2021 年版)》安全管理 4.15.2。

(3)焊接和气割场所应有消防设施。具体内容详见《水利建设项目稽察常见问题清单(2021 年版)》安全管理 4.15.3。

(4)在易燃易爆区不应从事焊割作业。具体内容详见《水利建设项目稽察常见问题清单(2021 年版)》安全管理 4.15.4。

(5)高处动火作业应采取安全措施。具体内容详见《水利建设项目稽察常见问题清单(2021 年版)》安全管理 4.15.5。

(6)焊接及切割作业人员严禁违规操作。具体内容详见《水利建设项目稽察常见问题清单(2021 年版)》安全管理 4.15.6。

5.4.2.17　交叉作业

(1)垂直交叉作业时底层作业面应设置隔离防护棚。具体内容详见《水利建设项目稽察常见问题清单(2021 年版)》安全管理 4.16.1。

(2)防护棚设置应符合规定。具体内容详见《水利建设项目稽察常见问题清单(2021 年版)》安全管理 4.16.2。

5.4.2.18　有(受)限空间作业

(1)制定有(受)限空间安全作业规章制度。具体内容详见《水利建设项目稽察常见问题清单(2021 年版)》安全管理 4.17.1。

(2)落实有(受)限空间作业安全措施。具体内容详见《水利建设项目稽察常见问题清单(2021 年版)》安全管理 4.17.2。

(3)提供符合要求的有(受)限空间作业必需设备。具体内容详见《水利建设项目稽察常见问题清单(2021 年版)》安全管理 4.17.3。

(4)有(受)限空间作业时外部应有人监护。具体内容详见《水利建设项目稽察常见问题清单(2021 年版)》安全管理 4.17.4。

(5)进入存在高毒物品的有(受)限空间作业时应采取有效措施。具体内容详见《水利建设项目稽察常见问题清单(2021 年版)》安全管理 4.17.5。

（6）有（受）限空间焊接与切割作业应符合规定。具体内容详见《水利建设项目稽察常见问题清单（2021年版）》安全管理4.17.6。

（7）蝴蝶阀和球阀安装作业应符合规定。具体内容详见《水利建设项目稽察常见问题清单（2021年版）》安全管理4.17.7。

（8）尾水管、蜗壳内和水轮机过流面进行环氧砂浆作业时应采取安全措施。具体内容详见《水利建设项目稽察常见问题清单（2021年版）》安全管理4.17.8。

5.4.2.19 岗位达标

建立班组安全活动管理制度，明确岗位达标的内容和要求，开展安全生产和职业卫生教育培训、安全操作技能训练、岗位作业危险预知、作业现场隐患排查、事故分析等岗位达标活动，并做好记录。

从业人员应熟练掌握本岗位安全职责、安全生产和职业卫生操作规程、安全风险及管控措施、防护用品使用、自救互救及应急处置措施。

5.4.2.20 分包管理制度

工程分包、劳务分包、设备物资采购、设备租赁管理制度应明确各管理层次和部门管理职责和权限，包括分包方的评价和选择、分包招标合同谈判和签约、分包项目实施阶段的管理、分包实施过程中或结束后的再评价等。

5.4.2.21 分包方评价

对分包方进行全面评价和定期再评价，包括经营许可和资质证明，专业能力，人员结构和素质，机具装备，技术、质量、安全、施工管理的保证能力，工程业绩和信誉等，建立并及时更新合格分包方名录和档案。

5.4.2.22 分包方选择

确认分包方具备相应资质和能力，按规定选择分包方；依法与分包方签订分包合同和安全生产协议，明确双方安全生产责任和义务。

5.4.2.23 分包方管理

对分包方进场人员和设备进行验证；督促分包方对进场作业人员进行安全教育，考核合格后进入现场作业；对分包方人员进行安全交底；审查分包方编制的安全施工措施，并督促落实；定期识别分包方的作业风险，督促落实安全措施。

5.4.3 职业健康

（1）建立职业健康管理制度。具体内容详见《水利水电施工企业安全生产标准化评审标准》4.3.1。

（2）辨识职业危害因素，评估制定控制措施。具体内容详见《水利水电施工企业安全生产标准化评审标准》4.3.2。

（3）为从业人员提供符合职业健康要求的工作环境和条件，配备相适应的职业健康防护用品。具体内容详见《水利水电施工企业安全生产标准化评审标准》4.3.3。

（4）施工布置应确保使用有毒、有害物品的作业场所与生活区、辅助生产区分开，作业场所不应住人；将有害作业与无害作业分开，高毒工作场所与其他工作场所隔离。具体内容详见《水利水电施工企业安全生产标准化评审标准》4.3.4。

（5）在可能发生急性职业危害的有毒、有害工作场所，设置报警装置，制定应急处置方案，现场配置急救用品、设备，并设置应急撤离通道。具体内容详见《水利水电施工企业安全生产标准化评审标准》4.3.5。

（6）各种防护用品、器具定点存放在安全、便于取用的地方，建立台账，并指定专人负责保管防护器具，定期校验和维护，确保其处于正常状态。具体内容详见《水利水电施工企业安全生产标准化评审标准》4.3.6。

（7）对从事接触职业病危害的作业人员应按规定组织上岗前、在岗期间和离岗时职业健康检查，建立健全职业卫生档案和员工健康监护档案。具体内容详见《水利水电施工企业安全生产标准化评审标准》4.3.7。

（8）按规定给予职业病患者及时的治疗、疗养；患有职业禁忌证的员工，应及时调整到合适岗位。具体内容详见《水利水电施工企业安全生产标准化评审标准》4.3.8。

（9）与从业人员订立劳动合同时，如实告知作业过程中可能产生的职业危害及其后果、防护措施等。具体内容详见《水利水电施工企业安全生产标准化评审标准》4.3.9。

（10）对接触严重职业危害的作业人员进行警示教育，使其了解施工过程中的职业危害、预防和应急处理措施；在严重职业危害的作业岗位，设置警示标识和警示说明，警示说明应载明职业危害的种类、后果、预防以及应急救治措施。具体内容详见《水利水电施工企业安全生产标准化评审标准》4.3.10。

（11）工作场所存在职业病目录所列职业病的危害因素的，按照有关规定，通过"职业病危害项目申报系统"及时、如实向所在地有关部门申报危害项目，发生变化后及时补报。具体内容详见《水利水电施工企业安全生产标准化评审标准》4.3.11。

（12）按照规定制定职业危害场所检测计划，定期对职业危害场所进行检测，并将检测结果存档。具体内容详见《水利水电施工企业安全生产标准化评审标准》4.3.12。

（13）职业病危害因素浓度或强度超过职业接触限值的，制定切实有效的整改方案，立即进行整改。具体内容详见《水利水电施工企业安全生产标准化评审标准》4.3.13。

5.4.4　警示标志

（1）制定包括施工现场安全和职业病危害警示标志、标牌的采购、制作、安装和维护等内容的管理制度。具体内容详见《水利水电施工企业安全生产标准化评审标准》4.4.1。

（2）按照规定和场所的安全风险特点，在有重大危险源、较大危险因素和严重职业病危害因素的场所及危险作业现场，应设置明显的安全警示标志和职业病危害警示标识，告知危险的种类、后果及应急措施等，危险处所夜间应设红灯示警；在危险作业现场设置警戒区、安全隔离设施，并安排专人现场监护。具体内容详见《水利水电施工企业安全生产标准化评审标准》4.4.2、《水利建设项目稽察常见问题清单（2021年版）》安全管理4.2.1。

（3）定期对警示标志进行检查维护，确保其完好有效。具体内容详见《水利水电施工企业安全生产标准化评审标准》4.4.3。

（4）按规定设置职业病危害告知或警示标志。具体内容详见《水利建设项目稽察常见问题清单（2021年版）》安全管理4.2.2。

5.5　安全风险管控及隐患排查治理

5.5.1　安全风险管理

（1）建立安全风险管理制度。具体内容详见《水利水电施工企业安全生产标准化评审标准》5.1.1。

（2）组织对安全风险进行全面、系统的辨识，对辨识资料进行统计、分析、整理和归档。具体内容详见《水利水电施工企业安全生产标准化评审标准》5.1.2。

（3）选择合适的方法，定期对所辨识出的存在安全风险的作业活动、设备设施、物料等进行评估。具体内容详见《水利水电施工企业安全生产标准化评审标准》5.1.3。

（4）根据评估结果，确定安全风险等级，实施分级分类差异化动态管理，制定并落实相应的安全风险控制措施，对安全风险进行控制。具体内容详见《水利水电施工企业安全生产标准化评审标准》5.1.4、《水利建设项目稽察常见问题清单（2021 年版）》安全管理 2.1.1。

（5）将评估结果及所采取的控制措施告知从业人员，使其熟悉工作岗位和作业环境中存在的安全风险。具体内容详见《水利水电施工企业安全生产标准化评审标准》5.1.5。

（6）制定变更管理制度。具体内容详见《水利水电施工企业安全生产标准化评审标准》5.1.6。

（7）变更前，应对变更过程及变更后可能产生的风险进行分析，制定控制措施，履行审批及验收程序，并告知和培训相关从业人员。具体内容详见《水利水电施工企业安全生产标准化评审标准》5.1.7。

5.5.2　危险源辨识和管理

（1）建立安全风险分级管控机制，落实安全风险分级管控措施。具体内容详见《水利建设项目稽察常见问题清单（2021 年版）》安全管理 2.1.1。

（2）开展危险源辨识与风险评价工作，并将成果及时报送项目法人和监理单位。具体内容详见《水利建设项目稽察常见问题清单（2021 年版）》安全管理 2.1.2、《水利水电施工企业安全生产标准化评审标准》5.2.2。

（3）制定危险源辨识和风险管控制度。具体内容详见《水利建设项目稽察常见问题清单（2021 年版）》安全管理 2.1.3。

（4）确定一般危险源风险等级。具体内容详见《水利建设项目稽察常见问题清单（2021 年版）》安全管理 2.1.4。

（5）对重大危险源进行有效管控。具体内容详见《水利建设项目稽察常见问题清单（2021 年版）》安全管理 2.1.5。

（6）开展危险源登记、建立档案、备案等工作。具体内容详见《水利建设项目稽察常见问题清单（2021 年版）》安全管理 2.1.6。

（7）制定重大危险源事故应急预案,建立应急救援组织或配备应急救援人员、必要的防护装备及应急救援器材、设备、物资,并保障其完好和方便使用。具体内容详见《水利水电施工企业安全生产标准化评审标准》5.2.7。

（8）根据施工进展加强重大危险源的日常监督检查,对危险源实施动态的辨识、评价和控制。具体内容详见《水利水电施工企业安全生产标准化评审标准》5.2.8。

（9）按规定将重大危险源向主管部门备案。具体内容详见《水利水电施工企业安全生产标准化评审标准》5.2.9。

5.5.3　隐患排查治理

（1）制定事故隐患排查制度。具体内容详见《水利水电施工企业安全生产标准化评审标准》5.3.1、《水利建设项目稽察常见问题清单（2021 年版)》安全管理 2.2.1。

（2）根据事故隐患排查制度开展事故隐患排查;排查前应制定排查方案;重大事故隐患治理方案应由施工单位主要负责人组织制订,经监理单位审核,报项目法人同意后实施。具体内容详见《水利水电施工企业安全生产标准化评审标准》5.3.2、《水利建设项目稽察常见问题清单（2021 年版)》安全管理 2.2.2、《水利水电工程施工安全管理导则》(SL 121—2015)11.2.3。

（3）建立事故隐患报告和举报奖励制度。具体内容详见《水利水电施工企业安全生产标准化评审标准》5.3.3。

（4）事故隐患排查应实行闭环管理。具体内容详见《水利建设项目稽察常见问题清单（2021 年版)》安全管理 2.2.3。

（5）单位主要负责人应组织制定重大事故隐患治理方案。具体内容详见《水利水电施工企业安全生产标准化评审标准》5.3.4、《水利建设项目稽察常见问题清单（2021 年版)》安全管理 2.2.5。

（6）重大事故隐患治理方案内容应齐全。具体内容详见《水利建设项目稽察常见问题清单（2021 年版)》安全管理 2.2.6。

（7）建立事故隐患治理和建档监控制度,逐级建立并落实隐患治理和监控责任制。具体内容详见《水利水电施工企业安全生产标准化评审标准》5.3.5、《水利建设项目稽察常见问题清单（2021 年版)》安全管理 2.2.11。

（8）一般事故隐患应立即组织整改。具体内容详见《水利水电施工企业安全生产标准化评审标准》5.3.6、《水利建设项目稽察常见问题清单（2021 年版）》安全管理 2.2.4。

（9）事故隐患整改到位前，应采取相应的安全防范措施，防止事故发生。具体内容详见《水利水电施工企业安全生产标准化评审标准》5.3.7、《水利建设项目稽察常见问题清单（2021 年版）》安全管理 2.2.7。

（10）重大事故隐患治理完成后，对治理情况进行验证和效果评估，经监理单位审核，报项目法人。一般事故隐患治理完成后，对治理情况进行复查，并在隐患整改通知单上签署明确意见。具体内容详见《水利水电施工企业安全生产标准化评审标准》5.3.8。

（11）按月、季、年对隐患排查治理情况进行统计分析，形成书面报告，经单位主要负责人签字后，报项目法人，并向从业人员通报。具体内容详见《水利水电施工企业安全生产标准化评审标准》5.3.9、《水利建设项目稽察常见问题清单（2021 年版）》安全管理 2.2.9。

（12）地方人民政府或有关部门挂牌督办并责令全部或者局部停止施工的重大事故隐患，治理工作结束后，应组织本单位的技术人员和专家对治理情况进行评估。经治理后符合安全生产条件的，由项目法人向有关部门提出恢复施工的书面申请，经审查同意后，方可恢复施工。具体内容详见《水利水电施工企业安全生产标准化评审标准》5.3.10。

（13）运用隐患自查、自改、自报信息系统，通过信息系统对隐患排查、报告、治理、销账等过程进行管理和统计分析，并按照有关要求报送隐患排查治理情况。具体内容详见《水利水电施工企业安全生产标准化评审标准》5.3.11、《水利建设项目稽察常见问题清单（2021 年版）》安全管理 2.2.8。

5.5.4　预测预警

（1）根据施工企业特点，结合安全风险管理、隐患排查治理及事故等情况，运用定量或定性的安全生产预测预警技术，建立体现安全生产状况及发展趋势的安全生产预测预警体系。具体内容详见《水利水电施工企业安全生产标准化评审标准》5.4.1。

（2）采取多种途径及时获取水文、气象等信息，在接到有关自然灾害预报时，应及时发出预警通知；发生可能危及安全的情况时，应采取撤离人员、停止作业、加强监测等安全措施，并及时向项目主管部门和有关部门报告。具体内容详见《水利水电施工企业安全生产标准化评审标准》5.4.2。

（3）根据安全风险管理、隐患排查治理及事故等统计分析结果，每月至少进行一次安全生产预测预警。具体内容详见《水利水电施工企业安全生产标准化评审标准》5.4.3。

5.6 应急管理

5.6.1 应急准备

（1）建立安全生产应急管理机构，指定专人负责安全生产应急管理工作。具体内容详见《水利水电施工企业安全生产标准化评审标准》6.1.1。

（2）在安全风险分析、评估和应急资源调查的基础上，建立健全生产安全事故应急预案体系。具体内容详见《水利水电施工企业安全生产标准化评审标准》6.1.2、《水利建设项目稽察常见问题清单（2021年版）》安全管理6.1.1。

（3）生产安全事故应急救援预案应按规定及时修改。具体内容详见《水利建设项目稽察常见问题清单（2021年版）》安全管理6.1.2。

（4）生产安全事故应急救援预案编制内容应合规。具体内容详见《水利建设项目稽察常见问题清单（2021年版）》安全管理6.1.3。

（5）生产安全事故应急救援预案应备案。具体内容详见《水利建设项目稽察常见问题清单（2021年版）》安全管理6.1.4。

（6）应按照应急预案建立应急救援组织，组建应急救援队伍，配备应急救援人员。必要时与当地具备能力的应急救援队伍签订应急支援协议。具体内容详见《水利水电施工企业安全生产标准化评审标准》6.1.3、《水利建设项目稽察常见问题清单（2021年版）》安全管理6.1.6。

（7）根据可能发生的事故种类特点，设置应急设施，配备应急装备，储备应急物资，建立管理台账，安排专人管理，并定期检查、维护、保养，确保其完好、可靠。具体内容详见《水利水电施工企业安全生产标准化评审标准》6.1.4、《水利建设项目稽察常见问题清单（2021年版）》安全管理6.1.7。

（8）根据本单位的事故风险特点，组织应急救援演练。具体内容详见《水利水电施工企业安全生产标准化评审标准》6.1.5、《水利建设项目稽察常见问题清单(2021 年版)》安全管理 6.1.5。

(9)建立并落实应急值班制度。具体内容详见《水利建设项目稽察常见问题清单(2021 年版)》安全管理 6.1.8。

5.6.2　应急处置

(1)发生事故后,启动相关应急预案,采取应急处置措施,开展事故救援,必要时寻求社会支援。具体内容详见《水利水电施工企业安全生产标准化评审标准》6.2.1、《水利建设项目稽察常见问题清单(2021 年版)》安全管理 6.2.2。

(2)应急救援结束后,应尽快完成善后处理、环境清理、监测等工作。具体内容详见《水利水电施工企业安全生产标准化评审标准》6.2.2。

5.6.3　应急评估

每年应进行一次应急准备工作的总结评估。完成险情或事故应急处置结束后,应对应急处置工作进行总结评估。具体内容详见《水利水电施工企业安全生产标准化评审标准》6.3.1。

5.7　事故管理

5.7.1　事故报告

(1)制订事故报告、调查和处理制度。具体内容详见《水利水电施工企业安全生产标准化评审标准》7.1.1。

(2)发生事故后按照有关规定及时、准确、完整地向有关部门报告,事故报告后出现新情况时,应当及时补报。具体内容详见《水利水电施工企业安全生产标准化评审标准》7.1.2。

5.7.2　事故调查和处理

(1)发生事故后,采取有效措施,防止事故扩大,并保护事故现场及有关证据。具体内容详见《水利水电施工企业安全生产标准化评审标准》7.2.1。

(2)事故发生后按照有关规定,组织事故调查组对事故进行调查。具体内容详见《水利水电施工企业安全生产标准化评审标准》7.2.2。

（3）事故发生后，由有关人民政府组织事故调查的，应积极配合开展事故调查。具体内容详见《水利水电施工企业安全生产标准化评审标准》7.2.3。

（4）按照"四不放过"的原则进行事故处理。具体内容详见《水利水电施工企业安全生产标准化评审标准》7.2.4。

（5）事故发生后应按规定及时上报。具体内容详见《水利建设项目稽察常见问题清单（2021年版）》安全管理6.2.1。

（6）事故发生后应落实防范和整改措施。具体内容详见《水利建设项目稽察常见问题清单（2021年版）》安全管理6.2.3。

（7）做好事故善后工作。具体内容详见《水利水电施工企业安全生产标准化评审标准》7.2.5。

5.7.3　事故档案管理

建立完善的事故档案和事故管理台账，并定期按照有关规定对事故进行统计分析。具体内容详见《水利水电施工企业安全生产标准化评审标准》7.3.1。

5.8　持续改进

5.8.1　绩效评定

（1）制定安全生产标准化绩效评定制度。具体内容详见《水利水电施工企业安全生产标准化评审标准》8.1.1。

（2）每年至少组织一次安全标准化实施情况的检查评定。具体内容详见《水利水电施工企业安全生产标准化评审标准》8.1.2。

（3）评定报告以正式文件印发通报。具体内容详见《水利水电施工企业安全生产标准化评审标准》8.1.3。

（4）将安全生产标准化自评结果，纳入单位年度绩效考评。具体内容详见《水利水电施工企业安全生产标准化评审标准》8.1.4。

（5）落实安全生产报告制度，定期向有关部门报告安全生产情况，并公示。具体内容详见《水利水电施工企业安全生产标准化评审标准》8.1.5。

5.8.2 持续改进

根据安全生产标准化绩效评定结果和安全生产预测预警系统所反映的趋势,客观分析本单位安全生产标准化管理体系的运行质量,及时调整完善相关规章制度、操作规程和过程管控,不断提高安全生产绩效。具体内容详见《水利水电施工企业安全生产标准化评审标准》8.2 持续改进。

第6章　变更、计量与支付结算

6.1　变更

6.1.1　变更的范围与内容

除专用合同条款另有约定外,在履行合同中发生以下情形之一,应按照本条规定进行变更:

(1)取消合同中任何一项工作,但被取消的工作不能转由发包人或其他人实施。

(2)改变合同中任何一项工作的质量或其他特性。

(3)改变合同工程的基线、标高、位置或尺寸。

(4)改变合同中任何一项工作的施工时间或改变已批准的施工工艺或顺序。

(5)为完成工程需要追加的额外工作。

具体内容详见《中华人民共和国标准施工招标文件(2007 年版)》15.1 变更的范围和内容。

6.1.2　变更程序

6.1.2.1　变更的提出

(1)承包人提出的变更建议,应附变更建议书;监理人收到承包人书面建议后,应与发包人共同研究,确认存在变更的,应在收到承包人书面建议后的 14 天内作出变更指示。

(2)在合同履行过程中,发生变更的,监理人应按照约定向承包人发出变更指示;承包人收到监理机构发出的变更意向书或变更指示,应提交变更实施方案。

具体内容详见《中华人民共和国标准施工招标文件(2007 年版)》15.3.1。变更申请表(CB24)详见《水利工程施工监理规范》(SL 288—2014)E.4 承包人常用表格推荐格式。

6.1.2.2　变更估价

除专用合同条款对期限另有约定外,承包人应在收到变更指示或变更意向书后的 14 天内,向监理人提交变更项目价格申报表,报价内容应详细开列变更工作的价格组成及其依据,并附必要的施工方法说明和有关图纸。具体内容详见《中华人民共和国标准施工招标文件(2007 年版)》15.3.2。变更项目价格申报表(CB27)详见《水利工程施工监理规范》(SL 288—2014)E.4 承包人常用表格推荐格式。

6.1.3　暂列金额

暂列金额只能按照监理人的指示使用,并对合同价格进行相应调整。

6.1.4　计日工

计日工价款按列入已标价工程量清单中的计日工计价子目及其单价进行计算。

采用计日工计价的任何一项变更工作,承包人应在该项变更的实施过程中,每天提交以下报表和有关凭证报送监理人审批:

(1)工作名称、内容和数量;

(2)投入该工作所有人员的姓名、工种、级别和耗用工时;

(3)投入该工作的材料类别和数量;

(4)投入该工作的施工设备型号、台数和耗用台时;

(5)监理人要求提交的其他资料和凭证。

计日工由承包人汇总后,列入进度付款申请单,由监理人复核并经发包人同意后列入进度付款。

具体内容详见《中华人民共和国标准施工招标文件(2007 年版)》15.7 计日工。计日工单价报审表(CB31)、计日工工程量签证单(CB32)、计日工项目进度付款明细表(CB33 附表 6)详见《水利工程施工监理规范》(SL 288—2014)

E.4承包人常用表格推荐格式。

6.1.5　暂估价

发包人在工程量清单中给定暂估价的材料、工程设备和专业工程属于依法必须招标的范围并达到规定的规模标准的，由发包人和承包人以招标的方式选择供应商或分包人。发包人和承包人的权利义务关系在专用合同条款中约定。中标金额与工程量清单中所列的暂估价的金额差以及相应的税金等其他费用列入合同价格。

发包人在工程量清单中给定暂估价的材料和工程设备不属于依法必须招标的范围或未达到规定的规模标准的，应由承包人提供。经监理人确认的材料、工程设备的价格与工程量清单中所列的暂估价的金额差以及相应的税金等其他费用列入合同价格。

发包人在工程量清单中给定暂估价的专业工程不属于依法必须招标的范围或未达到规定的规模标准的，由监理人按照变更估价原则进行估价，但专用合同条款另有约定的除外。经估价的专业工程与工程量清单中所列的暂估价的金额差以及相应的税金等其他费用列入合同价格。

6.2　计量与支付结算

6.2.1　计量

6.2.1.1　单价子目的计量

（1）已标价工程量清单中的单价子目工程量为估算工程量。结算工程量是承包人实际完成的，并按合同约定的计量方法进行计量的工程量。

（2）承包人对已完成的工程进行计量，向监理人提交进度付款申请单、已完成工程量报表和有关计量资料。工程进度付款申请单（CB33）及附表详见《水利工程施工监理规范》（SL 288—2014）E.4承包人常用表格推荐格式。

6.2.1.2　总价子目的计量

除专用合同条款另有约定外，总价子目的分解和计量按照下述约定进行：

（1）总价子目的计量和支付应以总价为基础。承包人实际完成的工程量，是进行工程目标管理和控制进度支付的依据。

（2）承包人在合同约定的每个计量周期内，对已完成的工程进行计量，并向监理人提交进度付款申请单，专用合同条款约定的合同总价支付分解表所表示的阶段性或分项计量的支持性资料，以及所达到工程形象目标或分阶段需完成的工程量和有关计量资料。

（3）除变更外，总价子目的工程量是承包人用于结算的最终工程量。

6.2.2　预付款

6.2.2.1　预付款申请

预付款分为工程预付款及材料预付款，用于承包人为合同工程施工购置材料、工程设备、施工设备、修建临时设施以及组织施工队伍进场等。预付款的额度和预付办法在专用合同条款中约定。预付款必须专用于合同工程。工程预付款申请单（CB09）、材料预付款报审表（CB10）详见《水利工程施工监理规范》（SL 288—2014）E.4 承包人常用表格推荐格式。

6.2.2.2　预付款保函

除专用合同条款另有约定外，承包人应在收到预付款的同时向发包人提交预付款担保，预付款担保的担保金额应与预付款金额相同。

6.2.2.3　预付款的扣回与还清

预付款在进度付款中扣回，扣回办法在专用合同条款中约定，每期扣回预付款金额在工程进度付款汇总表的扣除金额项目中列明。在颁发工程接收证书前，由于不可抗力或其他原因解除合同时，预付款尚未扣清的，尚未扣清的预付款余额应作为承包人的到期应付款。工程进度付款汇总表（CB33 附表 1）详见水利工程施工监理规范（SL 288—2014）E.4 承包人常用表格推荐格式。

6.2.3　工程进度付款

6.2.3.1　进度付款申请单

承包人应在每个付款周期末，按监理人批准的格式和专用合同条款约定的份数，向监理人提交进度付款申请单，并附相应的支持性证明文件。

进度付款申请单中应包含：截至本次付款周期末已实施工程的价款、变更金额、索赔金额、应支付的预付款和扣减的返还预付款、应扣减的质量保证金、根据合同应增加和扣减的其他金额。工程进度付款申请单（CB33）及附表详见《水利工程施工监理规范》（SL 288—2014）E.4 承包人常用表格推荐格式。

6.2.3.2　进度付款证书和支付时间

（1）监理人在收到承包人进度付款申请单以及相应的支持性证明文件后的14天内完成核查。

（2）发包人应在监理人收到进度付款申请单后的28天内，将进度应付款支付给承包人。发包人不按期支付的，按专用合同条款的约定支付逾期付款违约金。

（3）进度付款涉及政府投资资金的，按照国库集中支付等国家相关规定和专用合同条款的约定办理。

6.2.3.3　工程进度付款的修正

在对以往历次已签发的进度付款证书进行汇总和复核中发现错、漏或重复的，监理人有权予以修正，承包人也有权提出修正申请。经双方复核同意的修正，应在本次进度付款中支付或扣除。

6.2.4　质量保证金

（1）质量保证金在进度付款中扣留，扣留办法在专用合同条款中约定，每期扣留质量保证金金额在工程进度付款汇总表的扣除金额项目中列明，直至扣留的质量保证金总额达到专用合同条款约定的金额或比例为止。质量保证金的计算额度不包括预付款的支付、扣回以及价格调整的金额。工程进度付款汇总表（CB33附表1）详见《水利工程施工监理规范》（SL 288—2014）E.4承包人常用表格推荐格式。

（2）工程项目竣工前，已经缴纳履约保证金的，发包人不得同时预留工程质量保证金。采用工程质量保证担保、工程质量保险等其他保证方式的，发包人不得再预留保证金。具体内容详见《建设工程质量保证金管理办法》（建质〔2017〕138号）第六条。

（3）在缺陷责任期满时，承包人向发包人提交质量保证金退还申请表，发包人应在14天内会同承包人按照合同约定的内容核实承包人是否完成缺陷责任。如无异议，发包人应当在核实后将剩余保证金返还承包人。质量保证金退还申请表（CB41）详见《水利工程施工监理规范》（SL 288—2014）E.4承包人常用表格推荐格式。

6.2.5　完工结算

6.2.5.1　完工付款申请表

（1）承包人应在合同工程完工证书颁发后 28 天内，向监理人提交完工付款申请表，并提供相关证明材料。

（2）完工付款申请单应包括下列内容：完工结算合同总价、发包人已支付承包人的工程价款、应支付的完工付款金额。完工付款/最终结清申请单（CB39）详见《水利工程施工监理规范》（SL 288—2014）E.4 承包人常用表格推荐格式。

6.2.5.2　完工付款证书及支付时间

（1）监理人在收到承包人提交的完工付款申请单后的 14 天内完成核查，提出发包人到期应支付给承包人的价款送发包人审核并抄送承包人。

（2）发包人应在收到后 14 天内审核完毕，由监理人向承包人出具经发包人签认的完工付款证书。

6.2.6　最终结清

6.2.6.1　最终结清申请单

缺陷责任期终止证书签发后，承包人应按监理人批准的格式提交最终结清申请表。完工付款/最终结清申请单（CB39）详见《水利工程施工监理规范》（SL 288—2014）E.4 承包人常用表格推荐格式。

6.2.6.2　最终结清证书和支付时间

（1）监理人收到承包人提交的最终结清申请单后的 14 天内，提出发包人应支付给承包人的价款送发包人审核并抄送承包人。

（2）发包人应在收到后 14 天内审核完毕，由监理人向承包人出具经发包人签认的最终结清证书。

（3）最终结清后，发包人的支付义务结束。

第7章　文明施工

7.1　管理体系的建立健全

（1）成立文明施工管理组织机构,明确文明施工管理组织机构及管理人员职责。

（2）建设工程的环境与卫生管理应纳入施工组织设计或编制专项方案,应明确环境与卫生管理的目标和措施。

（3）施工现场应建立环境与卫生管理制度,落实管理责任,应定期检查并记录。

（4）施工单位应根据法律法规的规定,针对可能发生的环境、卫生等突发事件建立应急管理体系,制定相应的应急预案并组织演练。

（5）建立安全生产和文明施工措施费使用制度。

（6）施工人员的教育培训、考核应包括环境与卫生等有关内容。

（7）施工现场主要出入口明显处应设置工程概况牌,施工现场大门内应有施工现场总平面图和安全管理、环境保护与绿色施工、消防保卫等制度牌和宣传栏。图牌尺寸、内容及安放位置详见《山东省水利工程标准化工地建设指南》(2014 年版)附件 12、附件 13。

7.2　办公、生活区文明施工管理

7.2.1　办公区

（1）施工作业区、材料存放区与办公区、生活区应采取隔离措施。具体内容详见《建设工程施工现场环境与卫生标准》(JGJ 146—2013)3.0.7。

（2）生活办公区内必须做硬化处理,保证平整整洁。

（3）办公、宿舍用房防火等级要符合有关消防安全技术规范要求。

7.2.2　生活区

（1）宿舍内应保证必要的生活空间,室内净高不得小于 2.5 m,通道宽度不得小于 0.9 m,宿舍人员人均面积不得小于 2.5 m²,每间宿舍居住人员不得超过 16 人。

（2）施工现场生活区宿舍、休息室必须设置可开启式外窗,床铺不得超过 2 层,不得使用通铺。

具体内容详见《建设工程施工现场环境与卫生标准》(JGJ 146—2013) 5.1.5、5.1.6。

7.2.3　食堂

（1）食堂炊事用具应设有专门存放处,夏季应设有防蝇网（罩）,炊事人员必须每年进行一次身体检查,持《健康证》上岗,工作时要穿戴"三白"（白色工作帽、白色工作服、白色口罩）,严禁穿拖鞋,保持个人卫生。

（2）食堂距垃圾堆放点、厕所和易燃易爆物品库房的距离必须保持在 30 m 以上,夜间灶间严禁住人,食品存放处要设置高 40 cm 的挡鼠板。

（3）生、熟食品严禁混放,过期、霉变的食品不得销售,防止食物中毒和各种疫情发生。

（4）食堂应保证供应达到卫生标准的饮用水,并设有保温容器,定点设置,严禁作业人员喝生水;高温季节,应为作业人员提供防暑降温物资,确保职工身体健康。

（5）食堂垃圾应装在专门容器或专用塑料袋内,实行封闭管理。应做到每天及时收集垃圾,及时处理,严禁将垃圾到处抛洒。

具体内容详见《建设工程施工现场环境与卫生标准》(JGJ 146—2013) 5.1 临时设施、5.2 卫生防疫。

7.3 现场文明施工管理

7.3.1 施工现场围挡封闭管理

（1）施工现场必须设置围挡。

（2）围挡设置的标准，现场围挡材料应选用砌体、金属板材等硬质材料，禁止使用彩条布、竹笆、安全网等易变形材料。市区主要路段的工地周围设置的围挡高度不应低于 2.5 m，一般路段的工地周围设置的围挡高度不应低于1.8 m。

（3）施工大门位置的设置。围挡上一般不宜超过两个大门，在施工组织设计总平面图中考虑周全。

（4）围挡设置的其他要求如下：

①设置的围挡必须连续封闭，保证施工现场与外界隔离。

②施工现场进出口必须设置铁制门，必须做防锈处理，并刷面漆。门的宽度不小于 4 m，充分考虑进材料时车辆的转弯半径。大门上应设置企业名称和标志，两侧应有规范的安全标语。

③围挡外人行道上禁止堆放材料。

（5）围挡的日常管理如下：

①要保持围挡完整、清洁、无破损，达到围挡设置标准。

②所设围挡按照"谁设置、谁管理"的原则进行管理。施工现场围挡由设置单位进行管理并在工程竣工后负责拆除。

7.3.2 施工场地文明管理

（1）施工现场有标准围挡围护措施，各种施工临设牢固整齐。

（2）施工现场出入口设五牌一图，埋深牢固。

（3）施工现场主要出入口设双开铁板大门，固定牢固。

（4）现场场区道路平坦畅通，保证机动车、翻斗车满载时不颠洒。

（5）现场材料库的门窗牢固，窗要插销，门要上锁，料库内材料码放要整齐合理，余料及容量器收回要及时。

（6）现场设工地临时厕所，采取水冲式，责任到人，保证厕所清洁卫生。

（7）现场使用的机械设备，按照平面布置设置机械停放区，停放整齐，编号标记明显，零部件完整齐全，状况良好，机容清洁，维修保养及时，电器安装符合规定。停放区内外干净，在拌和机周围有排水措施。

（8）进场机械司机要随身携带操作证件，不得违章作业，严禁非机械操作人员驾驶。

7.3.3　施工现场材料堆放文明管理

（1）材料堆放原则是：整齐、合理堆放，既保证使用上的方便，又保证现场的整洁，既保证使用上的安全，又保证材料在使用过程中的质量和"先进先用"。

（2）必须按现场平面布置图堆放材料，材料分类、分批、分规格堆放，整齐、整洁、安全。

（3）砂石料堆放无厚大底脚，堆放整齐。挂牌标明产地、规格、进场日期。

（4）砖砌体堆放整齐，不得歪斜，堆放高度不超过 2.5 m。

（5）钢筋必须堆放在指定地点，分规格、品种堆放整齐，挂牌标明，适当分层堆放（不得超过三层）。现场使用后多余钢筋及时清理归堆，主体结束后及时清理场地，钢筋和半成品、成品分开堆放，不允许有脏、乱、差现象。钢筋焊接场地不得设置易燃、易爆物品，并设置灭火器。

（6）木材堆放在木工棚内，设专人管理，分规格堆放整齐，设置灭火器。

（7）钢管、扣件及零配件集中分类堆放，竹木杂料分类堆放整齐，不散不乱。堆放周转材料应考虑堆放时间、运输车辆等场地关系，不得影响其他材料的进出和影响施工。

（8）进场水泥分标号堆放整齐，标明标号、进场日期等，必须遵循"先进先用"的原则，库房应及时清理，并保证有良好的避雨设施和排水设施，以保证房内干燥。

（9）各种气瓶应有明显色标和防震圈，并不得在露天环境下暴晒；乙炔气瓶和氧气瓶距离大于 5 m，操作人员应持有效上岗证操作，专门设气瓶房，放在偏僻的地方，加门上锁，专人管理。

7.3.4　施工现场标牌文明管理

具体内容详见《山东省水利工程标准化工地建设指南》（2014 年版）5.3 施

工单位驻地标识、标牌标准化。

7.3.5　施工现场防火文明管理

具体内容详见《建设工程施工现场消防安全技术规范》（GB 50720—2011）。

第8章　环境保护

8.1　项目环境管理的基本规定

（1）应建立以项目经理为第一责任人的绿色施工管理体系，制定绿色施工管理制度，负责绿色施工的组织实施，进行绿色施工教育培训，定期开展自检、联检和评价工作。

（2）应建立机械设备保养、限额领料、建筑垃圾再利用的台账和清单。工程材料和机械设备的存放、运输应制定保护措施。

（3）应按照国家法律、法规的有关要求，制定施工现场环境保护和人员安全等突发事件的应急预案。

具体内容详见《建筑工程绿色施工规范》（GB/T 50905—2014）3.1 组织与管理。

（4）应按照《建筑工程绿色施工评价标准》（GB/T 50640—2010）和《建筑工程绿色施工规范》（GB/T 50905—2014）相关要求，实施施工组织设计中的绿色施工章节编制、绿色施工方案编制、分部分项工程绿色施工交底等技术管理工作。

8.2　施工现场环境污染控制措施

（1）有害气体排放控制。施工现场有害气体的排放超过标准的，采取有效措施进行治理。

（2）水土污染控制。妥善处理泥浆水，未经处理的不得直接排入城市排水设施和河流；砂石料系统废水宜经沉淀池沉淀等处理后回收利用。

（3）噪声污染控制。控制施工机械噪声、震动、减轻噪声扰民等。

（4）建筑垃圾控制。施工生产弃渣运放到指定地点堆放，集中处理；禁止将有毒有害废弃物用作土石方回填。

8.3 施工现场节能减排管理

8.3.1 节能与能源利用

（1）优先使用国家、行业推荐的节能、高效、环保的施工设备和机具。

（2）在施工组织设计中，合理安排施工顺序、工作面，以减少作业区域的机具数量，相邻作业区充分利用共有的机具资源。安排施工工艺时，优先考虑耗用电能的或其他能耗较少的施工工艺。避免设备额定功率远大于使用功率或超负荷使用设备的现象。

（3）选择功率与负载相匹配的施工机械设备，避免大功率施工机械设备低负载长时间运行。机电安装可采用节电型机械设备，如逆变式电焊机和能耗低、效率高的手持电动工具等，以利节电。

（4）临时用房墙体、屋面使用隔热性能好的材料，减少夏天空调、冬天取暖设备的使用时间及耗能量。

（5）加强节电宣传，施工区用电采用自动定时和手动相结合的方式，加强现场巡视，禁止无作业区域长明灯。

（6）办公区无人时，关闭电脑、打印机、照明灯、空调等。办公室减少纸张浪费，纸张可采用双面使用。

（7）宿舍内严禁使用大功率的电器。

（8）临时用电优先选用节能电线和节能灯具，临电线路合理设计、布置，临电设备宜采用自动控制装置。

8.3.2 节水与水资源利用

（1）在方案、规划阶段制定水系统规划方案，统筹、综合利用各种水资源。

（2）设置合理、完善的供水、排水系统。

（3）采取有效措施避免管网漏损。

（4）建筑内卫生器具合理选用节水器具。

（5）使用非传统水源时，采取用水安全保障措施，且不对人体健康与周围环境产生不良影响。

（6）通过技术经济比较，合理确定雨水积蓄、处理及利用方案。

（7）绿化、景观、洗车等用水采用非传统水源。

（8）绿化灌溉采取喷灌、微灌等节水高效灌溉方式。

（9）非饮用水采用再生水时，利用附近集中再生水厂的再生水，或通过技术经济比较，合理选择其他再生水水源和处理技术。

（10）按用途设置用水计量水表。

（11）空调冷却水系统的冷却塔采用节水节能型设备。

8.4　扬尘治理

8.4.1　基本要求

（1）开工前必须做到"六个到位"，即审批到位、报备到位、治理方案到位、配套措施到位、监控到位、人员到位。

（2）施工过程中做到"六个百分之百"，即施工场地周边百分之百围挡、物料堆放百分之百覆盖、出入车辆百分之百冲洗、施工现场地面百分之百硬化、拆迁工地百分之百湿法作业、渣土车辆百分之百密闭运输。

（3）城市建成区内施工现场应做到"两个禁止"，即禁止现场搅拌混凝土、禁止现场配制砂浆。

（4）工程在线监测监控设备安装和联网的标准及安装地点的要求：中型规模以上水利枢纽工程，要在工地出入口、施工作业区、料堆等重点区域安装在线监测监控设备，并与当地行业主管部门联网。

8.4.2　责任分工

（1）扬尘防治责任承担单位。施工扬尘防治单位为建设、施工和监理等单位。建设单位、施工单位承担工程施工扬尘防治主体责任，监理单位承担工程施工扬尘防治监理责任。

（2）施工单位在水利工程施工场地扬尘污染防治工作中的责任：施工单位依照相关规定和合同约定，具体负责施工扬尘的防治工作。实行施工总承包的，总承包单位对施工现场扬尘防治工作负总责；总承包单位进行工程分包的，应明确分包单位扬尘防治工作责任；分包单位应服从总承包单位的管理，做好相关施工活动范围内的扬尘防治工作，总承包单位对分包工程的扬尘防治工作承担连带责任。

（3）工程项目扬尘污染防治的第一责任人及主要职责。工程项目负责人为项目扬尘污染防治的第一责任人。应建立项目施工场地扬尘污染防治管理组织，明确管理人员扬尘防治责任，建立相应的管理制度。

8.4.3　防治措施

发包人向水行政主管部门办理质量监督、安全生产措施备案手续时，要报送扬尘污染防治方案、建筑垃圾处置方案。建筑垃圾处置方案须经市、县级人民政府市容环境卫生行政主管部门审核同意，并办理建筑垃圾处置核准文件。

8.4.3.1　施工现场

（1）工程项目部应结合季节特点、不同施工阶段实际情况等，贯彻落实施工扬尘防治专项方案，并进行动态调整。

（2）施工现场总平面布置时应充分考虑扬尘防治需要，施工区与办公区、生活区布局合理清晰、功能分区明确，并应采取相应的隔离措施。

（3）施工现场应配备必要的扬尘防治设备、机具、材料等，采取喷淋、覆盖、绿化、封闭等综合降尘措施。

（4）施工现场必须设置扬尘污染防治责任标识牌，标明扬尘污染防治措施、主管部门、责任人及监督电话等内容。

（5）场区大门口及主要道路、主要加工区应根据要求采取硬化处理，使现场地面平整坚实，不得产生扬尘。

（6）施工场地出入口处应设置车辆冲洗设施，设置冲洗槽和沉淀池，配备高压水枪，明确专人负责冲洗车辆，确保出厂的运输车辆清理干净，不得将泥土带出现场。

（7）施工现场应保持环境卫生整洁，清扫前应洒水，避免扬尘污染。根据施工情况，每天洒水 1～2 次，扬尘严重时应增加洒水次数。

（8）施工现场禁止焚烧沥青、油毡、橡胶、塑料、皮革、垃圾以及其他产生有毒有害烟尘和恶臭气体的物资。

（9）施工场地内堆放水泥、灰土、砂石等易产生扬尘污染的物料时须进行遮盖。

（10）施工物料传送部位、卸料部位，必须确保无泄漏、无散落，确保生产作业区不起尘。

（11）施工现场不得使用煤、炭、木料等污染严重的燃料。

（12）施工现场土方开挖后尽快完成回填，不能及时回填的场地，采取覆盖等防尘措施。

（13）由于工序交接或车辆碾压等原因造成的防尘网临时掀开或破损等情况，应及时进行恢复。

（14）土方运送必须采取全覆盖的密封措施，必须装载规范，保持密闭运输和车容整洁，不得沿途飞扬、撒漏和带泥土上路。

（15）施工现场工程车辆、运输车辆应达标排放，限速行驶，减少扬尘污染。

（16）工程项目完工后，应平整场地，并清除积土、堆物，不得使用空气压缩机清理车辆、设备和物料的尘埃。

（17）五级以上大风或发布重度污染空气质量预警时，严禁进行土方开挖、回填等可能产生扬尘的施工。

（18）城市建成区施工应采用预拌混凝土和预拌砂浆，禁止现场搅拌。确需现场搅拌的，应采取封闭、降尘措施。

（19）木材、石材等易产生扬尘的加工作业，应在封闭的加工棚内加工或采取湿法作业等防尘措施。

（20）钢筋加工作业应在加工棚内切割、焊接，并设置防尘回收装置。

（21）料场及堆土场地扬尘防治措施如下：

①料场及堆土场地现场必须在醒目位置设置扬尘污染防治责任标识牌，标明扬尘污染防治措施、主管部门、责任人及监督电话等内容。

②料场及堆土场地应采取地面喷水、固化硬化、覆盖防尘网等有效措施防止场地扬尘；对超过 3 个月不能使用的，应采取绿化防尘措施。

③采取绿化防尘措施的料场及堆土场地在未进行绿化施工期间，应每天洒水一至两次；风速达到 5 级以上天气时应及时洒水防尘或加以覆盖。

④采取绿化防尘措施的料场及堆土场地在土地平整后，应在一周时间内开始绿化工作。在实施绿化期间，应采取降尘措施，风速达到 5 级以上或启动 Ⅱ 级（橙色）以上预警时，应停止取土堆土工作。

⑤料场堆土场地用作其他用途时，场地应按其用途采取硬化、覆盖或洒水喷淋措施，并配备专职保洁人员，及时洒水，确保场内干净、整洁、无浮尘。场

地应设置垃圾存储设施，并应每天及时清理产生的垃圾。

8.4.3.2 技术措施

（1）扬尘防治专项方案编制及技术交底。施工单位应结合项目特点及实际情况，编制扬尘防治专项方案，明确扬尘防治目标、职责、措施等，内容应有针对性和可操作性。方案应经项目总监理工程师审批后组织实施，并按规定及时报备。应建立扬尘防治逐级技术交底制度，履行交底手续，并经相关人员签字确认。

（2）扬尘防治单位应建立扬尘防治教育培训制度，具体内容包括：

①作业人员上岗前，应组织以国家法律法规、技术规范、管理制度和操作规程为主要内容的扬尘防治入场教育培训和考核。

②各级扬尘防治人员每年应接受不少于1次的扬尘防治教育培训。

③扬尘防治单位应建立扬尘防治教育培训档案。

（3）扬尘预警响应预案的编制。扬尘防治单位应共同编制扬尘预警响应预案（一般包括扬尘污染源、编制依据、管理目标、岗位职责、技术措施、扬尘防治设施及现场平面布置图等内容），按照大气重污染蓝色、黄色、橙色和红色四个预警响应级别，针对扬尘防治特点，采取洒水降尘、局部停工、全面停工等预警响应措施。

（4）扬尘防治检查方法包含以下内容：

①扬尘防治单位应建立扬尘防治检查制度，组织开展日常巡查、定期检查和不定期抽查，并填写相关检查记录。

②建设单位应组织监理单位、施工单位每月对工程项目开展一次扬尘防治综合检查。

③季节性天气变化、扬尘污染主要因素变化时，扬尘防治单位应及时进行扬尘防治检查。

④施工单位对检查中发现的扬尘污染问题应及时整改。

（5）围挡的技术要求包含以下内容：

①施工现场应沿周边连续设置围挡，不宜有间断、敞开。有泥浆外排工段，底边应封闭严密，防止外漏。城市建成区内的水利工程，围挡高度不低于2.5 m，并配有底座。其他区域水利工程，围挡高度不低于1.8 m。

②施工现场在穿越闸涵、口门施工以及人员密集区域和交通要道时，要设置统一围挡，高度不低于1.8 m。

③围挡立面应保持干净、整洁,定期清理。

④工程结束前,不得拆除施工现场围挡。当妨碍施工必须拆除时,应设置临时围挡并符合相关要求。

⑤围挡应保证施工作业人员和周边行人的安全,且牢固、美观、环保、无破损。

(6)场地硬化的技术要求包含以下内容:

①施工场区的主要道路应进行硬化(野外工程含泥结碎石、黏土压实)处理。

②施工场区的其他道路应采取硬化或砖、焦渣、碎石铺装和洒水等防尘措施,防止出现扬尘现象。

③施工场区内裸露场地应采取防尘网覆盖、绿化或固化等扬尘防治措施。

④施工场区内加工区场地应采取硬化防尘措施。

⑤生活区、办公区裸露地面宜采取绿化、固化等处理形式。

⑥施工现场必须建立洒水清扫制度,并指定专人负责打扫、洒水、保洁,不得在未实施洒水等措施的情况下进行直接清扫,确保场区干净。

(7)车辆冲洗方法应符合以下要求:

①工地车辆出入口应设置车辆自动冲洗装置。特殊情况下,可采用移动式冲洗设备。车辆冲洗应有专人负责,确保车辆外部、底盘、轮胎处不得粘有污物和泥土,施工场所车辆出口 30 m 以内路面上不应有明显的泥印以及砂石、灰土等易扬尘材料,严禁车辆带泥土上路。

②车辆冲洗应填写台账,并由相关负责人签字。

(8)场地料物堆放应符合以下要求:

①施工现场严禁露天存放砂、石、石灰、粉煤灰等易扬尘材料。

②水泥、石灰粉等建筑材料应存放在库房内或严密遮盖。砂、石等散体材料应集中堆放且覆盖;场内装卸、搬运易扬尘材料应遮盖、封闭或洒水,不得凌空抛掷或抛撒;其他细颗粒建筑材料应封闭存放。

③土方堆放时,应采取覆盖防尘网、绿化等防尘措施,并定时洒水,保持土壤湿润;备土期间的堆土(湿土须翻晒的)要采取适当措施,保证不起尘。

④钢材、木材、周转材料等物料应分类分区存放,场地应采取硬化或砖、焦渣、碎石铺装等防尘措施。

(9)建筑垃圾处理应符合以下要求:

①施工单位应当合理利用资源,防止浪费,减少建筑垃圾的产出量。

②施工现场建筑垃圾应集中、分类堆放，严密遮盖，及时清运。

③建筑物内清理施工垃圾，应采取先洒水降尘后清扫的作业方法，并使用封闭式管道或装袋（或容器）合理清运，严禁高处随意抛撒。

④施工现场内严禁随意丢弃和焚烧各类废弃物。

⑤施工场地的遗弃物、废油等应进行预处理后，采用专用车辆运输到指定地点集中处理。

⑥污水须排入当地的排污管道或经集中净化处理后排出，严禁将未达到排放标准的污水直接排放至市政管网或其他水体中。

8.4.3.3 不同工程类别扬尘防治措施

（1）建筑工程施工场地扬尘防治措施。建筑工程施工应定期洒水降尘，具备条件的应配备洒水车、雾炮机等设备。

土石方及桩基施工扬尘防治应符合以下要求：

①土方作业面可暂不覆盖，遇到干燥易起尘的土方作业时，作业面场地应采用洒水降尘措施，当天施工完毕后应按要求进行覆盖；空置或已完成的场地应覆盖。

②土方作业时临时道路应采取降尘措施，确保临时道路不扬尘。

③基坑开挖应及时支护，避免裸土长时间暴露产生扬尘；采取自然放坡开挖时，边坡应采用防尘网覆盖并可靠固定。

④采用凿裂法、钻爆法等对岩石层开挖时，应采用湿法作业。

⑤现场进行截桩和破碎等易产生扬尘的施工时，应采取洒水湿润等防尘措施。

（2）土石方工程防治措施。土石方作业应及时采取洒水、覆盖措施，缩短开挖和回填时间。无法及时外运的土石方应集中堆放，并用防尘网等进行覆盖。

道路、桥梁及其他土石方工程施工扬尘防治应符合以下要求：

①灰土的拌合宜采用厂拌法，采用路拌法时应采取降尘措施，减少对周边环境的影响。

②路面切割、路面铣刨、石材切割、清扫等作业时，应采取喷（洒）水等降尘措施。

③道路基层养护期间应根据实际情况及时洒水或采取覆盖措施，确保表面无浮尘。

④沥青混凝土应采取厂拌,运输至施工现场时车辆应遮盖。

⑤路面基层清扫不得采用鼓风机吹扫,应采用人工洒水清扫或使用高压清洗车冲刷清扫。

⑥桥梁钻孔灌注桩施工时,应当设置相应的泥浆池、泥浆沟,确保泥浆不外溢。现场泥浆及时外运,并采用全密闭式运输车,减少泥浆在现场的裸露时间。

⑦土石方工程施工应根据工程实际情况,宜采用非开挖式施工工艺,避免大面积破坏原貌,减少扬尘。

⑧砂石回填时,避免在过筛和混合过程中产生较大扬尘。

水工隧洞工程施工扬尘防治应符合以下要求:

①基坑围护结构应严格按方案施工,对空置或已完成的场地进行覆盖。

②在进行盾构等产生大量泥浆的施工作业时,应当设置专用的泥浆池、泥浆沟,确保泥浆不外溢,外运泥浆时应采用全密闭式运输车。

③喷射混凝土作业应采用湿喷、潮喷作业法,或采取其他有效降尘措施。

④明挖基坑爆破作业应采用水袋堵塞炮眼,并在基坑上部空间设置防尘网封闭防尘,爆破后及时进行人工洒水辅助降尘。

(3)水土保持工程施工扬尘防治要求包含以下内容:

①场区内未种植的地面应及时覆盖防尘网,每天洒水保持湿润,严格控制撒水量,防止泥水外溢。

②各类管线敷设完成后,应及时恢复面貌,不得留裸土地面。

③树穴应整理或拍实,如不能及时种植,穴坑土应加以覆盖,种植完成后,树坑应采用卵石、草皮等覆盖。

④绿化工程产生的垃圾应及时清除,主要干道、景观地区及繁华地区应当天清理干净。

(4)拆除工程施工扬尘防治措施包含以下内容:

①拆除作业前,应按照"先喷淋、后拆除、拆除过程持续喷淋全覆盖"的原则编制扬尘防治方案。实施时,应采取湿法作业、分段拆除的措施,缩短起尘操作时间。

②机械、爆破拆除工程应采取同步持续高压喷淋或洒水降尘措施。

第9章 水土保持

9.1 水土保持工程质量管理机构建立及制度体系建设

施工单位应成立水土保持质量管理领导小组,建立健全水土保持质量保证体系、水土保持工程质量管理制度,负责水土保持工程的组织实施,进行水土保持工程的质量评定等工作。

9.2 水土保持工程项目划分

在工程开工前,施工单位应结合工程实际情况,与建设单位、设计单位、监理单位共同确定水土保持工程的项目划分,项目划分方法可参考《水土保持工程质量评定规程》(SL 336—2006)中表 A-1、表 A-2。开发建设项目水土保持工程的项目划分应与主体工程的项目划分相衔接。当主体工程对水土保持工程项目的划分不能满足水土保持工程质量评定要求时,应以《水土保持工程质量评定规程》(SL 336—2006)的要求为主进行划分。

9.3 编制水土保持方案

(1)施工单位应根据工程具体情况以及施工组织设计编制水土保持方案报监理机构审查、批复,并根据批复的水土保持方案组织施工。

(2)为保证经过批准的水土保持方案的严格实施,建设项目中的水土保持设施,必须与主体工程同时设计、同时施工、同时投产使用。

9.4　水土保持工程组织实施

9.4.1　水土保持综合措施

（1）施工单位在布置生产的同时，按照"三同时"的要求，同时布置水土保持工作。

（2）施工单位应根据工程项目施工进度计划、水土保持项目划分、施工图纸以及工程量清单等，结合工程所在地的气候状况，编制水土保持工程实施计划，明确植树种草的时间节点，避免主体工程以及水土保持设施的施工进度与其发生冲突。

9.4.2　水土保持专项措施

水土流失防治措施包括两部分，即工程治理措施和植物治理措施。工程治理措施主要针对存弃渣场、土石料场，采取拦渣、护坡和排水工程措施，对施工开挖的边坡采取清理、支护和排水工程措施，避免由于施工造成的水土流失。植物治理措施主要针对存弃渣场、建筑物管理区、保护林带、渠坡防护等，保持渠坡、渣场的边坡稳定，防止土地的风、雨侵蚀，避免由于施工造成的水土流失。

9.4.2.1　防治技术与防治方法

水土流失防治技术主要包括拦渣工程、护坡工程、土地整治工程、防洪排水工程和绿化工程等。水土流失防治采取工程措施与生物措施相结合、治理与预防相结合、治理与管护相结合的综合治理方法。

9.4.2.2　渣场边坡保护和水土流失防治

工程建设产生的废土弃渣，在自然堆放的情况下，结构松散，凝聚力较差，表面裸露，且堆放往往呈不规则状态，在雨水的浸泡和地表径流的冲刷下，极易形成冲沟、泥石流和滑坡体，因此施工弃渣场是水土流失防治的重点对象，渣场施工应及时进行，防护工程施工前可先行进行植草施工以利于边坡稳定和水土保持。

9.4.2.3　开挖边坡保护和水土流失防治

（1）开挖边坡要按设计图纸要求，做好边界的测定和控制，严禁超边界开挖。开挖中采取相应措施,防止水土流失冲刷河道造成淤积。开挖后边坡按设计要求及时进行支护,并做好周围排水设施,以利于边坡稳定和水土保持。

（2）严禁施工人员在工区及附近采伐树木、开荒种地、取土、违章用火。尽可能原状维持施工区内的生态环境,加强保护施工区外的生态环境。

（3）工程完工后按合同要求,进行恢复原貌和复耕的整平清理工作,恢复植被以防止水土流失及生态环境恶化。

9.4.2.4　雨季水土流失防治

（1）施工区、仓库、临时房屋以及堆放砂石骨料、弃渣及其他材料的露天场地,在场地内和场地周围做好防洪、排水等保护措施,并加强养护,以防止冲刷和水土流失。

（2）施工区、厂区及堆料场、弃渣场等裸露边坡采取保护措施,防止在风化、浸泡和冲刷下发生水土流失。

（3）施工区按设计和防洪度汛要求完善排水系统,做好清淤、疏通和修复工作。

（4）项目各施工场地设置临时截水、排水沟,同时注意避免渣地积水,生产、生活用水和暴雨洪水的排水系统统一考虑,合理布置排放,防止水土流失。

（5）雨季填筑随挖、随运、随填、随压实,依次进行,每层表面应筑成适当的横坡,使之不积水。

9.4.2.5　土地风化水土流失防治

（1）对施工区的边坡、路边、场地等可以绿化的部位,要在采取工程治理措施的同时因地制宜地、尽可能地多种花、多种草、多植树,以美化施工环境和防止水土流失。

（2）对生活区、办公区,也要因地制宜地合理布设水土保持设施。在满足水土流失防治要求的前提下,着重突出绿化和美化效果,以营造良好的生活、办公环境。

（3）建筑物管理区播种草,宜选用狗牙根,撒播量 50 kg/hm²,保证成活率90%以上,种植毛白杨,苗木胸径 3～4 cm,保证成活率90%以上。

9.4.2.6　临时工程水土流失防治

（1）保护临时设施周围开挖后的河道、冲沟和边坡。

（2）临时施工道路在运用期间,应加强养护。工程竣工后,如仍需继续使用的,应按要求完善排水系统,在开挖或浇筑坡面植草;如需废弃的,应进行植树绿化,并完善排水设施,其他临时工程视具体情况采取相应的防护措施。

(3)修建临时排水渠道,并与永久性排水设施相连接,保证不引起淤积和冲刷。

(4)在施工期间始终保持工地的良好排水状态。

(5)施工场所占用的土地或临时使用的土地设置排水沟,防止受到冲刷。

9.5　水土保持工程质量检验

(1)工程质量检验包括施工准备检查、中间产品及原材料质量检验、单元工程质量检验、质量事故检查及工程外观质量检验等程序。

(2)工程开工前,施工单位应对施工准备工作进行全面检查,并经监理单位确认合格后才能进行施工。

(3)施工单位应按相关技术标准对中间产品及原材料质量进行全面检验,并报监理单位复核。不合格产品,不得使用。

(4)施工单位应按相关技术标准检验单元工程质量,做好施工记录,并填写《水土保持工程单元工程质量评定表》。

(5)施工单位应及时将中间产品及原材料质量、单元工程质量等级自评结果报监理单位,由监理单位核定后报建设单位。

具体内容详见《水土保持工程质量评定规程》(SL 336—2006)4 工程质量检验。

9.6　水土保持工程质量评定

具体内容详见《水土保持工程质量评定规程》(SL 336—2006)5 工程质量评定。

9.7　水土保持工程验收

9.7.1　分部工程验收

验收有关要求同本书 4.3 节分部工程验收。

9.7.2　单位工程验收

验收有关要求同本书 4.4 节单位工程验收。

9.7.3　水土保持专项验收

（1）专项验收合格应具备的条件如下：

①水土保持方案（含变更）编报、初步设计和施工图设计等手续完备。

②水土保持监测资料齐全，成果可靠。

③水土保持监理资料齐全，成果可靠。

④水土保持设施按经批准的水土保持方案（含变更）、初步设计和施工图设计建成，符合国家、地方、行业标准、规范、规程的规定。

⑤水土流失防治指标达到了水土保持方案批复的要求。

⑥重要防护对象不存在严重水土流失危害隐患。

⑦水土保持设施具备正常运行条件，满足交付使用要求，且运行、管理及维护责任得到落实。

（2）验收资料制备由项目法人（建设单位）负责组织，有关单位制备的资料应加盖制备单位公章，并对其真实性负责。

（3）水土保持设施验收报告由第三方技术服务机构编制。

（4）水土保持设施竣工验收应在第三方提交水土保持设施验收报告后，生产建设项目投产运行前完成。

第 10 章　试验与检测

10.1　质量检测机构委托

施工单位根据工程建设需要,可委托具有相应资质等级的水利工程质量检测单位进行工程质量检测。承担工程检测业务的检测单位应具有水行政主管部门颁发的资质证书。具体内容详见《水利水电工程施工质量检验与评定规程》(SL 176—2007)4.1.1、4.1.9。

取得甲级资质的检测单位可以承担各等级水利工程的质量检测业务。大型水利工程(含一级堤防)主要建筑物以及水利工程质量与安全事故鉴定的质量检测业务,必须由具有甲级资质的检测单位承担。取得乙级资质的检测单位可以承担除大型水利工程(含一级堤防)主要建筑物以外的其他各等级水利工程的质量检测业务。具体内容详见《水利工程质量检测管理规定》(2019 年修订版)第三条。

10.2　原材料、中间产品进场检验

施工单位应按《水利水电工程单元工程施工质量验收评定标准》(SL 631—2012～SL 637—2012、SL 638—2013 和 SL 639—2013)及有关技术标准对水泥、钢材等原材料与中间产品质量进行检验,并报监理单位审查。

原材料、中间产品一次抽样检验不合格时,应及时对同一取样批次另取两倍数量进行检验,如仍不合格,则该批次原材料或中间产品即认定为不合格,不得使用。

具体内容详见《水利水电工程施工质量检验与评定规程》(SL 176—2007)4.1.12、4.3.3。原材料/中间产品进场报验单(CB07)详见《水利工程施工监理

规范》(SL 288—2014)E.4 承包人常用表格推荐格式。

10.3 见证取样检测

对涉及工程结构安全的试块、试件及有关材料，应实行见证取样。见证取样资料由施工单位制备，记录应真实齐全，参与见证取样人员应在相关文件上签字。具体内容详见《水利水电工程施工质量检验与评定规程》(SL 176—2007)4.1.11。

10.3.1 检测频/批次

工程质量检验项目和数量应符合《单元工程评定标准》规定。具体内容详见《水利水电工程施工质量检验与评定规程》(SL 176—2007)4.1.4。

10.3.1.1 细骨料

细骨料应按同料源每 600～1200 t 为一批，检测细度模数、石粉含量（人工砂）、泥粉含量—亚甲蓝 MB 值（人工砂）、含泥量（天然砂）、泥块含量和表面含水率等。具体内容详见《水工混凝土施工规范》(SL 677—2014)11.2.4。

10.3.1.2 粗骨料

粗骨料应按同料源、同规格碎石每 2000 t 为一批，卵石每 1000 t 为一批，检测超径、逊径、针片状、含泥量、泥块含量。具体内容详见《水工混凝土施工规范》(SL 677—2014)11.2.4。

10.3.1.3 水泥

进场的每一批水泥，应有生产厂的出厂合格证和品质试验报告，每 200～400 t 同厂家、同品种、同强度等级的水泥为一取样单位，不足 200 t 也作为一取样单位，进行验收检验。水泥品质的检验，应按现行的国家标准进行。具体内容详见《水工混凝土施工规范》(SL 677—2014)11.2.3。

10.3.1.4 外加剂

外加剂验收检验的取样单位按掺量划分。掺量不小于 1% 的外加剂以不超过 100 t 为一取样单位，掺量小于 1% 的外加剂以不超过 50 t 为一取样单位，掺量小于 0.05% 的外加剂以不超过 2 t 为一取样单位。不足一个取样单位的应按一个取样单位计。具体内容详见《水工混凝土施工规范》(SL 677—2014)11.2.6。

10.3.2　混凝土试件

(1)混凝土试件的成型与养护所需仪器设备与设施如下：

①抗压试模：150 mm×150 mm×150 mm 的立方体试模为标准试模。

②抗渗试模：上口直径 175 mm、下口直径 185 mm、高 150 mm 的截头圆锥体。

③抗冻试模：100 mm×100 mm×400 mm 的棱柱体。

④振动台：频率(50±3) Hz，空载时台面中心振幅(0.5±0.1) mm。

⑤捣棒：直径为(16±0.5) mm，长约 650 mm，一端为弹头型的金属圆棒。

⑥养护室：标准养护室温度应控制在(20±2) ℃；相对湿度 95％以上。应为雾室，试件表面呈潮湿状态，不被水直接淋刷。断电 5 h 室内温度变化不超 2 ℃。在没有标准养护室时，试件可在(20±2) ℃的饱和石灰水中养护，但需在报告中说明。

具体内容详见《水工混凝土试验规程》(SL/T 352—2020)5.1.2。

(2)同强度等级(标号)混凝土试件取样数量应遵守下列规定：

①抗压强度：大体积混凝土 28 天龄期每 500 m³成型 1 组，设计龄期每 1000 m³成型 1 组；结构混凝土 28 天龄期每 100 m³成型 1 组，设计龄期每 200 m³成型 1 组。每一浇筑块混凝土方量不足以上规定数字时，也应取样成型 1 组试件。

②抗拉强度：28 天龄期每 2000 m³成型 1 组，设计龄期每 3000 m³成型 1 组。

③抗冻、抗渗或其他特殊指标应适当取样，其数量可按每季度施工的主要部位取样成型 1～2 组。

具体内容详见《水工混凝土施工规范》(SL 677—2014)11.5.3。

(3)对混凝土试件强度的代表性有怀疑时，可从结构物中钻取混凝土芯样试件或采用无损检验方法，按有关标准规定对结构物的强度进行检测，如仍不符合要求，应对已建成的结构物，按实际条件验算结构的安全度，采取必要的补救措施或其他处理措施。

(4)已建成的结构物，应进行钻孔取芯和压水试验。大体积混凝土取芯和压水试验可按每万立方米混凝土钻孔 2～10 m，具体钻孔取样部位、检测项目与压水试验的部位、吸水率的评定标准，应根据工程施工的具体情况确定。钢筋混凝土结构物应以无损检测为主,必要时采取钻孔法检测混凝土。具体内容详见《水工混凝土施工规范》(SL 677—2014)11.5.10。

10.3.3 钢筋

钢筋使用前应做拉力、冷弯试验。需要焊接的钢筋还应做焊接工艺试验。具体内容详见《水工混凝土施工规范》(SL 677—2014)4.2.2。

钢筋应分批试验,以同一炉(批)号、同一截面尺寸的钢筋为一批,每批重量不大于60 t。具体内容详见《水工混凝土施工规范》(SL 677—2014)4.2.3。

钢筋接头的质量检验,应分批进行外观检查和力学性能检验,并应按下列规定作为一个检验批:

(1)闪光对焊接头:在同一台班内,由同一焊工完成的300个同牌号、同直径钢筋焊接接头应作为一批。当同一台班内焊接的接头数量较少,可在一周之内累计计算,累计仍不足300个接头时,应按一批计算。力学性能检验时,应从每批接头中随机切取6个接头,其中3个做拉伸试验,3个做弯曲试验。具体内容详见《钢筋焊接及验收规程》(JGJ 18—2012)5.3.1。

(2)电弧焊接头:在现浇混凝土结构中,应以300个同牌号钢筋、同形式接头作为一批;在房屋结构中,应在不超过连续二楼层中300个同牌号钢筋、同形式接头作为一批;每批随机切取3个接头,做拉伸试验。具体内容详见《钢筋焊接及验收规程》(JGJ 18—2012)5.5.1。

(3)电渣压力焊接头:在现浇钢筋混凝土结构中,应以300个同牌号钢筋接头作为一批;在房屋结构中,应在不超过连续二楼层中300个同牌号钢筋接头作为一批;当不足300个接头时,仍应作为一批;每批随机切取3个接头做拉伸试验。具体内容详见《钢筋焊接及验收规程》(JGJ 18—2012)5.6.1。

(4)气压焊接头:在现浇钢筋混凝土结构中,应以300个同牌号钢筋接头作为一批;在房屋结构中,应在不超过连续二楼层中300个同牌号钢筋接头作为一批;当不足300个接头时,仍应作为一批。

在柱、墙的竖向钢筋连接中,应从每批接头中随机切取3个接头做拉伸试验;在梁、板的水平钢筋连接中,应另切取3个接头做弯曲试验。具体内容详见《钢筋焊接及验收规程》(JGJ 18—2012)5.7.1。

(5)机械接头:对每种类型、级别、规格、材料、工艺的钢筋机械连接接头,型式检验试件不应少于12个,其中钢筋母材拉伸强度试件不应少于3个,单向拉伸试件不应少于 3 个,高应力反复拉压试件不应少于 3 个,大变形反复拉压试件不应少于 3 个。具体内容详见《钢筋机械连接技术规程》(JGJ 107—2016)5.0.2。

10.3.4　土料和沙砾(卵)料回填

土料和沙砾(卵)料每层回填施工后应根据压实取样数量的要求做压实度检测,经检测合格后方可进行下一层的夯实。

(1)建筑物附近每层在 50 m² 范围内应有一个压实度检测点,不足 50 m² 至少应有一个检测点。

(2)新筑及加高每 15～50 cm(根据压实机具种类)一层,填筑量 100～200 m³ 取样 1 个,取样不足 3 个时,也应取样 3 个。

(3)吹填施工每 200～400 m³ 取样 1 个。

(4)建筑物地基填土处理检测组数。大基坑每 50～100 m² 面积内不应少于一个点;对基槽每 10～20 m 不应少于一个点;每个独立柱基不应少于一个点。

(5)土方路基检测。每 200 m 每压实层测 4 处。

具体内容详见《水利水电工程单元工程施工质量验收评定标准——堤防工程》(SL 634—2012)。

10.3.5　土工合成材料

10.3.5.1　土工布和复合土工膜

土工布按交货批号的同一品种、同一规格的产品作为检验批,采用抽样的方法进行检验。对于内在质量检验,随机抽取 1 卷,距端头至少 3 m 剪取样品,其尺寸应满足所有内在质量指标性能试验。对于外在质量检验,根据同一批的卷数抽样,一批的卷数小于等于 50 的,批样最少抽样卷数为 2 卷,一批的卷数大于等于 51 的,批样最少抽样卷数为 3 卷。具体内容详见《土工合成材料　短纤针刺非织造土工布》(GB/T 17638—2017)6 检验规则。

复合土工膜按交货批号的同一品种、同一规格的产品作为检验批,根据同一批的卷数抽样,一批的卷数小于等于 50 的,批样最少抽样卷数为 2 卷,一批的卷数大于等于 51 的,批样最少抽样卷数为 3 卷。具体内容详见《土工合成材料　非织造布复合土工膜》(GB/T 17642—2008)6 检验规则。

10.3.5.2　闭孔泡沫板

同一规格的产品数量不超过 2000 m 为一批，不足 2000 m 也应测一组，取样时根据出厂合格证和出厂检验报告随机抽取，试件大小约 2 m²。具体内容详见《绝热用挤塑聚苯乙烯泡沫塑料（XPS）》（GB/T 10801.2—2018）。

10.3.5.3　止水材料

B 类、S 类止水带以同标记、连续生产的 5000 m 为一批（不足 5000 m 按一批计），从外观质量和尺寸公差检验合格的样品中随机抽取足够的试样进行物理性能试验，J 类止水带以每 100 m 制品所需的胶料为一批，抽取足够胶料单独制样进行物理性能检验。具体内容详见《高分子防水材料　第 2 部分：止水带》（GB 18173.2—2014）6.1.1.1。

铜及钢止水带每批应由同一牌号、状态和规格组成，每批重量应不大于 4500 kg（如该批为同一熔次，则批重可不大于 10000 kg），取样根据检验项目确定。具体内容详见《铜及铜合金带材》（GB/T 2059—2017）5 检验规则。

10.4　工程实体质量检验

工程实体质量检验主要是对单元（工序）工程进行检验，单元（工序）工程完工后，施工单位应在规定时间内对工程施工质量进行现场检验，现场检验应遵循随机布点与监理工程师现场指定区位相结合的原则，检验结果应及时、客观、真实地填写入《水利水电工程施工质量评定表》并报监理单位复核。

单元（工序）工程质量检验原则如下：

（1）施工单位应依据工程设计要求、施工技术标准和合同约定，确定检验项目及数量并进行自检，自检过程应有书面记录。

（2）施工单位报验工序质量时，应提交各班（组）的初检记录、施工队复检记录、施工单位专职质检员终检记录。

（3）检验项目分为主控项目和一般项目。

（4）根据检验项目不同，检验方法有观察、查阅施工记录、取样试验、现场试验、量测、仪器测量、声波监测（需要时采用）、方格网布点检查、抽测等。具体检验方法可参见《水利水电工程单元工程施工质量验收评定标准》（SL 631—2012～SL 637—2012、SL 638—2013 和 SL 639—2013）。

具体内容详见《水利水电工程施工质量检验与评定规程》（SL 176—2007）

4.2.1、4.3.5,《水利水电工程单元工程施工质量验收评定表及填表说明》(上、下册)。

10.5　检验不合格项处理

(1)工程中出现检验不合格的项目时,应按以下规定进行处理:

①单元(工序)工程质量不合格时,应按合同要求进行处理或返工重做,并经重新检验且合格后方可进行后续工程施工。

②混凝土(砂浆)试件抽样检验不合格时,应委托具有相应资质等级的质量检测单位对相应工程部位进行检验。如仍不合格,应由项目法人组织有关单位进行研究,并提出处理意见。

③工程完工后的质量抽检不合格,或其他检验不合格的工程,应按有关规定进行处理,合格后才能进行验收或后续工程施工。

具体内容详见《水利水电工程施工质量检验与评定规程》(SL 176—2007)4.1.12。

(2)经验收不合格的工程材料、构配件和设备,施工企业应采取记录、标识、隔离的措施,防止其被误用的可能,并应按规定的程序进行处理,记录处理结果。具体内容详见《工程建设施工企业质量管理规范》(GB/T 50430—2017)8.5.1。

第 11 章　档案管理

11.1　档案资料管理

（1）工程档案管理实行以单位工程文件形成立卷制度。参建单位在工程建设管理中所形成的全部档案资料，均应按本章档案管理办法收集、整理、立卷和归档，移交项目法人档案管理部门集中管理，任何单位或个人不得据为己有或拒绝归档。

（2）工程档案工作与工程建设实行"三同步，一超前"管理。即从工程建设项目论证时，要同步开始进行文件材料的收集、积累和整理工作；签订施工协议（合同）文书时，应明确提出对工程档案（包括竣工图）的质量、份数、审核和移交工作的要求和违约责任；进行工程中间验收（包括单位工程与项目合同验收），必须首先验收应归档文件材料的完整程度与整理质量，并及时将工程各阶段验收材料整理归档。

（3）施工单位档案人员要参加设备开箱工作，特别要做好引进技术、设备资料和图纸的收集、登记、整理与归档工作，确保有关文件材料的齐全、完整。

（4）为了加强档案利用与管理，档案管理部门要完善提供利用手段与措施。凡属密级档案（含秘密、机密、绝密），必须按国家保密法规管理，做好保密工作。对已超过保管期限的工程档案，应按水利部《水利工程建设项目档案管理规定》（水办〔2021〕200 号）进行鉴定，有保存价值的保管期限应延长，无保存价值的可以销毁。

（5）各参建单位现场机构应配置适宜安全保存档案资料的专用库房及装具，并配备适应档案现代化管理的技术设备。

11.2　工程档案资料归档范围、整理、汇总

(1)档案资料必须完整、准确、系统。分类清楚,组卷合理。所有归档材料要做到数据真实一致,字迹清楚、图面整洁,签字手续完备;案卷线装(去掉金属物),结实美观;图片、照片等要附以有关情况说明;卷皮、卷内目录、备考表,档盒脊背内容一律用微机发排;文件材料的载体和书写材料应符合耐久性要求;案卷应符合《科学技术档案案卷构成的一般要求》(GB/T 11822—2008)及《建设项目档案管理规范》(DA/T 28—2018)的要求。

工程文件材料的归档范围与保管期限参考《水利工程建设项目文件归档范围和档案保管期限表》,详见附录 O。

归档图纸按《技术制图　复制图的折叠方法》(GB/T 10609.3—2009)要求统一折叠。

(2)竣工图是工程档案的重要组成部分,必须做到准确、清楚,真实反映工程竣工时的实际情况。施工单位一定要在施工过程中,认真做好施工记录、检测记录、交接验收记录和签证,及时编制好竣工图及变更文件。图纸修改方式要规范,更改内容要在相关图纸和相关部位上修改到位并注明修改依据,变更依据性文件上应注明被修改的图号。竣工图标题栏已标明竣工图的可不加盖竣工图章,竣工图章式样如图 11-1 所示,但应加盖监理方竣工图审核章,竣工图审核章如图 11-2 所示。由施工图编制为竣工图的,编制单位需加盖竣工图章。施工图变更较多,幅面超过 20% 的应重新绘制竣工图。要严格履行审核签字手续,监理单位要审核把关,相关负责人要逐张签名并填写日期,每套竣工图应附编制说明、鉴定意见和目录。

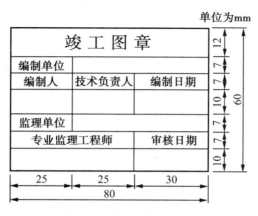

图 11-1　竣工图章式样

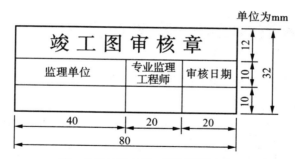

注：此章加盖在竣工图标题栏上方。

图 11-2 竣工图审核章式样

竣工图的编制形式和深度可按以下情况区别对待：

①凡按图施工，没有变动的，可利用原施工图作为竣工图。

②凡在施工中，虽有一般性设计变更，但能在原施工图上修改、补充的，可由施工单位在原施工图上注明修改部分与修改依据和施工说明后，作为竣工图。

③凡结构改变、工艺改变、平面布置改变、项目改变以及有其他重大变更，原施工图不能代替或利用的，必须重新绘制竣工图，并在其说明栏内注明重新绘制的原因或有关变更依据。

（3）反映建设项目过程的图片、照片（包括底片或电子文件）、胶片、录音、录像等声像材料，是工程档案的重要内容，应按其种类分别整理、立卷，并对每个画面附以比较详细的语言或文字说明。对隐蔽工程、工程关键部位的施工，尤其对重大事件、事故，必须有完整的文字和声像材料。有关单位特别是监理、施工单位从施工初期就应指定专人负责，认真做好记录并随时加以整理、注释，随工程档案一并移交。

（4）归档套（份）数要求如下：

①全部档案材料共提交套数根据需求确定。其中项目法人保存正本（原件）一套，运营、现场建管机构等保存副本。照片一套存正本，照片光盘分存正本和副本。

②电子文件应与纸质文件同时归档，并符合《电子文件归档与电子档案管理规范》（GB/T 18894—2016）要求。

11.3　水利工程项目档案立卷及整编要求

11.3.1　组织案卷

11.3.1.1　组卷原则

案卷是由互有联系的若干文件组合而成的档案保管单位。组成案卷要遵循文件的形成规律,保持案卷内文件材料的有机联系,相关的文件材料应尽量放在一起,便于档案的保管和利用。做到组卷规范、合理,符合国家或行业标准要求。

11.3.1.2　组卷要求

(1)案卷内文件材料内容必须准确反映工程建设与管理活动的真实内容。

(2)案卷内文件材料要齐全、完整。

(3)案卷内文件材料的载体和书写材料应符合耐久性要求。禁止使用热敏纸,禁止使用铅笔、圆珠笔、红墨水、纯蓝墨水、复写纸等书写(包括拟写、修改、补充、注释或签名)。

(4)归档目录与归档文件关系清晰,各级类目设置清楚,能反映工程特征和工程实况。

11.3.1.3　组卷方法

根据《水利工程建设项目文件归档范围和档案保管期限表》划分文件材料的类别,按文件种类组卷。并应注意单位工程的成套性,分部工程的独立性,在分部工程的基础上,做好单位工程的立卷归档工作。同一类型的文件材料以分部或单位工程组卷,如工程质量评定资料以分部工程组卷,竣工图以单位工程或不同专业组卷,管理性文件材料以标段或项目组卷。

11.3.2　案卷和案卷内文件材料的排列

卷内文件要排列有序,工程文件材料及各类专门档案材料的卷内排列次序,可先按不同阶段分别组成案卷,再按时间顺序排列案卷。

(1)基建类案卷按项目依据性材料、基础性材料、工程施工、工程竣工验收等排列。

(2)科研类案卷按课题准备立项阶段、研究实验阶段、总结鉴定阶段、成果申报奖励和推广应用等阶段排列。

（3）设备类案卷按设备依据性材料、外购设备开箱验收（自制设备的设计、制造、验收）、设备安装调试、随机文件材料、设备运行、设备维护等排列。

（4）案卷内管理性文件材料按问题、时间或重要程度排列，并以件为单位编号及编目。一般正文与附件为一件，并正文在前，附件在后；正本与定稿为一件，并正本在前，定稿在后，依据性材料（如内部请示、领导批示及相关的文件材料）放在定稿之后；批复与请示为一件，并批复在前，请示在后；转发文与被转发文为一件，并转发文在前，被转发文在后；来文与复文为一件，复文在前，来文在后；原件与复制件为一件，并原件在前，复制件在后；会议文件按分类以时间顺序排序。

（5）文字材料在前，图样在后。

（6）竣工图按专业、图号排列。

11.3.3 案卷的编制

11.3.3.1 案卷封面的编制

案卷内的文件材料基本情况，是通过案卷封面揭示出来的，同时，封面又起着保护卷内文件材料的作用。

案卷封面可采用案卷外封面（卷盒）和案卷内封面（软卷皮）两种形式。内封面排列在卷内目录之前。案卷封面的内容应包括以下项目：

（1）案卷题名：案卷题名应简明、准确地揭示卷内科技文件的内容。主要内容包括项目名称（工程、课题、设备等）、文件材料的内容特征（阶段、专业、工序等）、文件名称（质量评定、工作报告、施工图、竣工验收鉴定书等）。

（2）立卷单位：填写负责文件材料组卷的部门或项目负责部门。

（3）起止日期：填写案卷内科技文件材料的起止日期。

（4）保管期限：依据有关规定填写划定的保管期限。

（5）密级：依据保密规定填写卷内科技文件材料的最高密级（无相关要求时可暂不填写）。

（6）档号：档案的编号填写档案的分类号和案卷顺序号。

（7）档案馆号：填写国家档案行政管理部门赋予的代号（无相关要求时可暂不填写）。

11.3.3.2 卷盒脊背的编制

卷盒脊背与封面卷皮的案卷题名、档号、保管期限应一致,档案盒脊背、封面样式及规格见图 11-3,脊背参考样例见图 11-4,封面参考样例见图 11-5、图 11-6、图 11-7。

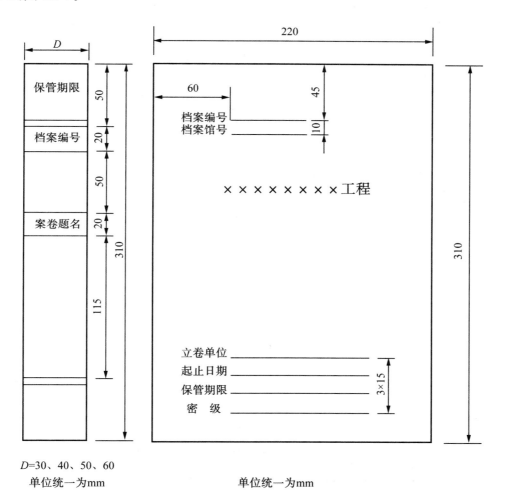

D=30、40、50、60

单位统一为mm

单位统一为mm

图 11-3　档案盒脊背、封面样式及规格

保管期限 永久	保管期限 长期	保管期限 长期
档号	档号	档号
DG13.1-S4	DG13.1-S4-1	DG13.1-S4-2
案卷题名	案卷题名	案卷题名
××××工程 ××××段输水工程 ××××标段 施工档案全引目录	××××工程 ××××段输水工程 ××标段0+000～20+000单位工程 工程开工作业指导书、设计交底	××××工程 ××××段输水工程 ××标段0+000～20+000单位工程 施工组织设计、技术方案

注:永久是小二号,档号、案卷题名内容是三号字,字体是黑体加粗。前2行内容以初设批复文件为准。

图 11-4　脊背参考样例

×××××工程
×××××××××××段工程

×××××工程
×××××

标段:施工×标

单位工程:×××××××段工程

×××××公司

×××××段工程施工×标项目经理部

××××年×月

注:小标题小二号字,中间大标题 28 号字,下面标段及落款三号字。黑体。

图 11-5　封面参考样例一

××××××××××工程

××××段工程

单元工程施工质量评定

标段：施工×标

单位工程：××××××××段工程

分部工程：××××分部工程

××××××××公司

×××××××段工程施工×标项目经理部

××××年×月

注：小标题小二号字，中间大标题28号字，下面标段及落款三号字、黑体。

图 11-6　封面参考样例二

×××××××××××工程

×××××××××段工程

施工档案全引目录

（×标段）

×××××××公司

××××××工程施工×标项目经理部

××××年×月

注：小标题小二号字，中间大标题 28 号字，标段和落款是三号字。黑体。落款同项目部公章内容。

图 11-7　封面参考样例三

11.3.3.3　卷内文件材料页号的编写

（1）案卷内文件材料均以有书写内容的页面编写页号，逐页编号，不得遗漏或重号。

（2）单面书写的文件材料在其右下角编写页号；双面书写的文件材料，正面在其右下角，背面在其左下角编写页号。

（3）印刷成册的文件材料分件成卷可不装卷皮，逐件加盖档号章，档号章式样见图 11-8。原目录可代替卷内目录，不必重新编写页号，卷内目录只填写文件题名及起止页号，放置文件前即可；与其他文件材料组成一卷的，应排在卷内文件材料最后（不用装订卷皮内），将其作为一份文件填写卷内目录，不必重新编写页号，但需要在卷内备考表中说明并注明总页数。

单位为mm

注：档号同档盒脊背档号，序号为档案卷内件号。卷内不装订的图纸

　　则逐页加盖档号章；分件装件组卷的文件材料逐件加盖档号章。

图 11-8　档号章式样

（4）卷内目录、卷内备考表不编写页号。

11.3.3.4　卷内目录的编制

卷内目录是登录卷内文件题名及其他特征并固定文件排列次序的表格，排列在卷内文件之前（卷内目录左上角填写档号），其式样见图 11-9，内容用 5 号宋体。

卷内目录应包含以下内容：

序号：卷内文件材料件数的顺序用阿拉伯数字从"1"起依次标注。

文件编号：填写文件材料的文号、图样的图号、设备代号等。

责任者：填写文件材料的形成部门或主要责任者。

文件材料题名：填写文件材料标题的全称，不要随意更改或简化；没有标题的应拟写标题外加"[]"号；会议记录应填写主要议题。

日期：填写文件材料的形成日期，应包含"年、月、日"，如可写为 20211201。

页号：填写每份文件材料首页上标注的页号，末尾一份文件则标注起止页号。

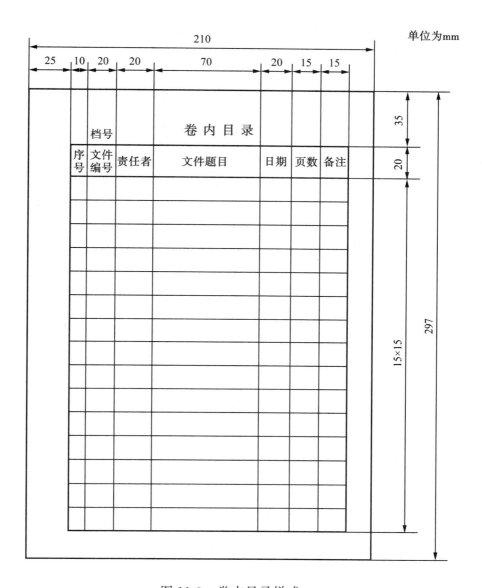

图 11-9　卷内目录样式

11.3.3.5　卷内备考表的编制

（1）卷内备考表是卷内文件状况的记录单，排列在卷内文件之后，内容用 5 号宋体，其式样见图 11-10。

（2）卷内备考表要注明案卷内文件材料的件数、页数以及在组卷和案卷提供使用过程中需要说明的问题；应有责任立卷人和案卷质量审核人签名；应填写完成立卷和审核的日期。

（3）互见号应填写反映同一内容不同载体档案的档号，并注明其载体类型，载体类型用括号括起。

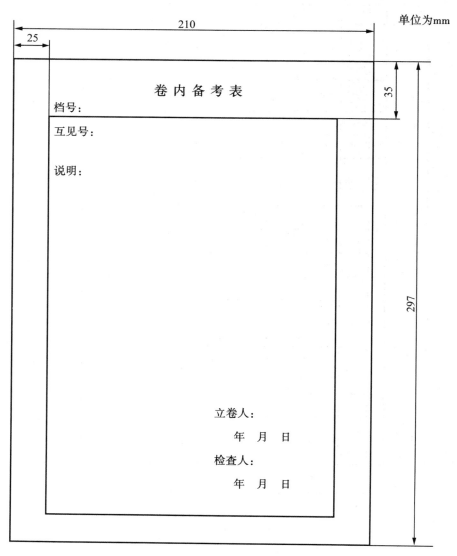

图 11-10　卷内备考表式样

11.3.4　案卷的装订

（1）文件材料线装（采用三孔一线方法装订），去掉金属物；破损的文件材料要先修复，不易修复的应复制，与原件一并立卷；剔除空白纸和重复（份）材料。

（2）案卷内不同幅面的文件材料要折叠为统一幅面，幅面一般采用国际标准 A4 型（297 mm×210 mm）。

（3）文字材料可采用整卷装订与单份文件装订两种形式。同一项目要统一。

要求整卷装订，外包牛皮纸软卷皮，卷内目录和卷内备考分别装订在软卷皮内首和尾。一般一盒内一卷，厚度一般不超过 4 cm。一卷文件材料较少者，也可以用薄盒装放。

特殊情况也可以一盒多卷，但必须显示每卷档号及各卷主题内容，以便于检索、统计和利用。

若卷目归档内容较多，可根据情况分至多卷（册）。例如单元工程质量评定等，一个分部工程档案内容可装订为一卷或多卷（册），案卷顺序号顺延。

如果同一内容材料较多，形成多卷，案卷题名要用部位或时间段等方式标注以做区分，不能出现完全一样的案卷题名。

11.3.5　图样的整编

图样要求按卷（册）装订。原成册图样（3♯图）符合档案要求的可原卷（册）归档，将图纸成册对折，装入档案盒内并编写竣工图纸说明，填写卷内目录、卷内备考。

特殊图样可不装订，幅面统一按国际标准 A4 型（297 mm×210 mm）以手风琴式正反来回折叠，标题栏露在右下角。并在图样的标题栏框上空白处加盖档号章，逐页编件号。填写卷内目录，卷内备考，顺序排列。

11.3.6　档案装具

卷皮、卷内目录、卷内备考表、卷盒、案卷脊背及声像档案装具一律执行国家标准。上述装具由各建管机构统一组织制作。

11.3.7　声像材料归档

声像材料归档要求依据《照片档案管理规范》（GB/T 11821—2002）和《磁性载体档案管理与保护规范》（DA/T 15—95）的规定执行。

11.3.7.1　声像材料说明的编写方法和要求

（1）文字说明要求准确概括地揭示照片内容，一般不超过 200 字，其成分包括事由、时间、地点、人物（姓名、身份）、背景、摄影者等六要素，时间用阿拉伯数字表示。

（2）总说明和分说明：一般应以照片的自然张为单元编写说明，一组（若干张）联系密切的照片应加总说明，总说明应概括揭示该组照片所反映的全部信息内容及其他需说明事项，在相册首页"照片总说明"内书写；同时相册内每张照片都应附有说明，准确概括说明照片内容。

（3）说明采用横写格式分段书写，包含照片题名、照片号/底片号、天气、参见号、摄影者、拍摄时间及文字说明。

11.3.7.2　照片的整理方法

（1）分类：一般应在全宗内按年代—问题进行分类。分类应保持前后一致，不能随意变动。

（2）根据分类情况组卷，将照片与说明一起固定在芯页正面（规格：297 mm×210 mm），案卷芯页以三十页左右为宜。并附卷内目录与卷内备考表。

（3）卷内目录：以照片的自然张或有总说明的若干张为单元填写卷内目录。照片号即案卷内照片的顺序号；照片题名即在尽量保证基本要素内容完整的前提下，将文字说明改写成照片名称，一般不应超过50字；参见号即与本张（组）照片有联系的其他档案的档号。

11.3.7.3　视频文件的整理方法

（1）视频文件应为原始拍摄，画面清晰、连续，单个视频不少于2 min；可裁剪但不编辑，有制作要求的除外。

（2）视频文件名称应简洁、准确表明拍摄内容，并包含拍摄/制作日期。对于事件、工艺或工序等有时间先后顺序的视频文件，应按逻辑关系顺序排列。

（3）按视频内容类别建立文件夹、子文件夹并明确相应名称。

11.3.8　电子文件材料归档

（1）归档的电子文件应使用不可擦除型光盘；无病毒、划伤，能正常被计算机识别、运行，并能准确输出。

（2）电子文件应附内容说明。

（3）声像材料及电子文件保管所用装具及保管条件一律执行国家统一标准、规定。

11.3.9　案卷全引目录的编制

归档的工程文件材料整理立卷后,要编制档案案卷全引目录(胶印装订),排在工程材料前面。案卷全引目录盒不编制(案卷)顺序号,并且提交光盘,以便汇总。

案卷目录表中序号即案卷顺序号。"编制单位"填写案卷内科技文件材料的形成单位或主要责任者。"件数"填写卷内目录中件数。

案卷全引目录共分 3 部分,即案卷目录、卷内目录、目录最后附档案交接单,必须由部门负责人签字和单位盖章。案卷目录式样见图 11-11,档案交接单式样见图 11-12、图 11-13。

案卷目录

××标段

序号	档号	案卷题名	编制单位	起止日期	保管期限	件数	备注

注:填写内容用 5 号宋体。编制单位填写案卷内科技文件材料的形成单位或主要责任者。起止日期填写卷内文件材料起止日期。

图 11-11　案卷目录式样

××工程
档案交接单

本单附有目录　张，包含工程档案资料　卷。

（其中永久　卷，长期　卷，短期　　卷；在永久卷中包含竣工图　张）

归档或移交单位（签章）：

经手人：　年　月　日

接收单位（签章）：

经手人：　年　月　日

图 11-12　档案交接单式样一

水利工程建设项目档案交接单

移交单位 （部门）			接收单位 （档案管理机构）	
工程项目名称				
档案编号				
载体类型	纸质档案（归档文件、施工图、竣工图）、照片档案、光盘（硬盘）、实物			

数量套别	总盒数 （盒）	档案 数量 （卷）	其中：不同载体档案数量				案卷 目录 （套）	卷内 目录 （套）
			纸质档案 （卷）	图纸 （张/卷）	照片档案 （张/册）	光盘（硬盘） （张/册）		
第 1 套								
第 2 套								
……								

移交说明	
接收意见	

移交单位 （部门）	单位负责人签字： （盖章）　年　月　日	接收单位	单位负责人签字： （盖章）　年　月　日
	档案工作人员签字： 　年　月　日		档案工作人员签字： 　年　月　日

注：本表一式两份，分别由移交单位和接收单位保管。

图 11-13　档案交接单式样二

11.4 水利工程项目档案分类编号

11.4.1 说明

工程项目类档案编号以"卷"为档案保管单位，档案编号由项目法人确定，一般采用三级编号法，具体内容如下：

［大类（单项工程代号＋设计单元工程代号）］—［属类号（文件材料类别）］—［保管单位（案卷）顺序代号］

工程项目较大，有多个或多批次单项工程、设计单元时，可采用四级编号法，在三级编号法编号的首位前增加一级工程档案代号。

11.4.2 档案编号结构形式参考

档案编号结构参考形式如图 11-14 所示。

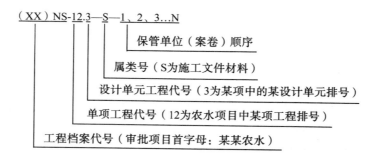

图 11-14 档案编号结构参考形式

11.4.3 工程项目档案编号的确定

第一级（大类）：由单项工程和设计单元工程组成，由项目建设批准单位的档案管理部门确定。

第二级（属类）：由工程建设项目的具体内容（类别）结合参建单位的分标方案组成，由最高一级建设管理单位（项目法人）的档案管理部门确定，即档案由哪家单位管理保存，由哪家单位给定。

第三级（顺序号）：保管单位（案卷）顺序号是由各标段参建单位按照所归

档的案卷的排列顺序确定。

11.4.4 档案编号使用

（1）大类：代表固定意义。由项目建设批准单位的档案管理部门确定，一般可在给定的《单项工程、设计单元工程档案编号对照表》中查找。

（2）属类：代表固定意义。可参考以下 8 项确定：

G 类：工程建设前期与建设管理文件材料；S 类：施工文件材料；J 类：监理文件材料；D 类：机电设备、采购文件材料；A 类：安全检测文件材料；C 类：财务与资产管理文件；K 类：科研、信息系统开发项目文件材料；Y 类：运行、试运行及完工（竣工）验收文件材料。

各项目工程、设计单元工程根据工程具体情况确定属类号，并根据各属类归档文件内容组卷。

（3）属类数字部分的使用。建设管理局（项目法人）管理多个单项和设计单元工程，因此工程现场管理档案的编号适用于以设计单元为单位进行档案管理和验收。档案编号可以结合分标方案及依据批复的项目划分内容组成确定。根据工程实际情况，二级属类号后加编施工标段号，施工档案资料应以单位工程组卷。单位工程是独立验收单位，案卷题名中必须明确单位工程名称。

如果在一个设计单元工程中有多个"工程段"的工程，每个"工程段"有两个以上的施工标段，并已设定标段号各从"1"开始，可在第二级属类号前加编"工程段"工程编号，编号采用阿拉伯数字，顺序自定。

（4）保管单位（案卷）顺序号的使用。建设单位以设计单元工程编制顺序号；监理、施工单位以合同标段编制顺序号。如果一个标段含有多个属类，各属类案卷顺序号连续顺延。

附　录

附录 A　施工指南引用资料

本施工指南主要引用下列资料：

《中华人民共和国安全生产法》(2021 年修订版)

《中华人民共和国建筑法》(2019 年修订版)

《中华人民共和国特种设备安全法》(2013 年发布)

《建设工程安全生产管理条例》(2003 年发布)

《水利工程建设安全生产管理规定》(2019 年修订版)

《中华人民共和国标准施工招标文件(2007 年版)》

《水利工程质量检测管理规定》(2019 年修订版)

《通用硅酸盐水泥》(GB 175—2007)

《通用硅酸盐水泥》国家标准第 1 号修改单(GB 175—2007/XG1—2009)

《通用硅酸盐水泥》国家标准第 2 号修改单(GB 175—2007/XG2—2015)

《通用硅酸盐水泥》国家标准第 3 号修改单(GB 175—2007/XG3—2018)

《钢筋混凝土用钢　第 1 部分：热轧光圆钢筋》(GB/T 1499.1—2017)

《钢筋混凝土用钢　第 2 部分：热轧带肋钢筋》(GB/T 1499.2—2018)

《爆破安全规程》(GB 6722—2014)

《爆破安全规程》国家标准第 1 号修改单(GB 6722—2014/XG1—2016)

《建筑设计防火规范》(GB 50016—2014)

《自动化仪表工程施工及质量验收规范》(GB 50093—2013)

《混凝土质量控制标准》(GB 50164—2011)

《建设工程施工现场供用电安全规范》(GB 50194—2014)

《建筑地基基础工程施工质量验收标准》(GB 50202—2018)

《砌体结构工程施工质量验收规范》(GB 50203—2011)

《混凝土结构工程施工质量验收规范》(GB 50204—2015)

《钢结构工程施工质量验收标准》(GB 50205—2020)

《木结构工程施工质量验收规范》(GB 50206—2012)

《屋面工程质量验收规范》(GB 50207—2012)

《地下防水工程质量验收规范》(GB 50208—2011)

《建筑地面工程施工质量验收规范》(GB 50209—2010)

《建筑装饰装修工程质量验收标准》(GB 50210—2018)

《机械设备安装工程施工及验收通用规范》(GB 50231—2009)

《工业金属管道工程施工规范》(GB 50235—2010)

《现场设备、工业管道焊接工程施工规范》(GB 50236—2011)

《建筑给水排水及采暖工程施工质量验收规范》(GB 50242—2002)

《给水排水管道工程施工及验收规范》(GB 50268—2008)

《建筑工程施工质量验收统一标准》(GB 50300—2013)

《建设工程监理规范》(GB/T 50319—2013)

《建设工程工程量清单计价规范》(GB 50500—2013)

《混凝土结构工程施工规范》(GB 50666—2011)

《建设工程施工合同(示范文本)》(GF—2017—0201)

《密闭空间作业职业危害防护规范》(GBZ/T 205—2007)

《普通混凝土拌合物性能试验方法标准》(GB/T 50080—2016)

《预应力混凝土用钢绞线》(GB/T 5224—2014)

《绝热用挤塑聚苯乙烯泡沫塑料(XPS)》(GB/T 10801.2—2018)

《科学技术档案案卷构成的一般要求》(GB/T 11822—2008)

《技术制图　复制图的折叠方法》(GB/T 10609.3—2009)

《电子文件归档与电子档案管理规范》(GB/T 18894—2016)

《照片档案管理规范》(GB/T 11821—2002)

《水利水电工程钢闸门制造、安装及验收规范》(GB/T 14173—2008)

《预应力筋用锚具、夹具和连接器》(GB/T 14370—2015)

《建设用砂》(GB/T 14684—2022)

《建设用卵石、碎石》(GB/T 14685—2022)

《土工合成材料　聚乙烯土工膜》(GB/T 17643—2011)

《土工合成材料　短纤针刺非织造土工布》(GB/T 17638—2017)

《土工合成材料　塑料土工格栅》(GB/T 17689—2008)

《管道输水灌溉工程技术规范》(GB/T 20203—2017)

《生产经营单位生产安全事故应急预案编制导则》(GB/T 29639—2020)

《企业安全生产标准化基本规范》(GB/T 33000—2016)

《土工合成材料应用技术规范》(GB/T 50290—2014)

《工程建设施工企业质量管理规范》(GB/T 50430—2017)

《建筑工程绿色施工评价标准》(GB/T 50640—2010)

《建设工程施工现场消防安全技术规范》(GB 50720—2011)

《建筑工程绿色施工规范》(GB/T 50905—2014)

《水电厂自动化元件(装置)安装和验收规程》(DL/T 862—2016)

《水工混凝土掺用粉煤灰技术规范》(DL/T 5055—2007)

《碾压式土石坝施工规范》(DL/T 5129—2013)

《混凝土坝安全监测技术规范》(DL/T 5178—2016)

《水工建筑物止水带技术规范》(DL/T 5215—2005)

《水工建筑物岩石基础开挖工程施工技术规范》(DL/T 5389—2007)

《水电水利工程土工合成材料施工规范》(DL/T 5743—2016)

《钢筋焊接及验收规程》(JGJ 18—2012)

《普通混凝土用砂、石质量及检验方法标准》(JGJ 52—2006)

《建筑施工安全检查标准》(JGJ 59—2011)

《建筑施工高处作业安全技术规范》(JGJ 80—2016)

《钢筋机械连接技术规程》(JGJ 107—2016)

《建筑基坑支护技术规程》(JGJ 120—2012)

《建设工程施工现场环境与卫生标准》(JGJ 146—2013)

《建筑施工土石方工程安全技术规范》(JGJ 180—2009)

《公路工程质量检验评定标准　第一册　土建工程》(JTG F80/1—2017)

《公路路面基层施工技术细则》(JTG/T F20—2015)

《钢筋焊接接头试验方法标准》(JGJ/T 27—2014)

《公路桥涵施工技术规范》(JTG/T 3650—2020)

《公路桥梁加固施工技术规范》(JTG/T J23—2008)

《疏浚与吹填工程技术规范》(SL 17—2014)

《水闸施工规范》(SL 27—2014)

《水工金属结构焊接通用技术条件》(SL 36—2016)

《水工建筑物水泥灌浆施工技术规范》(SL/T 62—2020)

《水利水电工程混凝土防渗墙施工技术规范》(SL 174—2014)

《水利水电工程施工质量检验与评定规程》(SL 176—2007)

《水利水电建设工程验收规程》(SL 223—2008)

《堤防工程施工规范》(SL 260—2014)

《水利水电工程岩石试验规程》(SL/T 264—2020)

《水利工程施工监理规范》(SL 288—2014)

《水利水电工程施工组织设计规范》(SL 303—2017)

《泵站设备安装及验收规范》(SL 317—2015)

《水工建筑物地下开挖工程施工规范》(SL 378—2007)

《水利水电工程启闭机制造安装及验收规范》(SL/T 381—2021)

《水利水电工程施工通用安全技术规程》(SL 398—2007)

《水利水电工程土建施工安全技术规程》(SL 399—2007)

《水利水电工程机电设备安装安全技术规程》(SL 400—2016)

《水利水电工程施工作业人员安全操作规程》(SL 401—2007)

《水利工程压力钢管制造安装及验收规范》(SL 432—2008)

《水利水电工程单元工程施工质量验收评定标准——土石方工程》
(SL 631—2012)

《水利水电工程单元工程施工质量验收评定标准——混凝土工程》
(SL 632—2012)

《水利水电工程单元工程施工质量验收评定标准——地基处理与基础工
程》(SL 633—2012)

《水利水电工程单元工程施工质量验收评定标准——堤防工程》
(SL 634—2012)

《水利水电工程单元工程施工质量验收评定标准——水工金属结构安装
工程》(SL 635—2012)

《水利水电工程单元工程施工质量验收评定标准——水轮发电机组安装
工程》(SL 636—2012)

《水利水电工程单元工程施工质量验收评定标准——水力机械辅助设备系统安装工程》（SL 637—2012）

《水利水电工程单元工程施工质量验收评定标准——发电电气设备安装工程》（SL 638—2013）

《水利水电工程单元工程施工质量验收评定标准——升压变电电气设备安装工程》（SL 639—2013）

《水工混凝土施工规范》（SL 677—2014）

《水利水电工程施工安全防护设施技术规范》（SL 714—2015）

《水利水电工程施工安全管理导则》（SL 721—2015）

《水利水电工程土工合成材料应用技术规范》（SL/T 225—98）

《聚乙烯(PE)土工膜防渗工程技术规范》（SL/T 231—98）

《水工混凝土试验规程》（SL/T 352—2020）

《水利工程建设标准强制性条文（2020年版）》

《水利水电工程标准施工招标文件》（水建管〔2009〕629号）

《建设工程质量管理条例》（2019年修订版）

《安全生产许可证条例》（2014年修订版）

《生产安全事故报告和调查处理条例》（2007年发布）

《民用爆炸物品安全管理条例》（2014年修订版）

《生产安全事故应急条例》（2019年发布）

《保障农民工工资支付条例》（2019年发布）

《消防安全责任制实施办法》（国办发〔2017〕87号）

《水利工程质量管理规定》（2017年修订版）

《水利工程建设安全生产管理规定》（2019年修订版）

《水利工程建设项目管理规定(试行)》（2016年修订版）

《水利水电工程施工企业主要负责人、项目负责人和专职安全生产管理人员安全生产考核管理办法》（水监督〔2022〕326号）

《水利工程建设标准强制性条文管理办法(试行)》（水国科〔2012〕546号）

《水利建设工程文明工地创建管理办法》（水精〔2014〕3号）

《水利部办公厅关于印发水利工程生产安全重大事故隐患清单指南(2021年版)的通知》（办监督〔2021〕364号）

《水利部关于开展水利安全风险分级管控的指导意见》（水监督〔2018〕323号）

《水利工程建设质量与安全生产监督检查办法（试行）》和《水利工程合同监督检查办法（试行）》（水监督〔2019〕139号）

《监督检查办法问题清单（2020年版）》（办监督〔2020〕124号）

《建筑工程预防坍塌事故若干规定》（建质〔2003〕82号）

《生产经营单位安全培训规定》（2015年修订版）

《安全生产事故隐患排查治理暂行规定》（2007年发布）

《企业安全生产费用提取和使用管理办法》（财企〔2012〕16号）

《标本兼治遏制重特大事故工作指南》（安委办〔2016〕3号）

《中华人民共和国水上水下作业和活动通航安全管理规定》（2021年发布）

《山东省水利工程标准化工地建设指南》（2014年版）

《关于建立健全建设扬尘污染防治长效机制的意见》（鲁建城管字〔2017〕18号）

《山东省扬尘污染防治管理办法》（2018年修订版）

《山东省水利厅关于全面推行水利工程建设项目农民工实名制、工资专用账户管理、施工总承包企业直接代发工资等制度的实施意见（试行）》（鲁水建字〔2018〕19号）

《山东省环境保护条例》（2018年修订版）

《山东省水利工程建设质量与安全生产监督检查办法（试行）》（鲁水监督字〔2019〕16号）

《山东省水利工程合同监督检查办法（试行）》（鲁水监督字〔2019〕16号）

《建设项目档案管理规范》（DA/T 28—2018）

《水利工程建设项目档案管理规定》（水办〔2021〕200号）

《山东省南水北调工程项目档案管理办法》

《磁性载体档案管理与保护规范》（DA/T 15—95）

《堤防工程穿堤建筑物与堤身结合部施工质量控制要点》（鲁水建函字〔2020〕14号）

本施工指南未尽事宜，按照国家现行有关规范、标准的规定执行。

附录 B　工程质量终身责任承诺书

工程质量终身责任承诺书(式样)

　　本人＿＿＿＿（姓名）＿＿担任＿＿＿＿＿＿（工程名称）

＿＿＿＿＿＿＿＿＿＿＿＿＿＿＿＿＿＿＿＿＿＿＿工程项目的（建设单位、勘察单位、
设计单位、施工单位、监理单位）项目负责人，对该工程项目的（建设、勘察、设
计、施工、监理）工作实施组织管理。本人承诺严格依据国家有关法律法规及
标准规范履行职责，并对合理使用年限内的工程质量承担相应终身责任。

承　诺　人　签　字：＿＿＿＿＿＿＿＿＿＿

身　份　证　号　码：＿＿＿＿＿＿＿＿＿＿

注册执业资格：＿＿＿＿＿＿＿＿＿＿

注册执业证号：＿＿＿＿＿＿＿＿＿＿

签　字　日　期：＿＿＿年＿＿月＿＿日

附录 C　安全生产目标责任书

安全生产目标责任书

为进一步贯彻落实"安全第一,预防为主,综合治理"的方针,全面加强安全生产监督管理,杜绝重大事故和一般事故的发生,维护＿＿＿工程项目正常的建设秩序,确保＿＿＿工程建设过程中生命财产的安全,根据上级有关部门关于安全生产行政责任追究的相关规定,(项目法人单位)与(施工单位)签订＿＿＿年度安全生产目标管理责任书。

一、管理责任

各参建单位主要负责人是本单位安全工作的第一责任人,对单位的安全工作全面负责。

二、任务目标

(1)生产安全事故控制目标:不发生重伤以上事故;不发生消防安全事件;员工不发生重伤及以上交通事故;不发生单次直接经济损失 10 万元以上的设备损坏责任事故;不发生集体食物中毒事故;全年因工人身轻伤事故率低于 3‰。

(2)安全生产投入目标:安全生产投入满足安全生产、生活需要。

(3)安全生产教育培训目标:严格执行三级安全教育,遵守安全生产法律法规,了解安全生产技术知识,掌握本行业安全生产操作规程。

(4)生产安全事故隐患排查治理目标:安全隐患排查治理制度的建立率达到 100％;隐患排查率达到 100％;隐患的整改监控率达到 100％。

(5)重大危险源监控目标:重大危险源监控达到 100％。

(6)应急管理目标:安全事故事件上报率 100％。

(7)文明施工管理目标:(按照施工合同约定)。

(8)人员机械设备交通消防环境和职业健康等方面的安全管理控制目标:

＿＿＿＿＿＿＿＿＿＿＿。

三、考核奖惩

根据年初制定的工作目标,年终由(项目法人)组织安全生产考核组对安全目标进行全面考核,对完成工作目标的参建单位,(项目法人)将给予以下表彰奖励：

    1、_____

    2、_____

    …_____

    对未能认真履行职责、未能完成全年工作目标的参建单位，将给予以下惩罚处理：

    1、_____

    2、_____

    …_____

    四、本责任书一式三份,(项目法人)和(施工单位)各执一份,存档一份。

    项目法人单位(盖章)   施工单位(盖章)

    法定代表人：   法定代表人：

    年   月   日   年   月   日

附录 D　概况牌

××××工程××××标段概况牌

项目名称		建安费	万元
工程概况			
主要工程量			
预计工期	年　月　日至　　年　月　日		

附录 E 质量与安全责任人公示牌

××××工程×××标段质量与安全责任人公示牌

工程规模：

投资总额：　　　万元

建设工期：　年　月至　年　月

责任单位	名称	单位负责人及办公室电话	项目负责人及办公室电话
水行政主管部门			
建设单位			
质量与安全监督单位			
设计单位			
监理单位			
施工单位			
质量检测单位			

举报电话：×××县(市、区)水利局：　　　×××市水利局：　　　山东省水利厅：

质量与安全事故应急救援电话：

附录 F　材料标识牌

工程名称：

材料标识牌

供货单位		进货日期	
品名		检验状态	
规格		可否使用	
数量		质保证书	
生产企业			

附录 G 混凝土配合比牌

混凝土配合比牌

工程名称：

使用部位				设计强度/MPa			坍落度/mm	
材料名称	水泥	砂		石子	水		掺合料	外加剂
产地及规格								
理论配合比								
每立方米用量/kg								

试验人员：　　　　　　搅拌站负责人：　　　　　　现场施工负责人：

180

附录 H　砂浆配合比牌

工程名称：

砂浆配合比牌

使用部位						稠度/s
材料名称	水泥	砂	水	外加剂		设计强度/MPa
产地及规格						
理论配合比						
施工配合比						
每立方米用量/kg						

试验人员：　　　　　　　　搅拌站负责人：　　　　　　　　现场施工负责人：

附录 I 危险性较大的单项工程清单

I.1 达到一定规模的危险性较大的单项工程

附表 I.1　达到一定规模的危险性较大的单项工程

序号	类别	状态描述	备注
1	基坑支护、降水工程	开挖深度达到 3(含)～5 m 或虽未超过 3 m 但地质条件和周边环境复杂的基坑(槽)支护、降水工程。	
2	土方和石方开挖工程	开挖深度达到 3(含)～5 m 的基坑(槽)的土方和石方开挖工程。	
3	模板工程及支撑体系	1)大模板等工具式模板工程; 2)混凝土模板支撑工程:搭设高度 5(含)～8 m;搭设跨度 10(含)～18 m;施工总荷载 10(含)～15 kN/m²;集中线荷载 15(含)～20 kN/m;高度大于支撑水平投影宽度且相对独立无联系构件的混凝土模板支撑工程; 3)承重支撑体系:用于钢结构安装等满堂支撑体系。	
4	起重吊装及安装拆卸工程	1)采用非常规起重设备、方法,且单件起吊重量在 10(含)～100 kN 的起重吊装工程; 2)采用起重机械进行安装的工程; 3)起重机械设备自身的安装、拆卸。	
5	脚手架工程	1)搭设高度 24(含)～50 m 的落地式钢管脚手架工程; 2)附着式整体和分片提升脚手架工程; 3)悬挑式脚手架工程; 4)吊篮脚手架工程; 5)自制卸料平台、移动操作平台工程; 6)新型及异型脚手架工程。	

序号	类别	状态描述	备注
6	拆除、爆破工程	—	
7	围堰工程	—	
8	水上作业工程	—	
9	沉井工程	—	
10	临时用电工程	—	
11	其他危险性较大的工程	—	

I.2　超过一定规模的危险性较大的单项工程

附表 I.2　超过一定规模的危险性较大的单项工程

序号	类别	状态描述	备注
1	深基坑工程	1)开挖深度超过 5 m(含)的基坑(槽)的土方开挖、支护、降水工程； 2)开挖深度虽未超过 5 m,但地质条件、周围环境和地下管线复杂,或影响毗邻建筑(构筑)物安全的基坑(槽)的土方开挖、支护、降水工程。	
2	模板工程及支撑体系	1)工具式模板工程:包括滑模、爬模、飞模工程； 2)混凝土模板支撑工程:搭设高度 8 m 及以上;搭设跨度 18 m 及以上;施工总荷载 15 kN/m² 及以上;集中线荷载 20 kN/m 及以上； 3)承重支撑体系:用于钢结构安装等满堂支撑体系,承受单点集中荷载 700 kg 以上。	
3	起重吊装及安装拆卸工程	1)采用非常规起重设备、方法,且单件起吊重量在 100 kN 及以上的起重吊装工程； 2)起重量 300 kN 及以上的起重设备安装工程;高度 200 m 及以上内爬起重设备的拆除工程。	

序号	类别	状态描述	备注
4	脚手架工程	1）搭设高度 50 m 及以上的落地式钢管脚手架工程； 2）提升高度 150 m 及以上的附着式整体和分片提升脚手架工程； 3）架体高度 20 m 及以上的悬挑式脚手架工程。	
5	拆除、爆破工程	1）采用爆破拆除的工程； 2）可能影响行人、交通、电力设施、通信设施或其他建、构筑物安全的拆除工程； 3）文物保护建筑、优秀历史建筑或历史文化风貌区控制范围的拆除工程。	
6	其他	1）开挖深度超过 16 m 的人工挖孔桩工程； 2）地下暗挖工程、顶管工程、水下作业工程； 3）采用新技术、新工艺、新材料、新设备及尚无相关技术标准的危险性较大的单项工程。	

附录 J　质量保修书

××××合同工程

质　量　保　修　书

××××公司
年　　月　　日

一、合同项目完成验收情况

本合同项目于××××年××月××日通过合同项目完成验收，质量等级为××。

二、质量保修的范围和内容

根据《××××施工合同》（合同编号：××××），质量保修的范围和内容为本公司所承建的××××、××××。

三、质量保修期

根据施工合同书，质量保修期为：

××××年××月××日～××××年××月××日

四、质量保修责任

本公司按照合同确定的责任承担所承建工程因施工、材料质量原因造成的质量问题。

五、质量保修费用

监理人应会同发包人和承包人共同进行查验，若经查验确属由于承包人施工中隐存的问题或其他由承包人造成的缺陷或损坏，应由承包人承担修复费用；若经查验确属发包人使用不当或其他由发包人造成的缺陷或损坏，则应由发包人承担修复费用。

六、其他

无。

施工单位：××××公司

法定代表人：

年　　月　　日

附录 K　公司文件式样

××××公司文件

单位简称〔年份〕00×号

××××××××××××

××××：

　　正文…………

××××年×月×日

主题词：××××

抄送：(×××、×××)

（共印发×份）

附录 L 项目部文件式样

××××公司文件

××××工程施工×标段项目部文件

单位简称＋工程简称〔年份〕00×号

××××××××××××

××××：

  正文…………

××××年×月×日

主题词：××××

抄送：(×××、×××)

（共印发×份）

附录 M　水利水电施工企业安全生产标准化评审标准

水利水电施工企业安全生产标准化评审标准

说　明

一、适用范围:本标准适用于水利水电施工企业开展安全生产标准化等级评审等相关工作。

二、项目设置:本标准以《企业安全生产标准化基本规范》(GB/T 33000—2016)的核心要求为基础,共设置 8 个一级项目、28 个二级项目和 149 个三级项目。

三、分值设置:本标准按 1000 分设置得分点,并实行扣分制。在三级项目内有多个扣分点的,可累计扣分,直到该三级项目标准分值扣完为止,不出现负分。

四、得分换算:本标准按百分制设置最终得分,其换算公式如下:评定得分=[各项实际得分之和/(1000-各合理缺项分值之和)]×100,最后得分采用四舍五入,保留一位小数。

目　录

1.目标职责(150分)

二级评审项目	三级评审项目	标准分值	评审方法及评分标准	评审描述	实际得分
1.1　目标 (30分)	1.1.1　安全生产目标管理制度应明确目标的制定、分解、实施、检查、考核等内容。	2	查制度文本: 未以正式文件发布,扣2分; 制度内容不全,每缺一项扣1分; 制度内容不符合有关规定,每项扣1分。		
	1.1.2　制定安全生产总目标和年度目标,应包括生产安全事故控制、生产安全事故隐患排查治理、职业健康、安全生产管理等目标。	3	查中长期安全生产工作规划和年度安全生产工作计划等相关文件: 目标未以正式文件发布,扣3分; 目标制定不全,每缺一项扣1分。		
	1.1.3　根据部门和所属单位在安全生产中的职能,分解安全生产总目标和年度目标。	4	查相关文件: 目标未分解,扣4分; 目标分解不全,每缺一个部门或单位扣1分; 目标分解与职能不符,每项扣1分。		
	1.1.4　逐级签订安全生产责任书,并制定目标保证措施。	5	查相关文件: 未签订责任书,扣5分; 责任书签订不全,每缺一个部门、单位或个人扣1分; 未制定目标保证措施,每缺一个部门、单位或个人扣1分; 责任书内容与安全生产职责不符,每项扣1分。		
	1.1.5　定期对安全生产目标完成情况进行检查、评估,必要时,调整安全生产目标。	6	查相关文件和记录: 未定期检查、评估,扣6分; 检查、评估的部门或单位不全,每缺一个扣1分; 必要时,未调整安全生产目标,扣3分。		
	1.1.6　定期对安全生产目标完成情况进行考核奖惩。	10	查相关文件和记录: 未定期考核奖惩,扣10分; 考核奖惩不全,每缺一个部门或单位扣2分。		

续表

二级评审项目	三级评审项目	标准分值	评审方法及评分标准	评审描述	实际得分
1.2 机构与职责（28分）	1.2.1 成立由主要负责人、其他领导班子成员、有关部门负责人等组成的安全生产委员会（安全生产领导小组），人员变化时及时调整发布。	4	查相关文件： 未成立或未以正式文件发布，扣4分； 成员不全，每缺一位领导或相关部门负责人扣1分； 人员发生变化，未及时调整发布，扣2分。		
	1.2.2 按规定设置安全生产管理机构。	5	查相关文件： 未按规定设置，扣5分； 项目部未按规定设置，每个扣2分。		
	1.2.3 按规定配备专（兼）职安全生产管理人员，建立健全安全生产管理网络。	6	查相关文件： 安全管理人员配备不全，每少一人扣2分； 人员不符合要求，每人扣2分。		
	1.2.4 安全生产责任制度应明确各级单位、部门及人员的安全生产职责、权限和考核奖惩等内容。主要负责人全面负责安全生产工作，并履行相应责任和义务；分管负责人应对各自职责范围内的安全生产工作负责；各级管理人员应按照安全生产责任制的相关要求，履行其安全生产职责。	9	查制度文本： 未以正式文件发布，扣2分； 责任制不全，每缺一项扣2分； 责任制内容与安全生产职责不符，每项扣1分。		
	1.2.5 安全生产委员会（安全生产领导小组）每季度至少召开一次会议，跟踪落实上次会议要求，总结分析本单位的安全生产情况，评估本单位存在的风险，研究解决安全生产工作中的重大问题，并形成会议纪要。	4	查相关文件和记录： 会议频次不够，每少一次扣1分； 未跟踪落实上次会议要求，每次扣1分； 重大问题未经安委会（安全生产领导小组）研究解决，每项扣1分； 未形成会议纪要，每次扣1分。		

二级评审项目	三级评审项目	标准分值	评审方法及评分标准	评审描述	实际得分
1.3　全员参与（14分）	1.3.1　定期对部门、所属单位和从业人员的安全生产职责的适宜性、履职情况进行评估和监督考核。	8	查相关记录： 未进行评估和监督考核，扣8分； 评估和监督考核不全，每缺一个部门、单位或个人扣2分。		
	1.3.2　建立激励约束机制，鼓励从业人员积极建言献策，建言献策应有回复。	6	查相关文件和记录： 未建立激励约束机制，扣6分； 未对建言献策回复，每少一次扣1分。		
1.4　安全生产投入（58分）	1.4.1　安全生产费用保障制度应明确费用的提取、使用、管理的程序、职责及权限。	2	查制度文本： 未以正式文件发布，扣2分； 制度内容不全，每缺一项扣1分； 制度内容不符合有关规定，每项扣1分。		
	1.4.2　按照规定足额提取安全生产费用；在编制投标文件时将安全生产费用列入工程造价。	15	查相关文件和记录： 未足额提取，每个项目扣3分； 未将安全生产费用列入工程造价，每个项目扣3分。		
	1.4.3　根据安全生产需要编制安全生产费用使用计划，并严格审批程序，建立安全生产费用使用台账。	8	查相关记录： 未编制安全生产费用使用计划，扣8分； 审批程序不符合规定，扣3分； 未建立安全生产费用使用台账，扣8分； 台账不全，每缺一项扣1分。		
	1.4.4　落实安全生产费用使用计划，并保证专款专用。	18	查相关记录： 未落实安全生产费用使用计划，每项扣3分； 未专款专用，每项扣2分。		
	1.4.5　每年对安全生产费用的落实情况进行检查、总结和考核，并以适当方式公开安全生产费用提取和使用情况。	7	查相关记录： 未进行检查、总结和考核，扣7分； 未公开安全生产费用提取和使用情况，扣3分。		
	1.4.6　按照有关规定，为从业人员及时办理相关保险。	8	查相关记录： 未办理相关保险，扣8分； 参保人员不全，每缺一人扣1分。		

续表

二级评审项目	三级评审项目	标准分值	评审方法及评分标准	评审描述	实际得分
1.5 安全文化建设（10分）	1.5.1 确立本单位安全生产和职业病危害防治理念及行为准则，并教育、引导全体人员贯彻执行。	5	查相关文件和记录： 未确立理念或行为准则，扣5分； 未教育、引导全体人员贯彻执行，扣5分。		
	1.5.2 制定安全文化建设规划和计划，开展安全文化建设活动。	5	查相关文件和记录： 未制定安全文化建设规划或计划，扣5分； 未按计划实施，每项扣2分； 单位主要负责人未参加安全文化建设活动，扣2分。		
1.6 安全生产信息化建设（10分）	1.6.1 根据实际情况，建立安全生产电子台账管理、重大危险源监控、职业病危害防治、应急管理、安全风险管控和隐患自查自报、安全生产预测预警等信息系统，利用信息化手段加强安全生产管理工作。	10	查相关系统： 未建立信息系统，扣10分； 信息系统不全，每缺一项扣2分。		
小计		150	得分小计		

2.制度化管理（60分）

二级评审项目	三级评审项目	标准分值	评审方法及评分标准	评审描述	实际得分
2.1 法规标准识别（10分）	2.1.1 安全生产法律法规、标准规范管理制度应明确归口管理部门、识别、获取、评审、更新等内容。	2	查制度文本： 未以正式文件发布，扣2分； 制度内容不全，每缺一项扣1分； 制度内容不符合有关规定，每项扣1分。		
	2.1.2 职能部门和所属单位应及时识别、获取适用的安全生产法律法规和其他要求，归口管理部门每年发布一次适用的清单，建立文本数据库。	4	查相关文件和记录： 未发布清单，扣4分； 识别和获取不全，每缺一项扣1分； 法律法规或其他要求失效，每项扣1分； 未建立文本数据库，扣4分。		

二级评审项目	三级评审项目	标准分值	评审方法及评分标准	评审描述	实际得分
2.1　法规标准识别（10分）	2.1.3　及时向员工传达并配备适用的安全生产法律法规和其他要求。	4	查相关记录： 未及时传达或配备，扣4分； 传达或配备不到位，每少一人扣1分。		
2.2　规章制度（16分）	2.2.1　及时将识别、获取的安全生产法律法规和其他要求转化为本单位规章制度，结合本单位实际，建立健全安全生产规章制度体系。 规章制度应包括但不限于：1.目标管理；2.安全生产责任制；3.法律法规标准规范管理；4.安全生产承诺；5.安全生产费用管理；6.意外伤害保险管理；7.安全生产信息化；8.安全技术措施审查管理（包括安全技术交底及新技术、新材料、新工艺、新设备设施）；9.文件、记录和档案管理；10.安全风险管理、隐患排查治理；11.职业病危害防治；12.教育培训；13.班组安全活动；14.安全设施与职业病防护设施"三同时"管理；15.特种作业人员管理；16.设备设施管理；17.交通安全管理；18.消防安全管理；19.防洪度汛安全管理；20.施工用电安全管理；21.危险物品和重大危险源管理；22.危险性较大的单项工程管理；23.安全警示标志管理；24.安全预测预警；25.安全生产考核奖惩管理；26.相关方安全管理（包括工程分包方安全管理）；27.变更管理；28.劳动防护用品（具）管理；29.文明施工、环境保护管理；30.应急管理；31.事故管理；32.绩效评定管理。	12	查规章制度文本： 未以正式文件发布，每项扣2分； 制度内容不符合有关规定，每项扣1分。		

续表

二级评审项目	三级评审项目	标准分值	评审方法及评分标准	评审描述	实际得分
2.2 规章制度（16分）	2.2.2 及时将安全生产规章制度发放到相关工作岗位，并组织培训。	4	查相关记录： 工作岗位发放不全，每缺一个扣1分； 规章制度发放不全，每缺一项扣1分。		
2.3 操作规程（18分）	2.3.1 引用或编制安全操作规程，确保从业人员参与安全操作规程的编制和修订工作。	8	查规程文本和记录： 未以正式文件发布，每项扣2分； 规程内容不符合有关规定，每项扣1分； 规程的编制和修订工作无从业人员参与，每项扣1分。		
	2.3.2 新技术、新材料、新工艺、新设备设施投入使用前，组织编制或修订相应的安全操作规程，并确保其适宜性和有效性。	4	查规程文本和记录： "四新"投入使用前，未组织编制或修订安全操作规程，每项扣2分。		
	2.3.3 安全操作规程应发放到相关作业人员。	6	查相关记录并现场抽查： 未及时发放到相关作业人员，每缺一人扣1分。		
2.4 文档管理（16分）	2.4.1 文件管理制度应明确文件的编制、审批、标识、收发、使用、评审、修订、保管、废止等内容，并严格执行。	3	查制度文本和记录： 未以正式文件发布，扣2分； 制度内容不全，每缺一项扣1分； 制度内容不符合有关规定，每项扣1分； 未按规定执行，每项扣1分。		
	2.4.2 记录管理制度应明确记录管理职责及记录的填写、收集、标识、保管和处置等内容，并严格执行。	3	查制度文本和记录： 未以正式文件发布，扣2分； 制度内容不全，每缺一项扣1分； 制度内容不符合有关规定，每项扣1分； 未按规定执行，每项扣1分。		

二级评 审项目	三级评审项目	标准 分值	评审方法及评分标准	评审 描述	实际 得分
2.4　文档 管理 (16分)	2.4.3　档案管理制度应明确档案管理职责及档案的收集、整理、标识、保管、使用和处置等内容,并严格执行。	3	查制度文本和记录: 未以正式文件发布,扣2分; 制度内容不全,每缺一项扣1分; 制度内容不符合有关规定,每项扣1分; 未按规定执行,每项扣1分。		
	2.4.4　每年至少评估一次安全生产法律法规、标准规范、规范性文件、规章制度、操作规程的适用性、有效性和执行情况。	4	查相关记录: 未按时进行评估或无评估结论,扣4分; 评估结果与实际不符,扣2分。		
	2.4.5　根据评估、检查、自评、评审、事故调查等发现的相关问题,及时修订安全生产规章制度、操作规程。	3	查相关记录: 未及时修订,每项扣1分。		
小计		60	得分小计		

3.教育培训(60分)

二级评 审项目	三级评审项目	标准 分值	评审方法及评分标准	评审 描述	实际 得分
3.1　教育 培训管理 (10分)	3.1.1　安全教育培训制度应明确归口管理部门、培训的对象与内容、组织与管理、检查和考核等要求。	2	查制度文本: 未以正式文件发布,扣2分; 制度内容不全,每缺一项扣1分; 制度内容不符合有关规定,每项扣1分。		
	3.1.2　定期识别安全教育培训需求,编制培训计划,按计划进行培训,对培训效果进行评价,并根据评价结论进行改进,建立教育培训记录、档案。	8	查相关文件和记录: 未编制年度培训计划,扣8分; 培训计划不合理,扣3分; 未进行培训效果评价,每次扣1分; 未根据评价结论进行改进,每次扣1分; 记录、档案资料不完整,每项扣1分。		

续表

二级评审项目	三级评审项目	标准分值	评审方法及评分标准	评审描述	实际得分
3.2 人员教育培训（50分）	3.2.1 应对各级管理人员进行教育培训，每年按规定进行再培训。主要负责人、项目负责人、专职安全生产管理人员按规定经水行政主管部门考核合格并持证上岗。	8	查相关文件和记录并现场抽查： 培训不全，每少一人扣1分； 未按规定持证上岗，每人扣2分； 对岗位安全生产职责不熟悉，每人扣1分。		
	3.2.2 新员工上岗前应接受三级安全教育培训，培训时间满足规定学时要求；在新工艺、新技术、新材料、新设备设施投入使用前，应根据技术说明书、使用说明书、操作技术要求等，对有关管理、操作人员进行培训；作业人员转岗、离岗一年以上重新上岗前，均应进行项目部（队、车间）、班组安全教育培训，经考核合格后上岗。	15	查相关记录并现场抽查： 新员工未经培训考核合格上岗，每人扣2分； "四新"投入使用前，未按规定进行培训，每人扣2分； 转岗、离岗复工人员未经培训考核合格上岗，每人扣2分。		
	3.2.3 特种作业人员接受规定的安全作业培训，并取得特种作业操作资格证书后上岗作业；特种作业人员离岗6个月以上重新上岗，应经实际操作考核合格后上岗工作；建立健全特种作业人员档案。	10	查相关文件和记录并现场抽查： 未按规定持证上岗，每人扣2分； 离岗6个月以上，未经考核合格上岗，每人扣2分； 特种作业人员档案资料不全，每少一人扣2分。		
	3.2.4 每年对在岗作业人员进行安全生产教育和培训，培训时间和内容应符合有关规定。	5	查相关记录： 未按规定进行培训，每人扣1分。		
	3.2.5 监督检查分包单位对员工进行安全生产教育培训及持证上岗情况。	9	查相关记录： 未监督检查，扣9分； 监督检查不全，每缺一个单位扣2分。		

二级评审项目	三级评审项目	标准分值	评审方法及评分标准	评审描述	实际得分
3.2　人员教育培训（50分）	3.2.6　对外来人员进行安全教育,主要内容应包括:安全规定、可能接触到的危险有害因素、职业病危害防护措施、应急知识等。由专人带领做好相关监护工作。	3	查相关记录: 未进行安全教育,扣3分; 安全教育内容不符合要求,扣2分; 无专人带领,扣3分。		
小计		60	得分小计		

4.现场管理（450分）

二级评审项目	三级评审项目	标准分值	评审方法及评分标准	评审描述	实际得分
4.1　设备设施管理（130分）	4.1.1　设备设施管理制度 设备设施管理制度应明确购置（租赁）、安装（拆除）、验收、检测、使用、检查、保养、维修、改造、报废等内容。	2	查制度文本: 未以正式文件发布,扣2分; 制度内容不全,每缺一项扣1分; 制度内容不符合有关规定,每项扣1分。		
	4.1.2　设备设施管理机构及人员 设置设备设施管理部门,配备管理人员,明确管理职责,形成设备设施安全管理网络。	4	查相关文件: 无设备设施管理机构,扣4分; 未配备设备设施管理人员,扣4分。		
	4.1.3　设备设施采购及验收 严格执行设备设施管理制度,购置合格的设备设施。	5	查相关文件、记录并查看现场: 设备设施无产品质量合格证,扣5分; 购置未取得生产许可的单位生产的特种设备,扣5分; 设备设施采购合同无验收质量标准,每项扣2分; 设备设施未进行验收,每台扣2分。		

二级评审项目	三级评审项目	标准分值	评审方法及评分标准	评审描述	实际得分
4.1 设备设施管理（130分）	4.1.4 特种设备安装（拆除） 特种设备安装（拆除）单位具备相应资质；安装（拆除）人员具备相应的能力和资格；安装（拆除）特种设备应编制安装（拆除）专项方案，安排专人现场监督，安装完成后组织验收，委托具有专业资质的检测、检验机构检测合格后投入使用；按规定办理使用登记。	15	查相关文件、记录并查看现场： 安装（拆除）单位不具备相应资质，每个扣5分； 安装（拆除）人员不具备相应的能力和资格，每人扣2分； 安装（拆除）无专项方案，每台扣3分； 安装（拆除）过程无专人现场监督，每次扣3分； 未经验收或未取得检定合格证书投入使用，每台扣3分； 未按规定办理使用登记，每台扣3分。		
	4.1.5 设备设施台账 建立设备设施台账并及时更新；设备设施管理档案资料齐全、清晰，管理规范。	3	查相关记录并查看现场： 未建立设备设施台账，扣3分； 台账信息未及时更新，扣1分； 档案资料不符合要求，扣1分。		
	4.1.6 设备设施检查 设备设施运行前应进行全面检查；运行过程中应按规定进行自检、巡检、旁站监督、专项检查、周期性检查，确保性能完好。	10	查相关记录并查看现场： 未按要求进行检查，每台扣2分； 设备设施性能不满足安全要求，每台扣2分。		
	4.1.7 设备性能及运行环境 设备结构、运转机构、电气及控制系统无缺陷，各部位润滑良好；基础稳固，行走面平整，轨道铺设规范；制动、限位等安全装置齐全、可靠、灵敏；仪表、信号、灯光等齐全、可靠、灵敏；防护罩、盖板、爬梯、护栏等防护设施完备可靠；设备醒目的位置悬挂有标识牌、检验合格证及安全操作规程；设备干净整洁，无跑冒滴漏；作业区域无影响安全运行的障碍物；同一区域有两台以上设备运行可能发生碰撞时，制定安全运行方案。	15	查相关文件、记录并查看现场： 设备结构、运转机构、电气控制系统或重要零部件不符合安全要求，每项扣3分； 设备基础不稳固，每台扣3分； 安全装置不符合要求，每项扣3分； 作业区域存在影响安全的障碍物，每处扣3分； 设备运行可能发生碰撞的，未制定安全运行方案，每处扣3分。		

二级评审项目	三级评审项目	标准分值	评审方法及评分标准	评审描述	实际得分
4.1　设备设施管理（130分）	**4.1.8　设备运行** 设备操作人员严格按照操作规程运行设备,运行记录齐全。	15	查相关记录并查看现场: 未按操作规程运行设备,每人扣3分; 设备带病运行,每台扣3分; 设备运行记录不齐全,每台扣1分。		
	4.1.9　租赁设备和分包单位的设备 设备租赁合同或工程分包合同应明确双方的设备管理安全责任和设备技术状况要求等内容;租赁设备或分包单位的设备进入施工现场验收合格后投入使用;租赁设备或分包单位的设备应纳入本单位管理范围。	10	查相关文件、记录并查看现场: 合同未明确双方安全责任,扣10分; 设备进场未组织验收,每台扣2分; 租赁设备或分包单位的设备未纳入本单位设备安全管理范围,每台扣2分。		
	4.1.10　安全设施管理 建设项目安全设施必须执行"三同时"制度;临边、沟、坑、孔洞、交通梯道等危险部位的栏杆、盖板等设施齐全、牢固可靠;高处作业等危险作业部位按规定设置安全网等设施;施工通道稳固、畅通;垂直交叉作业等危险作业场所设置安全隔离棚;机械、传送装置等的转动部位安装可靠的防护栏、罩等安全防护设施;临水和水上作业有可靠的救生设施;暴雨、台风、暴风雪等极端天气前后组织有关人员对安全设施进行检查或重新验收。	15	查相关文件、记录并查看现场: 未执行安全设施"三同时"制度,扣15分; 安全设施不符合规定,每项扣2分; 极端天气前后未对安全设施进行检查验收,每次扣5分。		

二级评审项目	三级评审项目	标准分值	评审方法及评分标准	评审描述	实际得分
4.1 设备设施管理（130分）	4.1.11 设备设施维修保养 根据设备安全状况编制设备维修保养计划或方案，对设备进行维修保养；维修保养作业应落实安全措施，并明确专人监护；维修结束后应组织验收；记录规范。	10	查相关文件、记录并查看现场： 未制定或未落实维修保养计划或方案，扣10分； 未落实安全措施，每次扣2分； 无专人监护，每次扣3分； 维修结束后未组织验收，每次扣2分； 记录不规范，每次扣2分。		
	4.1.12 特种设备管理 按规定进行登记、建档、使用、维护保养、自检、定期检验以及报废；有关记录规范；制定特种设备事故应急措施和救援预案；达到报废条件的及时向有关部门申请办理注销；建立特种设备技术档案（包括设计文件、制造单位、产品质量合格证明、使用维护说明等文件以及安装技术文件和资料；定期检验和定期自行检查的记录；日常使用状况记录；特种设备及其安全附件、安全保护装置、测量调控装置及有关附属仪器仪表的日常维护保养记录；运行故障和事故记录；高耗能特种设备的能效测试报告、能耗状况记录以及节能改造技术资料）；安全附件、安全保护装置、安全距离、安全防护措施以及与特种设备安全相关的建筑物、附属设施，应当符合有关规定。	10	查相关文件、记录并查看现场： 未经检验或检验不合格使用，扣10分； 检验周期超过规定时间，扣10分； 记录不规范，每次扣2分； 未制定应急措施或预案，扣5分； 设备报废未按程序办理，每台扣2分； 未建立特种设备技术档案，每台扣5分； 档案资料不全，每缺一项扣1分； 安全附件、安全保护装置、安全距离、安全防护措施以及与特种设备安全相关的建筑物、附属设施不符合有关规定，每项扣2分。		
	4.1.13 设备报废 设备设施存在严重安全隐患，无改造、维修价值，或者超过规定使用年限，应当及时报废。	8	查相关记录并查看现场： 达到报废条件的设备未报废，每台扣3分； 已报废的设备未及时撤出施工现场，每台扣2分。		

二级评 审项目	三级评审项目	标准 分值	评审方法及评分标准	评审 描述	实际 得分
4.1 设备 设施管理 (130 分)	4.1.14 设备设施拆除 设备设施拆除前应制订方案,办理作业许可,作业前进行安全技术交底,现场设置警示标志并采取隔离措施,按方案组织拆除。	8	查相关记录并查看现场: 未制订方案,扣 8 分; 未按规定办理作业许可,每次扣 2 分; 未交底或交底不符合规定,每人扣 2 分; 未设置警示标志或采取隔离措施,每次扣 2 分; 未按方案组织拆除,扣 8 分。		
4.2 作业 安全 (245 分)	4.2.1 施工布置与现场管理 施工总体布局与分区合理,规范有序,符合安全文明施工、交通、消防、职业健康、环境保护等有关规定。	10	查相关图纸并查看现场: 施工总体布局与分区不合理,每项扣 2 分。		
	4.2.2 施工技术管理 设置施工技术管理机构,配足施工技术管理人员,建立施工技术管理制度,明确职责、程序及要求;工程开工前,应参加设计交底,并进行施工图会审;对施工现场安全管理和施工过程的安全控制进行全面策划,编制安全技术措施,并进行动态管理;达到一定规模的危险性较大单项工程应编制专项施工方案,超过一定规模的危险性较大单项工程的专项施工方案,应组织专家论证;施工组织设计、施工方案等技术文件的编制、审核、批准、备案规范;施工前按规定分层次进行交底,并在交底书上签字确认;专项施工方案实施时安排专人现场监护,方案编制人员、技术负责人应现场检查指导。	25	查相关文件、记录并查看现场: 无管理机构或管理人员配备不足,扣 5 分; 未建立技术管理制度或制度不符合要求,扣 2 分; 未参加设计交底,每次扣 2 分; 未按规定进行施工图会审,每次扣 2 分; 无安全技术措施,扣 25 分; 达到一定规模的危险性较大单项工程未编制专项施工方案,扣 25 分; 超过一定规模的危险性较大单项工程的专项施工方案,未组织专家论证,每项扣 10 分; 技术文件的编制、审核、批准、备案不符合规定,每项扣 2 分; 未交底或交底不符合规定,每项扣 5 分; 专项施工方案实施无专人现场监护,每项扣 2 分; 方案编制人员、技术负责人未现场检查指导,每项扣 2 分。		

二级评审项目	三级评审项目	标准分值	评审方法及评分标准	评审描述	实际得分
4.2 作业安全（245分）	4.2.3 施工用电管理 按照有关法律法规、技术标准做好施工用电管理。建立施工用电管理制度；按规定编制用电组织设计或制定安全用电和电气防火措施；外电线路及电气设备防护满足要求；配电系统、配电室、配电箱、配电线路等符合相关规定；自备电源与网供电源的联锁装置安全可靠；接地与防雷满足要求；电动工器具使用管理符合规定；照明满足安全要求；施工用电应经验收合格后投入使用，并定期组织检查。	15	查相关文件、记录并查看现场： 未建立施工用电管理制度，扣2分； 未按规定编制用电组织设计或制定安全用电和电气防火措施，每项扣5分； 外电线路及电气设备防护不满足要求，每项扣5分； 配电系统、配电室、配电箱、配电线路等不符合相关规定，每项扣2分； 自备电源与网供电源的联锁装置不可靠，每项扣5分； 接地与防雷不满足要求，每处扣2分； 电动工器具使用管理不符合规定，每项扣5分； 照明不满足安全要求，每处扣2分； 施工用电未经验收合格投入使用，扣15分； 未定期组织检查，每少一次扣2分。		

二级评审项目	三级评审项目	标准分值	评审方法及评分标准	评审描述	实际得分
4.2　作业安全（245分）	4.2.4　施工脚手架管理 按照有关法律法规、技术标准做好脚手架管理。建立脚手架安全管理制度；脚手架搭拆前，应编制施工作业指导书或专项施工方案，超过一定规模的危险性较大脚手架工程应经专门设计、方案论证，并严格执行审批程序；脚手架的基础、材料应符合规范要求；脚手架搭设（拆除）应按审批的方案进行交底、签字确认后方可实施；按审批的方案和规程规范搭设（拆除）脚手架，过程中安排专人现场监护；脚手架经验收合格后挂牌使用；在用的脚手架应定期检查和维护，并不得附加设计以外的荷载和用途；在暴雨、台风、暴风雪等极端天气前后组织有关人员对脚手架进行检查或重新验收。	10	查相关文件、记录并查看现场： 未建立脚手架安全管理制度，扣2分； 未编制专项施工方案或作业指导书，扣10分； 超过一定规模的危险性较大脚手架工程，未组织专家论证，扣10分； 专项施工方案审批手续不符合要求，每项扣2分； 脚手架的基础、材料不符合规定，每处扣2分； 未交底或交底不符合规定，每人扣2分； 未按审批的方案和规程规范实施，扣10分； 专项施工方案实施无专人现场监护，每项扣2分； 脚手架未经验收合格或未挂牌使用，扣10分； 检查和维护不到位，每次扣2分； 脚手架使用过程中附加设计以外的荷载和用途，扣10分； 极端天气未按规定组织检查验收，每次扣2分。		

续表

二级评审项目	三级评审项目	标准分值	评审方法及评分标准	评审描述	实际得分
4.2 作业安全 (245分)	4.2.5 防洪度汛管理 按照有关法律法规、技术标准做好防洪度汛管理。有防洪度汛要求的工程应编制防洪度汛方案和超标准洪水应急预案；成立防洪度汛的组织机构和防洪度汛抢险队伍，配置足够的防洪度汛物资，并组织演练；施工进度应满足安全度汛要求；施工围堰、导流明渠、涵管及隧洞等导流建筑物应满足安全要求；开展防洪度汛专项检查；建立畅通的水文气象信息渠道；做好汛期值班。	15	查相关文件、记录并查看现场： 未制定防洪度汛方案和超标准洪水应急预案，扣15分； 未按规定成立防洪度汛的组织机构，或未落实防汛抢险队伍及物资，扣15分； 未定期组织演练，每少一次扣3分； 施工进度不满足安全度汛要求，每个项目扣5分； 导流建筑物不满足安全要求，每处扣5分； 未开展防洪度汛专项检查，每个项目扣5分； 水文气象信息渠道不畅通，每个项目扣5分； 汛期值班不符合要求，每个项目扣5分。		
	4.2.6 交通安全管理 按照有关法律法规、技术标准做好交通安全管理。建立交通安全管理制度；施工现场道路（桥梁）符合规范要求，交通安全防护设施齐全可靠，警示标志齐全完好；定期对车船进行检测和检验，保证安全技术状态良好；车船不得违规载人；车辆在施工区内应限速行驶；定期组织驾驶人员培训，严格驾驶行为管理，严禁无证驾驶、酒后驾驶、疲劳驾驶、超载驾驶；大型设备运输或搬运应制定专项方案。	10	查相关文件、记录并查看现场： 未建立交通安全管理制度，扣2分； 施工现场道路（桥梁）不符合规范要求，每项扣5分； 交通安全防护设施不符合要求，每处扣2分； 交通警示标志设置不符合要求，每处扣2分； 未按规定对车船进行检测和检验，每台扣2分； 车船违规载人，每次扣2分； 违规驾驶，每次扣2分； 使用不符合规定的车船，每台扣5分； 大型设备运输或搬运未制定专项方案，每次扣5分。		

二级评审项目	三级评审项目	标准分值	评审方法及评分标准	评审描述	实际得分
4.2　作业安全 （245分）	4.2.7　消防安全管理 按照有关法律法规、技术标准做好消防安全管理。建立消防管理制度,建立健全消防安全组织机构,落实消防安全责任制,建立重点防火部位或场所档案;临建设施之间的安全距离、消防通道等均符合消防安全规定;仓库、宿舍、加工场地及重要设备配有足够的消防设施、器材,并建立台账;消防设施、器材应有防雨、防冻措施,并定期检验、维修,确保完好有效;严格执行动火审批制度;组织开展消防培训和演练。	10	查相关文件、记录并查看现场: 未建立消防安全管理制度,扣2分; 未建立健全消防安全组织机构,扣10分; 防火重点部位或场所档案不全,每少一项扣2分; 安全距离、消防通道等不符合规定,每处扣2分; 防火重点部位未按规定配备消防设施、器材,每处扣2分; 未建立消防设施、器材台账,扣3分; 消防设施、器材无防雨、防冻措施,每处扣1分; 未定期进行检验、维修,每台（具）扣1分; 未严格执行动火审批制度,每次扣2分; 未定期组织消防培训和演练,每少一次扣2分。		

二级评审项目	三级评审项目	标准分值	评审方法及评分标准	评审描述	实际得分
4.2 作业安全（245分）	4.2.8 易燃易爆危险品管理 按照有关法律法规、技术标准做好易燃易爆危险品管理。建立易燃易爆危险品管理制度；易燃易爆危险品运输应按规定办理相关手续并符合安全规定；现场存放炸药、雷管等，得到当地公安部门的许可，并分别存放在专用仓库内，指派专人保管，严格领退制度；氧气、乙炔、液氨、油品等危险品仓库屋面采用轻型结构，并设置气窗及底窗，门、窗向外开启；有避雷及防静电接地设施，并选用防爆电器；氧气瓶、乙炔瓶存放、使用应符合规定；带有放射源的仪器的使用管理，应满足相关规定。	10	查相关文件、记录并查看现场： 未建立易燃易爆危险品管理制度，扣2分； 易燃易爆危险品运输不符合规定，每次扣5分； 现场存放炸药、雷管等未按规定办理许可，扣10分； 炸药、雷管等未分别存放，扣10分； 炸药、雷管等未指派专人保管，扣10分； 炸药、雷管等未严格执行领退料制度，扣10分； 仓库结构或通风条件不满足要求，扣10分； 仓库未安装避雷及防静电接地设施，扣10分； 仓库未选用防爆电器，扣10分； 氧气瓶、乙炔瓶存放、使用不符合规定，每处扣2分； 带有放射源的仪器使用管理不符合规定，每次扣5分。		

二级评审项目	三级评审项目	标准分值	评审方法及评分标准	评审描述	实际得分
4.2 作业安全（245分）	4.2.9　高边坡、基坑作业 按照有关法律法规、技术标准进行高边坡、基坑作业。根据施工现场实际编制专项施工方案或作业指导书，经过审批后实施；施工前，在地面外围设置截、排水沟，并在开挖开口线外设置防护栏，危险部位应设置警示标志；排架、作业平台搭设稳固，底部生根，杆件绑扎牢固，脚手板应满铺，临空面设置防护栏杆和防护网；自上而下清理坡顶和坡面松碴、危石、不稳定体，不在松碴、危石、不稳定体上或下方作业；垂直交叉作业应设隔离防护棚，或错开作业时间；对断层、裂隙、破碎带等不良地质构造的高边坡，按设计要求采取支护措施，并在危险部位设置警示标志；严格按要求放坡，作业时随时注意边坡的稳定情况，发现问题及时加固处理；人员上下高边坡、基坑走专用爬梯；安排专人监护、巡视检查，并及时进行分析、反馈监护信息；高处作业人员同时系挂安全带和安全绳。	15	查相关文件、记录并查看现场： 未根据施工现场实际编制专项施工方案或作业指导书，扣15分； 排水设施、防护设施、警示标志不符合要求，每处扣2分； 排架、作业平台不符合要求，每处扣2分； 松碴、危石、不稳定体未清理，每处扣2分； 未自上而下清理，或在松碴、危石、不稳定体上方或下方作业，每次扣2分； 垂直交叉作业安全管理不到位，每处扣2分； 未按设计要求采取支护措施，扣15分； 未按要求放坡，每处扣5分； 发现问题未及时处置，扣15分； 未设置专用爬梯，每处扣2分； 作业时现场无专人监护，扣5分； 未按规定进行检查，扣5分； 未按要求进行监测、分析，扣5分； 高处作业人员未系挂安全带或安全绳，每人扣2分。		

二级评审项目	三级评审项目	标准分值	评审方法及评分标准	评审描述	实际得分
4.2 作业安全（245分）	4.2.10 洞室作业 按照有关法律法规、技术标准进行洞室作业。根据现场实际制定专项施工方案；进洞前，做好坡顶坡面的截水排水系统；Ⅲ、Ⅳ、Ⅴ类围岩开挖除对洞口进行加固外，应在洞口设置防护棚；洞口边坡上和洞室的浮石、危石应及时处理，并按要求及时支护；交叉洞室在贯通前优先安排锁口锚杆的施工；位于河水位以下的隧洞进、出口，应设置围堰或预留岩坎等防止水淹洞室的措施；洞内渗漏水应集中引排处理，排水通畅；有瓦斯等有害气体的防治措施；按要求布置安全监测系统，及时进行监测、分析、反馈观测资料，并按规定进行检查；遇到不良地质地段开挖时，采取浅钻孔、弱爆破、多循环，尽量减少对围岩的扰动，并及时进行支护。遇不良地质构造或易塌方地段，有害气体逸出及地下涌水等突发事件，立即停工，并撤至安全地点；洞内照明、通风、除尘满足规范要求。	10	查相关文件、记录并查看现场： 未根据现场实际制定专项施工方案，每处扣2分； 未按规定对洞口进行加固，或未按规定在洞口设置防护棚，每处扣2分； 浮石、危石未及时处理，每处扣2分； 交叉洞室贯通前未进行锁口锚杆施工，扣10分； 无防止水淹洞室的措施，扣10分； 排水不通畅，每处扣2分； 无瓦斯等有害气体的防治措施，扣10分； 未按要求进行监测、分析，扣10分； 未按规定进行检查，扣5分； 遇突发事件未及时处置，扣10分； 照明、通风、除尘不满足规范要求，每处扣2分。		

二级评审项目	三级评审项目	标准分值	评审方法及评分标准	评审描述	实际得分
4.2　作业安全 (245分)	4.2.11　爆破、拆除作业 按照有关法律法规、技术标准进行爆破、拆除作业。爆破、拆除作业单位必须持有相应的资质，建立爆破、拆除安全管理制度；作业前编制方案，进行爆破、拆除设计，履行审批程序，并严格安全交底；装药、堵塞、网络联结以及起爆，由爆破负责人统一指挥，爆破员按爆破设计和爆破安全规程作业；影响区采取相应安全警戒和防护措施，作业时有专人现场监护；爆破工程技术人员、爆破员、安全员、保管员和押运员等应持证上岗。	10	查相关文件、记录并查看现场： 作业单位不具备相应资质，扣10分； 未建立爆破、拆除作业安全管理制度，扣2分； 未编制方案，未进行爆破、拆除设计或未履行审批程序，扣10分； 未交底或交底不符合规定，每人扣2分； 未严格执行爆破、拆除设计和安全规程，扣10分； 影响区未采取相应安全警戒和防护措施，扣10分； 作业时现场无专人监护，扣5分； 未按规定持证上岗，每人扣2分。		

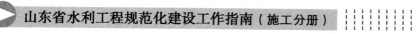
续表

二级评审项目	三级评审项目	标准分值	评审方法及评分标准	评审描述	实际得分
4.2 作业安全（245分）	4.2.12 水上水下作业 按照有关法律法规、技术标准进行水上水下作业。建立水上水下作业安全管理制度；从事可能影响通航安全的水上水下活动应按照有关规定办理《中华人民共和国水上水下活动许可证》；施工船舶应按规定取得合法的船舶证书和适航证书，在适航水域作业；编制专项施工方案，制定应急预案，对作业人员进行安全技术交底，作业时安排专人进行监护；水上作业有稳固的施工平台和梯道，平台不得超负荷使用；临水、临边设置牢固可靠的栏杆和安全网；平台上的设备固定牢固，作业用具应随手放入工具袋；作业平台上配齐救生衣、救生圈、救生绳和通讯工具；施工平台、船舶设置明显标识和夜间警示灯；建立畅通的水文气象信息渠道；作业人员正确穿戴救生衣、安全帽、防滑鞋、安全带；作业人员按规定经培训考核合格后持证上岗，并定期进行体检；雨雪天气进行水上作业，采取防滑、防寒和防冻措施，水、冰、霜、雪及时清除；遇到六级以上强风等恶劣天气不进行水上作业，暴风雪和强台风等恶劣天气后全面检查，消除隐患。	10	查相关文件、记录并查看现场： 未建立水上水下作业安全管理制度，扣2分； 未按规定办理作业许可，扣10分； 未取得合法的船舶证书或适航证书，每艘扣5分； 未编制专项施工方案或应急预案，扣5分； 未交底或交底不符合规定，每人扣2分； 作业时现场无专人监护，扣5分； 无施工平台、梯道，每处扣5分； 平台、梯道不稳固或超负荷使用，每处扣3分； 防护栏杆和安全网不符合要求，每处扣2分； 施工平台上的设备固定不牢固，每处扣2分； 救援用品、器具配备不足，扣3分； 未设置明显标识和夜间警示灯，扣3分； 未建立畅通的水文气象信息渠道，扣5分； 作业人员未正确穿戴劳动防护用品，每人扣2分； 作业人员未按规定持证上岗，每人扣2分； 作业人员未定期进行体检，每人扣2分； 未采取可靠防滑、防寒和防冻措施，扣3分； 恶劣天气进行作业，扣10分； 恶劣天气后未全面检查并消除隐患，每次扣3分。		

二级评审项目	三级评审项目	标准分值	评审方法及评分标准	评审描述	实际得分
4.2　作业安全（245分）	4.2.13　高处作业 按照有关法律法规、技术标准进行高处作业。建立高处作业安全管理制度；高处作业人员体检合格后上岗作业，登高架设作业人员持证上岗；坝顶、陡坡、悬崖、杆塔、吊桥、脚手架、屋顶以及其他危险边沿进行悬空高处作业时，临空面搭设安全网或防护栏杆，且安全网随着建筑物升高而提高；登高作业人员正确佩戴和使用劳动防护用品、用具，作业前应检查作业场所安全措施落实情况；有坠落危险的物件应固定牢固，无法固定的应先行清除或放置在安全处；雨天、雪天高处作业，应采取可靠的防滑、防寒和防冻措施；遇有六级及以上大风或恶劣气候时，应停止露天高处作业；高处作业应现场监护。	10	查相关文件、记录并查看现场： 未建立高处作业安全管理制度，扣2分； 高处作业人员未经体检合格上岗，每人扣2分； 登高架设人员未按规定持证上岗，每人扣2分； 防护栏杆和安全网不符合要求，每处扣2分； 存在坠落危险的物件，每处扣2分； 未采取可靠防滑、防寒和防冻措施，扣3分； 未正确佩戴和使用劳动防护用品、用具，每人扣2分； 恶劣天气进行露天作业，扣10分； 作业时现场无专人监护，扣5分。		

二级评审项目	三级评审项目	标准分值	评审方法及评分标准	评审描述	实际得分
4.2 作业安全（245分）	4.2.14 起重吊装作业 按照有关法律法规、技术标准进行起重吊装作业。作业前应编制起重吊装方案或作业指导书，向作业人员进行安全技术交底；作业前对设备、安全装置、工器具进行检查，确保满足安全要求；起重吊装作业区域应设置警戒线，并安排专人进行监护；司机、信号司索工应持证上岗，按操作规程作业，信号传递畅通；吊装按规定办理审批手续；严禁以运行的设备、管道以及脚手架、平台等作为起吊重物的承力点；利用构筑物或设备的构件作为起吊重物的承力点时，应经核算；恶劣天气不得进行室外起吊作业。	10	查相关文件、记录并查看现场： 未编制起重吊装方案或作业指导书，扣10分； 未交底或交底不符合规定，每人扣2分； 设备、安全装置、工器具不满足安全要求，每项扣2分； 作业区域未设置警戒线，每处扣3分； 作业时现场无专人监护，扣5分； 作业人员未按规定持证上岗，每人扣2分； 作业人员未严格按操作规程作业，每次扣2分； 信号传递不畅通，扣5分； 吊装未按规定办理审批手续，每次扣5分； 违规起吊，每次扣5分； 恶劣天气进行室外起吊作业，扣10分。		
	4.2.15 临近带电体作业 按照有关法律法规、技术标准进行临近带电体作业。建立临近带电体作业安全管理制度；作业前编制专项施工方案或安全防护措施，向作业人员进行安全技术交底，并办理安全施工作业票，安排专人现场监护；电气作业人员应持证上岗并按操作规程作业；作业时施工人员、机械与带电线路和设备的距离应大于最小安全距离，并有防感应电措施；当小于最小安全距离时，应采取绝缘隔离的防护措施，并悬挂醒目的警告标志，当防护措施无法实现时，应采取停电等措施。	10	查相关文件、记录并查看现场： 未建立临近带电体作业安全管理制度，扣2分； 未编制专项施工方案或安全防护措施，扣10分； 未交底或交底不符合规定，每人扣2分； 电气作业人员未按规定持证上岗，每人扣2分； 作业时现场无专人监护，扣5分； 违规作业，每人扣2分； 安全距离不足时未采取安全措施，扣10分。		

二级评审项目	三级评审项目	标准分值	评审方法及评分标准	评审描述	实际得分
4.2 作业安全 (245分)	4.2.16 焊接作业 按照有关法律法规、技术标准进行焊接作业。建立焊接作业安全管理制度;焊接前对设备进行检查,确保性能良好,符合安全要求;焊接作业人员持证上岗,按规定正确佩戴个人防护用品,严格按操作规程作业;进行焊接、切割作业时,有防止触电、灼伤、爆炸和引起火灾的措施,并严格遵守消防安全管理规定;焊接作业结束后,作业人员清理场地、消除焊件余热、切断电源,仔细检查工作场所周围及防护设施,确认无起火危险后离开。	10	查相关记录并查看现场: 未建立焊接作业安全管理制度,扣2分; 焊接设备不符合安全要求,扣10分; 作业人员未按规定持证上岗,每人扣2分; 作业人员未按规定佩戴防护用品,每人扣2分; 作业人员违反操作规程,每人扣2分; 焊接、切割作业无安全措施,每次扣2分; 作业结束后未仔细检查并确保安全,每次扣2分。		
	4.2.17 交叉作业 按照有关法律法规、技术标准进行交叉作业。建立交叉作业安全管理制度;制定协调一致的安全措施,进行充分的沟通和交底,且应有专人现场检查与协调、监护;两个以上不同作业队伍在同一作业区域内进行作业活动时,应签订安全管理协议,明确各自的管理职责和采取的措施;垂直交叉作业应搭设严密、牢固的防护隔离设施;交叉作业时,严禁上下投掷材料、边角余料;工具应随手放入工具袋,严禁在吊物下方接料或逗留。	10	查相关文件、记录并查看现场: 未建立交叉作业安全管理制度,扣2分; 未制定安全措施,扣10分; 未交底或交底不符合规定,每人扣2分; 作业时现场无专人监护,扣5分; 两个以上作业队伍交叉作业时,未签订安全管理协议,扣5分; 垂直交叉作业时,安全防护措施落实不到位,扣5分; 违规作业,每人扣2分。		

二级评审项目	三级评审项目	标准分值	评审方法及评分标准	评审描述	实际得分
4.2 作业安全（245分）	4.2.18 有（受）限空间作业 按照有关法律法规、技术标准进行有（受）限空间作业。建立有（受）限空间作业安全管理制度；实行有（受）限空间作业审批制度；有（受）限空间作业应当严格遵守"先通风、再检测、后作业"的原则；作业人员必须经安全培训合格方能上岗作业；向作业人员进行安全技术交底；必须配备个人防中毒窒息等防护装备，严禁无防护监护措施作业；作业现场应设置安全警示标识，应有监护人员；制定应急措施，现场必须配备应急装备，科学施救。	10	查相关文件、记录并查看现场： 未建立有（受）限空间作业安全管理制度，扣2分； 未落实审批制度，扣10分； 作业前，未按规定进行通风、检测，扣10分； 未交底或交底不符合规定，每人扣2分； 未落实防护措施，扣10分； 未制定应急措施，扣5分； 缺少安全警示标识，每处扣2分； 作业时现场无专人监护，扣5分； 现场应急装备配备不足，扣5分。		
	4.2.19 岗位达标 建立班组安全活动管理制度，明确岗位达标的内容和要求，开展安全生产和职业卫生教育培训、安全操作技能训练、岗位作业危险预知、作业现场隐患排查、事故分析等岗位达标活动，并做好记录。从业人员应熟练掌握本岗位安全职责、安全生产和职业卫生操作规程、安全风险及管控措施、防护用品使用、自救互救及应急处置措施。	15	查相关记录并现场问询： 未建立班组安全活动管理制度，扣2分； 制度内容不符合要求，扣1分； 未按规定开展岗位达标活动，每少一项扣3分； 从业人员对相关安全知识不熟悉，每人扣2分； 记录不完整，每缺一项扣2分。		
	4.2.20 分包管理制度 工程分包、劳务分包、设备物资采购、设备租赁管理制度应明确各管理层次和部门管理职责和权限，包括分包方的评价和选择、分包招标合同谈判和签约、分包项目实施阶段的管理、分包实施过程中或结束后的再评价等。	2	查制度文本： 未以正式文件发布，扣2分； 制度内容不全，每缺一项扣1分； 制度内容不符合有关规定，每项扣1分。		

二级评审项目	三级评审项目	标准分值	评审方法及评分标准	评审描述	实际得分
4.2　作业安全（245分）	4.2.21　分包方评价 对分包方进行全面评价和定期再评价,包括经营许可和资质证明,专业能力,人员结构和素质,机具装备,技术、质量、安全、施工管理的保证能力,工程业绩和信誉等,建立并及时更新合格分包方名录和档案。	4	查相关文件和记录: 未对分包方进行评价,扣4分; 评价对象不全,每少一个扣1分; 未定期评价,每少一次扣1分; 评价内容不全,每少一项扣1分; 未建立或未及时更新合格分包方名录和档案,扣4分。		
	4.2.22　分包方选择 确认分包方具备相应资质和能力,按规定选择分包方;依法与分包方签订分包合同和安全生产协议,明确双方安全生产责任和义务。	6	查相关文件和记录: 违法分包或转包,扣6分; 未明确双方安全责任和义务,扣6分。		
	4.2.23　分包方管理 对分包方进场人员和设备进行验证;督促分包方对进场作业人员进行安全教育,考核合格后进入现场作业;对分包方人员进行安全交底;审查分包方编制的安全施工措施,并督促落实;定期识别分包方的作业风险,督促落实安全措施。	8	查相关记录并查看现场: 人员或设备验证不全,每少一项扣1分; 未经培训合格,每人扣1分; 未交底或交底不符合规定,每人扣2分; 未定期识别分包方的作业风险,督促落实安全措施,扣8分。		
4.3　职业健康（50分）	4.3.1　建立职业健康管理制度,明确职业危害的管理职责、作业环境、"三同时"、劳动防护品及职业病防护设施、职业健康检查与档案管理、职业危害告知、职业病申报、职业病治疗和康复、职业危害因素的辨识、监测、评价和控制的职责和要求。	2	查制度文本: 未以正式文件发布,扣2分; 制度内容不全,每缺一项扣1分; 制度内容不符合有关规定,每项扣1分。		

二级评审项目	三级评审项目	标准分值	评审方法及评分标准	评审描述	实际得分
4.3 职业健康（50分）	4.3.2 结合工程施工作业及其采用的工艺方法，按照有关规定开展职业危害因素辨识工作，并评估职业危害因素的种类、浓度、强度及其对人体危害的途径，策划并明确相应的控制措施。	4	查相关记录： 职业危害因素辨识、评估不全，每缺一项扣1分； 未制定控制措施，每项扣1分。		
	4.3.3 为从业人员提供符合职业健康要求的工作环境和条件，配备相适应的职业健康防护用品。在产生职业病危害的工作场所应设置相应的职业病防护设施。砂石料生产系统、混凝土生产系统、钻孔作业、洞室作业等产生职业病危害的工作场所的粉尘、噪声、毒物等指标应符合有关标准的规定。	6	查相关记录并查看现场： 未配备相适应的劳动防护用品，每人扣1分； 未按规定正确佩戴劳动防护用品，每人扣1分； 产生职业病危害的工作场所未设置职业病防护设施，每处扣2分； 工作场所的粉尘、噪声、毒物等指标超标，每处扣2分。		
	4.3.4 施工布置应确保使用有毒、有害物品的作业场所与生活区、辅助生产区分开，作业场所不应住人；将有害作业与无害作业分开，高毒工作场所与其他工作场所隔离。	3	查相关记录并查看现场： 布置不合理，扣3分； 作业场所住人，扣3分； 高毒场所与其他场所未有效隔离，扣3分。		
	4.3.5 在可能发生急性职业危害的有毒、有害工作场所，设置报警装置，制定应急处置方案，现场配置急救用品、设备，并设置应急撤离通道。	4	查相关记录和查看现场： 报警装置设置不全，每少一处扣2分； 报警装置不能正常工作，每处扣2分； 无应急处置方案，扣4分； 无急救用品、设备、应急撤离通道，扣4分。		
	4.3.6 各种防护用品、器具定点存放在安全、便于取用的地方，建立台账，并指定专人负责保管防护器具，并定期校验和维护，确保其处于正常状态。	3	查相关记录和查看现场： 防护用品、器具存放不符合规定，每处扣1分； 未建立台账，扣3分； 未指定专人保管，扣3分； 未定期校验和维护，每项扣1分。		

二级评审项目	三级评审项目	标准分值	评审方法及评分标准	评审描述	实际得分
4.3 职业健康（50分）	4.3.7 对接触职业危害的作业人员应按规定组织上岗前、在岗期间和离岗时职业健康检查,建立健全职业卫生档案和员工健康监护档案。	4	查相关记录: 职业健康检查不全,每少一人扣1分; 职业卫生档案和健康监护档案不全,每少一人扣1分。		
	4.3.8 按规定给予职业病患者及时的治疗、疗养;患有职业禁忌证的员工,应及时调整到合适岗位。	3	查相关记录和档案: 职业病患者未得到及时治疗、疗养,每人扣1分; 患有职业禁忌证的员工未及时调整到合适岗位,每人扣1分。		
	4.3.9 与从业人员订立劳动合同时,如实告知作业过程中可能产生的职业危害及其后果、防护措施等。	4	查相关记录: 未如实告知,每人扣1分。		
	4.3.10 对接触严重职业危害的作业人员进行警示教育,使其了解施工过程中的职业危害、预防和应急处理措施;在严重职业危害的作业岗位,设置警示标识和警示说明,警示说明应载明职业危害的种类、后果、预防以及应急救治措施。	4	查相关记录、查看现场并问询: 培训不全,每少一人扣1分; 作业人员不清楚职业危害、预防和应急处理措施,每人扣1分; 未设置警示标识和警示说明,每处扣1分; 警示标识和警示说明不符合要求,每处扣1分。		
	4.3.11 工作场所存在职业病目录所列职业病的危害因素的,按照有关规定,通过"职业病危害项目申报系统"及时、如实向所在地有关部门申报危害项目,发生变化后及时补报。	3	查相关记录: 未按规定申报,扣3分; 申报材料内容不全,每缺一类扣1分; 发生变化未及时补报,每缺一类扣1分。		

续表

二级评 审项目	三级评审项目	标准 分值	评审方法及评分标准	评审 描述	实际 得分
4.3 职业 健康 （50分）	4.3.12 按照规定制定职业危害场所检测计划，定期对职业危害场所进行检测，并将检测结果存档。	6	查相关记录和档案： 未制定职业危害场所检测计划，扣6分； 未定期检测，每少一次扣1分； 检测结果未存档，每少一次扣1分。		
	4.3.13 职业病危害因素浓度或强度超过职业接触限值的，制定切实有效的整改方案，立即进行整改。	4	查相关记录： 未制定有效的整改方案，扣2分； 未整改，扣2分。		
4.4 警示 标志 （25分）	4.4.1 制定包括施工现场安全和职业病危害警示标志、标牌的采购、制作、安装和维护等内容的管理制度。	2	查制度文本： 未以正式文件发布，扣2分； 制度内容不全，每缺一项扣1分； 制度内容不符合有关规定，每项扣1分。		
	4.4.2 按照规定和场所的安全风险特点，在有重大危险源、较大危险因素和严重职业病危害因素的场所（包括施工起重机械、临时供用电设施、脚手架、出入通道口、楼梯口、电梯井口、孔洞口、桥梁口、隧道口、陡坡边缘、变压器配电房、爆破物品库、油品库、危险有害气体和液体存放处等）及危险作业现场（包括爆破作业、大型设备设施安装或拆除作业、起重吊装作业、高处作业、水上作业、设备设施维修作业等），应设置明显的安全警示标志和职业病危害警示标识，告知危险的种类、后果及应急措施等，危险处所夜间应设红灯示警；在危险作业现场设置警戒区、安全隔离设施，并安排专人现场监护。	18	查相关记录和查看现场： 未按规定设置警示标志标识，每处扣2分； 危险作业现场未按规定设置安全警戒区或安全隔离设施，每处扣2分； 危险作业现场无专人监护，扣5分。		

二级评审项目	三级评审项目	标准分值	评审方法及评分标准	评审描述	实际得分
4.4　警示标志（25分）	4.4.3　定期对警示标志进行检查维护,确保其完好有效。	5	查相关记录和查看现场: 未定期进行检查维护,扣5分; 警示标志损坏,每处扣1分。		
小计		450	得分小计		

5.安全风险管控及隐患排查治理（170分）

二级评审项目	三级评审项目	标准分值	评审方法及评分标准	评审描述	实际得分
5.1　安全风险管理（40分）	5.1.1　安全风险管理制度应明确风险辨识与评估的职责、范围、方法、准则和工作程序等内容。	2	查制度文本: 未以正式文件发布,扣2分; 制度内容不全,每缺一项扣1分; 制度内容不符合有关规定,每项扣1分。		
	5.1.2　组织对安全风险进行全面、系统的辨识,对辨识资料进行统计、分析、整理和归档。	10	查相关记录并查看现场: 未实施安全风险辨识,扣10分; 辨识内容不全或与实际不符,每项扣2分; 统计、分析、整理和归档资料不全,每缺一项扣2分。		
	5.1.3　选择合适的方法,定期对所辨识出的存在安全风险的作业活动、设备设施、物料等进行评估。风险评估时,至少从影响人、财产和环境三个方面的可能性和严重程度进行分析。	7	查相关记录: 未实施风险评估,扣7分; 风险评估对象不全,每缺一项扣1分; 风险评估内容不全,每缺一项扣1分。		
	5.1.4　根据评估结果,确定安全风险等级,实施分级分类差异化动态管理,制定并落实相应的安全风险控制措施（包括工程技术措施、管理控制措施、个体防护措施等）,对安全风险进行控制。	8	查相关记录并查看现场: 未确定安全风险等级,每项扣2分; 未实施分级分类差异化动态管理,每项扣2分; 控制措施制定或落实不到位,每项扣2分。		

续表

二级评审项目	三级评审项目	标准分值	评审方法及评分标准	评审描述	实际得分
5.1 安全风险管理（40分）	5.1.5 将评估结果及所采取的控制措施告知从业人员,使其熟悉工作岗位和作业环境中存在的安全风险。	3	查相关记录并现场问询: 告知不全,每少一人扣1分; 不熟悉安全风险有关内容,每人扣1分。		
	5.1.6 变更管理制度应明确组织机构、施工人员、施工方案、设备设施、作业过程及环境发生变化时的审批程序及相关要求。	2	查制度文本: 未以正式文件发布,扣2分; 制度内容不全,每缺一项扣1分; 制度内容不符合有关规定,每项扣1分。		
	5.1.7 变更前,应对变更过程及变更后可能产生的风险进行分析,制定控制措施,履行审批及验收程序,并告知和培训相关从业人员	8	查相关记录: 变更前未进行风险分析,每项扣2分; 未制定控制措施,每项扣2分; 未履行审批或验收程序,每项扣2分; 未告知或培训,每项扣2分。		
5.2 重大危险源辨识和管理（55分）	5.2.1 重大危险源管理制度应明确重大危险源辨识、评价和控制的职责、方法、范围、流程等要求。	2	查制度文本: 未以正式文件发布,扣2分; 制度内容不全,每缺一项扣1分; 制度内容不符合有关规定,每项扣1分。		
	5.2.2 开工前,进行重大危险源辨识、评估,确定危险等级,并将辨识、评估成果及时报监理单位和项目法人。	10	查相关记录: 未进行重大危险源辨识,扣10分; 辨识或评估不全,每缺一项扣2分; 未确定危险等级,每项扣2分; 未及时报备,每项扣2分。		
	5.2.3 针对重大危险源制定防控措施,明确责任部门和责任人,并登记建档。	6	查相关记录: 未制定防控措施,每项扣1分; 未明确责任部门和责任人,每项扣1分。		

二级评审项目	三级评审项目	标准分值	评审方法及评分标准	评审描述	实际得分
5.2　重大危险源辨识和管理（55分）	5.2.4　按照国家有关规定,定期对重大危险源的安全设施和安全监测监控系统进行检测、检验,并进行经常性维护、保养,保证安全设施和安全监测监控系统有效、可靠运行。维护、保养、检测应当作好记录,并由有关人员签字。	15	查相关记录并查看现场： 未定期检测、检验,每项扣1分； 未维护、保养,每项扣1分。		
	5.2.5　对重大危险源的管理人员进行培训,使其了解重大危险源的危险特性,熟悉重大危险源安全管理规章制度,掌握安全操作技能和应急措施。	5	查相关记录并现场问询： 培训不全,每少一人扣2分； 不熟悉重大危险源相关知识,每人扣1分。		
	5.2.6　在重大危险源现场设置明显的安全警示标志和警示牌。警示牌内容应包括危险源名称、地点、责任人员、可能的事故类型、控制措施等。	5	查看现场： 未设置警示标志和警示牌,每处扣2分； 警示牌内容不符合要求,每处扣1分。		
	5.2.7　制定重大危险源事故应急预案,建立应急救援组织或配备应急救援人员、必要的防护装备及应急救援器材、设备、物资,并保障其完好和方便使用。	6	查相关记录并查看现场： 未制定应急预案,每项扣1分； 保障措施不到位,每项扣1分。		
	5.2.8　根据施工进展加强重大危险源的日常监督检查,对危险源实施动态的辨识、评价和控制。	3	查相关记录： 日常监督检查不到位,每项扣1分； 未进行动态管理,每项扣1分。		
	5.2.9　按规定将重大危险源向主管部门备案。	3	查相关记录： 未按规定备案,每项扣1分。		

续表

二级评审项目	三级评审项目	标准分值	评审方法及评分标准	评审描述	实际得分
5.3 隐患排查治理（60分）	5.3.1 事故隐患排查制度应包括隐患排查目的、内容、方法、频次和要求等。	2	查制度文本： 未以正式文件发布，扣2分； 制度内容不全，每缺一项扣1分； 制度内容不符合有关规定，每项扣1分。		
	5.3.2 根据事故隐患排查制度开展事故隐患排查，排查前应制定排查方案，明确排查的目的、范围和方法；排查方式主要包括定期综合检查、专项检查、季节性检查、节假日检查和日常检查等；对排查出的事故隐患，应及时书面通知有关责任部门，定人、定时、定措施进行整改，并按照事故隐患的等级建立事故隐患信息台账。相关方排查出的隐患统一纳入本单位隐患管理。至少每两月自行组织一次安全生产综合检查。	10	查相关记录并查看现场： 未制定排查方案，每次扣1分； 排查方式不全，每缺一项扣2分； 排查结果与现场实际不符，每次扣1分； 未书面通知有关部门，每次扣1分； 隐患信息台账不全，每缺一项扣1分； 未将相关方隐患纳入本单位隐患管理，扣5分； 安全生产综合检查频次不够，每少一次扣1分； 按照《水利工程生产安全重大事故隐患判定标准（试行）》，存在重大事故隐患的，不得评定为安全生产标准化达标单位。		
	5.3.3 建立事故隐患报告和举报奖励制度，鼓励、发动职工发现和排除事故隐患，鼓励社会公众举报。对发现、排除和举报事故隐患的有功人员，应给予物质奖励和表彰。	5	查制度文本和相关记录： 未建立事故隐患报告和举报奖励制度，扣2分； 制度内容不全，每缺一项扣1分； 制度内容不符合有关规定，每项扣1分； 无物质奖励和表彰记录，扣5分。		

二级评审项目	三级评审项目	标准分值	评审方法及评分标准	评审描述	实际得分
5.3　隐患排查治理（60分）	5.3.4　单位主要负责人组织制定重大事故隐患治理方案,经监理单位审核,报项目法人同意后实施。治理方案应包括下列内容:重大事故隐患描述;治理的目标和任务;采取的方法和措施;经费和物资的落实;负责治理的机构和人员;治理的时限和要求;安全措施和应急预案等。	5	查相关记录并查看现场:未制定治理方案,扣5分;治理方案内容不符合要求,每项扣1分;审批程序不符合要求,扣5分;未按治理方案实施,扣5分。		
	5.3.5　建立事故隐患治理和建档监控制度,逐级建立并落实隐患治理和监控责任制。	2	查制度文本:未以正式文件发布,扣2分;制度内容不全,每缺一项扣1分;制度内容不符合有关规定,每项扣1分。		
	5.3.6　一般事故隐患应立即组织整改。	6	查相关记录:一般事故隐患未立即组织整改,每项扣1分。		
	5.3.7　事故隐患整改到位前,应采取相应的安全防范措施,防止事故发生。	5	查相关记录并查看现场:未采取安全防范措施,每项扣1分。		
	5.3.8　重大事故隐患治理完成后,对治理情况进行验证和效果评估,经监理单位审核,报项目法人。一般事故隐患治理完成后,对治理情况进行复查,并在隐患整改通知单上签署明确意见。	10	查相关记录并查看现场:对于重大事故隐患,未进行验证、效果评估,扣10分;对于一般事故隐患,未复查或未签署意见,每项扣2分。		
	5.3.9　按月、季、年对隐患排查治理情况进行统计分析,形成书面报告,经单位主要负责人签字后,报项目法人,并向从业人员通报。	5	查相关记录:未按规定进行统计分析和报告,每次扣1分;未向从业人员通报,每次扣1分。		

续表

二级评审项目	三级评审项目	标准分值	评审方法及评分标准	评审描述	实际得分
5.3 隐患排查治理（60分）	5.3.10 地方人民政府或有关部门挂牌督办并责令全部或者局部停止施工的重大事故隐患,治理工作结束后,应组织本单位的技术人员和专家对治理情况进行评估。经治理后符合安全生产条件的,由项目法人向有关部门提出恢复施工的书面申请,经审查同意后,方可恢复施工。	5	查相关记录并查看现场: 未按规定进行评估,扣5分; 未经审查同意恢复施工,扣5分。		
	5.3.11 运用隐患自查、自改、自报信息系统,通过信息系统对隐患排查、报告、治理、销账等过程进行管理和统计分析,并按照有关要求报送隐患排查治理情况。	5	查相关文件和记录: 未应用信息系统进行隐患管理和统计分析,扣5分; 隐患管理和统计分析内容不完整,每缺一项扣1分; 未按照要求报送隐患排查治理情况,每次扣1分。		
5.4 预测预警（15分）	5.4.1 根据施工企业特点,结合安全风险管理、隐患排查治理及事故等情况,运用定量或定性的安全生产预测预警技术,建立体现安全生产状况及发展趋势的安全生产预测预警体系。	5	查相关文件和记录资料: 未建立安全生产预测预警体系,扣5分; 预测预警体系内容不全,每缺一项扣1分。		
	5.4.2 采取多种途径及时获取水文、气象等信息,在接到有关自然灾害预报时,应及时发出预警通知;发生可能危及安全的情况时,应采取撤离人员、停止作业、加强监测等安全措施,并及时向项目主管部门和有关部门报告。	5	查相关文件和记录: 获取信息不及时,每次扣2分; 未及时发出预警通知,扣5分; 未采取安全措施,扣5分; 未及时报告,每次扣2分。		
	5.4.3 根据安全风险管理、隐患排查治理及事故等统计分析结果,每月至少进行一次安全生产预测预警。	5	查相关记录: 未定期进行预测预警,每少一次扣1分。		
小计		170	得分小计		

6.应急管理(50 分)

二级评审项目	三级评审项目	标准分值	评审方法及评分标准	评审描述	实际得分
6.1 应急准备 (38 分)	6.1.1　建立安全生产应急管理机构,指定专人负责安全生产应急管理工作。	6	查相关文件和记录: 未设置管理机构或未指定专人负责,扣6分。		
	6.1.2　在安全风险分析、评估和应急资源调查的基础上,建立健全生产安全事故应急预案体系,包括综合预案、专项预案、现场处置方案,经监理单位审核,报项目法人备案。针对工作场所、岗位的特点,编制简明、实用、有效的应急处置卡。项目部的应急预案体系应与项目法人和地方政府的应急预案体系相衔接。按照有关规定通报应急救援队伍、周边企业等有关应急协作单位。	8	查相关文件和记录: 应急预案未以正式文件发布,扣8分; 应急预案不全,每缺一项扣1分; 应急预案内容不完善、操作性差,每项扣1分; 未按有关规定审核、报备,扣5分; 应急处置卡不全,每缺一项扣1分; 应急处置卡内容不完善、操作性差,每项扣1分; 未通报有关应急协作单位,扣1分。		
	6.1.3　应按照应急预案建立应急救援组织,组建应急救援队伍,配备应急救援人员。必要时与当地具备能力的应急救援队伍签订应急支援协议。	6	查相关文件和记录: 未建立应急救援队伍或配备应急救援人员,扣6分; 应急救援队伍不满足要求,扣6分。		
	6.1.4　根据可能发生的事故种类特点,设置应急设施,配备应急装备,储备应急物资,建立管理台账,安排专人管理,并定期检查、维护、保养,确保其完好、可靠。	10	查相关记录并查看现场: 应急物资、装备不满足要求,每项扣2分; 未建立台账,扣3分; 未安排专人管理,扣3分; 未定期检查、维护、保养,扣3分。		

续表

二级评审项目	三级评审项目	标准分值	评审方法及评分标准	评审描述	实际得分
6.1 应急准备（38分）	6.1.5　根据本单位的事故风险特点,每年至少组织一次综合应急预案演练或者专项应急预案演练,每半年至少组织一次现场处置方案演练,做到一线从业人员参与应急演练全覆盖,掌握相关的应急知识。对演练进行总结和评估,根据评估结论和演练发现的问题,修订、完善应急预案,改进应急准备工作。	5	查相关记录并现场问询:未按规定进行演练,每次扣2分;不熟悉相关应急知识,每人扣1分;未进行总结和评估,每次扣1分;未根据评估意见修订完善预案,每次扣1分;未根据修订完善后的预案改进工作,每次扣1分。		
	6.1.6　定期评估应急预案,根据评估结果及时进行修订和完善,并及时报备。	3	查相关文件和应急预案文本:未定期评估,扣3分;评估对象不全,每缺一项扣1分;评估内容不全,每缺一项扣1分;未及时修订完善,每项扣1分;未及时报备,每项扣1分。		
6.2 应急处置（8分）	6.2.1　发生事故后,启动相关应急预案,采取应急处置措施,开展事故救援,必要时寻求社会支援。	5	查相关记录:发生事故未及时启动应急预案,扣5分;未及时采取应急处置措施,扣5分。		
	6.2.2　应急救援结束后,应尽快完成善后处理、环境清理、监测等工作。	3	查相关记录:善后处理不到位,扣3分。		
6.3 应急评估（4分）	6.3.1　每年应进行一次应急准备工作的总结评估。完成险情或事故应急处置结束后,应对应急处置工作进行总结评估。	4	查相关记录:未按规定进行总结评估,每次扣1分。		
小计		50	得分小计		

7.事故管理（30分）

二级评审项目	三级评审项目	标准分值	评审方法及评分标准	评审描述	实际得分
7.1 事故报告（6分）	7.1.1　事故报告、调查和处理制度应明确事故报告（包括程序、责任人、时限、内容等）、调查和处理内容（包括事故调查、原因分析、纠正和预防措施、责任追究、统计与分析等），应将造成人员伤亡（轻伤、重伤、死亡等人身伤害和急性中毒）、财产损失的事故（含未遂事故）和较大涉险事故纳入事故调查和处理范畴。	2	查制度文本：未以正式文件发布，扣2分；制度内容不全，每缺一项扣1分；制度内容不符合有关规定，每项扣1分。		
	7.1.2　发生事故后按照有关规定及时、准确、完整的向有关部门报告，事故报告后出现新情况时，应当及时补报。	4	查相关记录：未按规定及时补报，扣4分；存在迟报、漏报、谎报、瞒报事故等行为，不得评定为安全生产标准化达标单位。		
7.2 事故调查和处理（21分）	7.2.1　发生事故后，采取有效措施，防止事故扩大，并保护事故现场及有关证据。	4	查相关记录：抢救措施不力，导致事故扩大，扣4分；未有效保护现场及有关证据，扣4分。		
	7.2.2　事故发生后按照有关规定，组织事故调查组对事故进行调查，查明事故发生的时间、经过、原因、波及范围、人员伤亡情况及直接经济损失等。事故调查组应根据有关证据、资料，分析事故的直接、间接原因和事故责任，提出应吸取的教训、整改措施和处理建议，编制事故调查报告。	7	查相关文件和记录：无事故调查报告，扣7分；报告内容不符合规定，每项扣2分。		
	7.2.3　事故发生后，由有关人民政府组织事故调查的，应积极配合开展事故调查。	3	查相关文件和记录：未积极配合开展事故调查，扣3分。		

二级评审项目	三级评审项目	标准分值	评审方法及评分标准	评审描述	实际得分
7.2 事故调查和处理（21分）	7.2.4 按照"四不放过"的原则进行事故处理。	4	查相关文件和记录： 未按"四不放过"的原则处理，扣4分。		
	7.2.5 做好事故善后工作。	3	查相关文件和记录： 善后处理不到位，扣3分。		
7.3 事故档案管理（3分）	7.3.1 建立完善的事故档案和事故管理台账，并定期按照有关规定对事故进行统计分析。	3	查相关文件和记录： 未建立事故档案和管理台账，扣3分； 事故档案或管理台账不全，每缺一项扣2分； 事故档案或管理台账与实际不符，每项扣1分； 未统计分析，扣3分。		
小计		30	得分小计		

8.持续改进（30分）

二级评审项目	三级评审项目	标准分值	评审方法及评分标准	评审描述	实际得分
8.1 绩效评定（15分）	8.1.1 安全生产标准化绩效评定制度应明确评定的组织、时间、人员、内容与范围、方法与技术、报告与分析等要求。	2	查制度文本： 未以正式文件发布，扣2分； 制度内容不全，每缺一项扣1分； 制度内容不符合有关规定，每项扣1分。		
	8.1.2 每年至少组织一次安全标准化实施情况的检查评定，验证各项安全生产制度措施的适宜性、充分性和有效性，检查安全生产目标、指标的完成情况，提出改进意见，形成评定报告。发生生产安全责任死亡事故，应重新进行评定，全面查找安全生产标准化管理体系中存在的缺陷。	6	查相关文件和记录： 主要负责人未组织评定，扣6分； 检查评定每年少于一次，扣6分； 无评定报告，扣6分； 检查评定内容不符合规定，每项扣2分； 发生死亡事故后未重新进行评定，扣6分。		

二级评审项目	三级评审项目	标准分值	评审方法及评分标准	评审描述	实际得分
8.1　绩效评定（15分）	8.1.3　评定报告以正式文件印发，向所有部门、所属单位通报安全标准化工作评定结果。	2	查相关文件和记录： 未以正式文件发布，扣2分； 评定结果未通报，扣2分。		
	8.1.4　将安全生产标准化自评结果，纳入单位年度绩效考评。	3	查相关文件和记录： 未纳入年度绩效考评，扣3分； 绩效考评不全，每少一个部门或单位扣1分； 考评结果未兑现，每个部门或单位扣1分。		
	8.1.5　落实安全生产报告制度，定期向有关部门报告安全生产情况，并公示。	2	查相关文件和记录： 未报告或公示，扣2分。		
8.2　持续改进（15分）	8.2.1　根据安全生产标准化绩效评定结果和安全生产预测预警系统所反映的趋势，客观分析本单位安全生产标准化管理体系的运行质量，及时调整完善相关规章制度、操作规程和过程管控，不断提高安全生产绩效。	15	查相关文件和记录： 未及时调整完善，每项扣2分。		
小计		30	得分小计		

附录 N 《水利建设项目稽察常见问题清单(2021 年版)》安全管理部分

附表 N.1 《水利建设项目稽察常见问题清单(2021 年版)》安全管理部分

序号	问题描述	相关法规标准	法规标准内容或条款	备注
1	安全管理体系			
1.1	目标责任管理			
1.1.1	未制定安全生产总体目标和年度目标	《水利安全生产标准化通用规范》(SL/T 789—2019)3.1.1；《水利水电工程施工安全管理导则》(SL 721—2015)3.1.1、3.1.2、3.1.5	3.1.1 目标 水利生产经营单位应根据自身安全生产实际,制定文件化的总体和年度安全生产与职业健康目标,并纳入单位总体和年度生产经营目标。应明确目标的制定、分解、实施、检查、考核等环节要求,并按照所属基层单位和部门在生产经营活动中所承担的职能,将目标分解为指标,签订目标责任书,确保落实。水利生产经营单位应定期对安全生产与职业健康目标、指标实施情况进行评估和考核,并结合实际及时进行调整。 3.1.1 项目法人应建立安全生产目标管理制度,明确目标与指标的制定、分解、实施、考核等环节内容。 3.1.2 各参建单位应根据项目安全生产总体目标和年度目标,制定所承担项目的安全生产总体目标和年度目标。 3.1.5 安全生产目标应经单位主要负责人审批,并以文件的形式发布。	★
1.1.2	未制订安全生产目标考核办法	《水利水电工程施工安全管理导则》(SL 721—2015)3.3.1	3.3.1 项目法人应制订有关参建单位的安全生产目标考核办法;各参建单位应制订本单位各部门的安全生产目标考核办法。项目法人安全生产目标考核办法由项目主管部门制订。	

续表

序号	问题描述	相关法规标准	法规标准内容或条款	备注
1.1.3	未全面签订安全生产目标责任书	《中华人民共和国安全生产法》（2021年修订版）第二十二条；《水利水电工程施工安全管理导则》（SL 721—2015）3.2.4、3.2.5	第二十二条　生产经营单位的全员安全生产责任制应当明确各岗位的责任人员、责任范围和考核标准等内容。生产经营单位应当建立相应的机制，加强对全员安全生产责任制落实情况的监督考核，保证全员安全生产责任制的落实。 3.2.4　勘察、设计等其他参与工程建设的单位的安全生产目标管理计划，应报项目法人同意，并与项目法人签订安全生产目标责任书。 3.2.5　各参建单位应加强内部目标管理，逐级签订安全生产目标责任书，实行分级控制。	★
1.1.4	未对安全生产目标完成情况进行考核和奖惩	《水利水电工程施工安全管理导则》（SL 721—2015）3.3.3、3.3.4	3.3.3　项目法人每半年应组织对有关参建单位的安全生产目标完成情况进行考核，各参建单位每季度应对内部各部门和管理人员安全生产目标完成情况进行考核。项目法人的安全生产目标完成情况由项目主管部门考核。 3.3.4　各参建单位应根据考核结果，按照考核办法进行奖惩。	
1.2	安全生产管理机构及职责			
1.2.1	未建立健全安全生产责任制	《中华人民共和国安全生产法》（2021年修订版）第四条、第二十二条	第四条　生产经营单位必须遵守本法和其他有关安全生产的法律、法规，加强安全生产管理，建立健全全员安全生产责任制和安全生产规章制度，加大对安全生产资金、物资、技术、人员的投入保障力度，改善安全生产条件，加强安全生产标准化、信息化建设，构建安全风险分级管控和隐患排查治理双重预防机制，健全风险防范化解机制，提高安全生产水平，确保安全生产。 第二十二条　生产经营单位的全员安全生产责任制应当明确各岗位的责任人员、责任范围和考核标准等内容。生产经营单位应当建立相应的机制，加强对全员安全生产责任制落实情况的监督考核，保证全员安全生产责任制的落实	★

序号	问题描述	相关法规标准	法规标准内容或条款	备注
1.2.2	主要负责人安全生产履职不到位	《中华人民共和国安全生产法》（2021年修订版）第二十一条	第二十一条　生产经营单位的主要负责人对本单位安全生产工作负有下列职责： （一）建立健全并落实本单位全员安全生产责任制，加强安全生产标准化建设； （二）组织制定并实施本单位安全生产规章制度和操作规程； （三）组织制定并实施本单位安全生产教育和培训计划； （四）保证本单位安全生产投入的有效实施； （五）组织建立并落实安全风险分级管控和隐患排查治理双重预防工作机制，督促、检查本单位的安全生产工作，及时消除生产安全事故隐患； （六）组织制定并实施本单位的生产安全事故应急救援预案； （七）及时、如实报告生产安全事故。	
1.2.3	无安全生产责任制落实情况考核制度，或未考核	《中华人民共和国安全生产法》（2021年修订版）第二十二条；《国务院安委会办公室关于全面加强企业全员安全生产责任制工作的通知》（安委办〔2017〕29号）第二条	第二十二条　生产经营单位的全员安全生产责任制应当明确各岗位的责任人员、责任范围和考核标准等内容。生产经营单位应当建立相应的机制，加强对全员安全生产责任制落实情况的监督考核，保证全员安全生产责任制的落实。 第二条　建立健全企业全员安全生产责任制。 （六）加强落实企业全员安全生产责任制的考核管理。企业要建立健全安全生产责任制管理考核制度，对全员安全生产责任制落实情况进行考核管理。要健全激励约束机制，通过奖励主动落实、全面落实责任，惩处不落实责任、部分落实责任，不断激发全员参与安全生产工作的积极性和主动性，形成良好的安全文化氛围。	

序号	问题描述	相关法规标准	法规标准内容或条款	备注
1.2.6	施工企业未取得安全生产许可证，或安全生产许可证超过有效期	《安全生产许可证条例》（2014年修订版）第七条、第九条	第七条　企业进行生产前，应当依照本条例的规定向安全生产许可证颁发管理机关申请领取安全生产许可证，并提供本条例第六条规定的相关文件、资料。 第九条　安全生产许可证的有效期为3年。安全生产许可证有效期满需要延期的，企业应当于期满前3个月向原安全生产许可证颁发管理机关办理延期手续。	★
1.2.7	未成立安全生产领导小组或安全生产领导小组成员不合规	《建筑施工企业安全生产管理机构设置及专职安全生产管理人员配备办法》（建质〔2008〕91号）第十条；《水利安全生产标准化通用规范》（SL/T 789—2019）3.1.2；《水利水电工程施工安全管理导则》（SL 721—2015）4.1.1	第十条　建筑施工企业应当在建设工程项目组建安全生产领导小组。建设工程实行施工总承包的，安全生产领导小组由总承包企业、专业承包企业和劳务分包企业项目经理、技术负责人和专职安全生产管理人员组成。 3.1.2　机构和职责 3.1.2.1　机构设置 水利生产经营单位应落实安全生产组织领导机构，成立安全生产委员会（领导小组），并应按照有关规定设置安全生产和职业健康管理机构，或配备相应的专职或兼职安全生产和职业健康管理人员，建立健全从管理机构到基层班组的管理网络。 4.1.1　水利水电工程建设项目应设立由项目法人牵头组建的安全生产领导小组，项目法人主要负责人任组长，分管安全的负责人以及设计、监理、施工等单位现场机构的主要负责人为成员。	

续表

序号	问题描述	相关法规标准	法规标准内容或条款	备注
1.2.8	未设立安全生产管理机构、专职安全管理人员数量不满足规定要求	《水利工程建设安全生产管理规定》（2019 年修订版）第二十条；《建筑施工企业安全生产管理机构设置及专职安全生产管理人员配备办法》（建质〔2008〕91 号）第十三条、第十四条；《水利工程施工监理规范》（SL 288—2014）6.5.4；《水利水电工程施工安全管理导则》（SL 721—2015）4.1.3	第二十条　施工单位应当设立安全生产管理机构，按照国家有关规定配备专职安全生产管理人员。施工现场必须有专职安全生产管理人员。 第十三条　总承包单位配备项目专职安全生产管理人员应当满足下列要求： （一）建筑工程、装修工程按照建筑面积配备： 1、1 万平方米以下的工程不少于 1 人； 2、1 万～5 万平方米的工程不少于 2 人； 3、5 万平方米及以上的工程不少于 3 人，且按专业配备专职安全生产管理人员。 （二）土木工程、线路管道、设备安装工程按照工程合同价配备： 1、5000 万元以下的工程不少于 1 人； 2、5000 万～1 亿元的工程不少于 2 人； 3、1 亿元及以上的工程不少于 3 人，且按专业配备专职安全生产管理人员。 第十四条　分包单位配备项目专职安全生产管理人员应当满足下列要求： （一）专业承包单位应当配置至少 1 人，并根据所承担的分部分项工程的工程量和施工危险程度增加…… 6.5.4　监理机构应按照相关规定核查承包人的安全生产管理机构，以及安全生产管理人员的安全资格证书和特种作业人员的特种作业操作资格证书，并检查安全生产教育培训情况。 4.1.3　项目法人应设置专门的安全生产管理机构，配备专职的安全生产管理人员。	★

序号	问题描述	相关法规标准	法规标准内容或条款	备注
1.2.9	未定期召开安全会议	《水利水电工程施工安全管理导则》(SL 721—2015)4.1.2、4.1.4、4.2.4	4.1.2　安全生产领导小组每季度至少应召开一次全体会议,分析安全生产形势,研究解决安全生产工作的重大问题。会议应形成纪要,由项目法人印发各参建单位,并监督执行。 4.1.4　项目法人应每月主持召开一次由各参建单位参加的安全生产例会,并形成会议纪要,印发相关单位。会议纪要应明确存在问题、整改要求、责任单位和完成时间等。 4.2.4　施工单位应每周由项目部负责人主持召开一次安全生产例会,分析现场安全生产形势,研究解决安全生产问题。各部门负责人、各班组长、分包单位现场负责人等参加会议。会议应作详细记录,并形成会议纪要。	
1.2.10	施工单位安全生产管理三类人员未持证上岗	《水利水电工程施工企业主要负责人、项目负责人和专职安全生产管理人员安全生产考核管理办法》(水监督〔2022〕326号)第三条、第七条;《水利工程施工监理规范》(SL 288—2014)6.5.4	第三条　本办法所称企业主要负责人指企业的法定代表人和实际控制人。项目负责人是指由企业法定代表人授权,负责工程项目管理的人员。专职安全生产管理人员是指在企业专职从事工程项目安全生产管理工作的人员,包括企业安全生产管理机构的人员和专职从事工程项目安全生产管理的人员。水利水电工程施工企业主要负责人、项目负责人和专职安全生产管理人员以下统称为安管人员。 第七条　安管人员应具备与从事水利水电工程施工相应的安全生产知识和管理能力,经考核管理部门考试合格后,申请取得水利水电工程施工企业主要负责人、项目负责人和专职安全生产管理人员安全生产考核合格证书(以下简称证书)。证书有效期3年,采用电子证书形式,在全国水利水电工程建设领域适用。证书样式由国务院水行政主管部门统一规定。	★

续表

序号	问题描述	相关法规标准	法规标准内容或条款	备注
1.2.10			6.5.4 监理机构应按照相关规定核查承包人的安全生产管理机构，以及安全生产管理人员的安全资格证书和特种作业人员的特种作业操作资格证书，并检查安全生产教育培训情况。	★
1.3	安全生产管理制度			
1.3.1	未建立或建立的安全生产规章制度不全	《中华人民共和国安全生产法》（2021年修订版）第四条；《水利安全生产标准化通用规范》(SL/T 789—2019)3.2.2	第四条 生产经营单位必须遵守本法和其他有关安全生产的法律、法规，加强安全生产管理，建立健全全员安全生产责任制和安全生产规章制度，加大对安全生产资金、物资、技术、人员的投入保障力度，改善安全生产条件，加强安全生产标准化、信息化建设，构建安全风险分级管控和隐患排查治理双重预防机制，健全风险防范化解机制，提高安全生产水平，确保安全生产。 3.2.2 规章制度 水利生产经营单位应建立健全安全生产和职业健康规章制度，规范安全生产和职业健康管理工作，应确保从业人员及时获取制度文本。安全生产和职业健康规章制度应包括但不限于下列内容： ——目标管理； ——安全生产和职业健康责任制； ——安全生产投入； ——安全生产信息化； ——文件、记录和档案管理； ——新技术、新工艺、新设备设施、新材料管理； ——教育培训； ——班组安全活动； ——特种作业人员管理； ——设备设施管理； ——作业活动管理； ——危险物品管理； ——安全警示标志管理； ——用电安全管理；	

序号	问题描述	相关法规标准	法规标准内容或条款	备注
1.3.1			——消防安全管理； ——交通安全管理； ——相关方管理； ——防洪度汛安全管理； ——职业健康管理； ——劳动防护用品（具）管理； ——安全预测预警； ——安全风险管理、隐患排查治理； ——变更管理； ——重大危险源辨识与管理； ——应急管理； ——事故管理； ——安全生产报告； ——绩效评定管理。	
1.3.2	未编制或编制的安全生产操作规程不全	《中华人民共和国安全生产法》（2021年修订版）第二十五条；《中华人民共和国特种设备安全法》（2013年发布）第三十四条；《安全生产许可证条例》（2014年修订版）第六条；《水利安全生产标准化通用规范》（SL/T 789—2019）3.2.3	第二十五条　生产经营单位的安全生产管理机构以及安全生产管理人员履行下列职责： （一）组织或者参与拟订本单位安全生产规章制度、操作规程和生产安全事故应急救援预案； （二）组织或者参与本单位安全生产教育和培训，如实记录安全生产教育和培训情况； （三）组织开展危险源辨识和评估，督促落实本单位重大危险源的安全管理措施； （四）组织或者参与本单位应急救援演练； （五）检查本单位的安全生产状况，及时排查生产安全事故隐患，提出改进安全生产管理的建议； （六）制止和纠正违章指挥、强令冒险作业、违反操作规程的行为； （七）督促落实本单位安全生产整改措施。 第三十四条　特种设备使用单位应当建立岗位责任、隐患治理、应急救援等安全管理制度，制定操作规程，保证特种设备安全运行。 第六条　企业取得安全生产许可证，应当具备下列安全生产条件： （一）建立、健全安全生产责任制，制定完备的安全生产规章制度和操作规程。	★

序号	问题描述	相关法规标准	法规标准内容或条款	备注
1.3.2			3.2.3 操作规程 水利生产经营单位应按照有关规定，结合本单位生产工艺、作业任务特点以及岗位作业安全风险与职业病防护要求，引用或编制适用的安全生产和职业健康操作规程，发放到相关岗位，并严格执行。 应确保从业人员参与有关安全生产和职业健康操作规程的编制和修订工作。 在新技术、新工艺、新设备设施、新材料投入使用前，应进行安全生产风险评估，组织制（修）订相应的安全生产和职业健康操作规程。	★
1.3.3	未严格执行安全规章制度和安全操作规程	《中华人民共和国安全生产法》（2021 年修订版）第四十四条；《建设工程安全生产管理条例》（2003 年发布）第三十三条；《水利安全生产标准化通用规范》（SL/T 789—2019）3.2.3；相关具体法规标准	第四十四条 生产经营单位应当教育和督促从业人员严格执行本单位的安全生产规章制度和安全操作规程；并向从业人员如实告知作业场所和工作岗位存在的危险因素、防范措施以及事故应急措施。 第三十三条 作业人员应当遵守安全施工的强制性标准、规章制度和操作规程，正确使用安全防护用具、机械设备等。 3.2.3 操作规程 水利生产经营单位应按照有关规定，结合本单位生产工艺、作业任务特点以及岗位作业安全风险与职业病防护要求，引用或编制适用的安全生产和职业健康操作规程，发放到相关岗位，并严格执行。 应确保从业人员参与有关安全生产和职业健康操作规程的编制和修订工作。 在新技术、新工艺、新设备设施、新材料投入使用前，应进行安全生产风险评估，组织制（修）订相应的安全生产和职业健康操作规程。	
1.3.8	施工单位未按照强制性条文进行施工	《水利工程建设标准强制性条文管理办法（试行）》（水国科〔2012〕546 号）第五条	第五条 水利工程建设项目管理、勘测、设计、施工、监理、检测、运行以及质量监督等工作必须执行强制性条文。	

序号	问题描述	相关法规标准	法规标准内容或条款	备注
1.4	安全生产费用及保险管理			
1.4.4	工程承包合同中未明确安全生产措施费	《水利工程建设安全生产管理规定》（2019年修订版）第八条	第八条　……工程承包合同中应当明确安全作业环境及安全施工措施所需费用。	★
1.4.5	未按规定提取、使用、支付安全生产费用	《中华人民共和国安全生产法》（2021年修订版）第二十三条；《水利工程建设安全生产管理规定》（2019年修订版）第十九条；《水利部关于进一步加强水利建设项目安全设施"三同时"的通知》（水安监〔2015〕298号）第二条；《企业安全生产费用提取和使用管理办法》财企（〔2012〕16号）第七条、第十九条；《水利水电工程施工安全管理导则》（SL 721—2015）6.2.2	第二十三条　生产经营单位应当具备的安全生产条件所必需的资金投入，由生产经营单位的决策机构、主要负责人或者个人经营的投资人予以保证，并对由于安全生产所必需的资金投入不足导致的后果承担责任。有关生产经营单位应当按照规定提取和使用安全生产费用，专门用于改善安全生产条件。第十九条　施工单位在工程报价中应当包含工程施工的安全作业环境及安全施工措施所需费用。对列入建设工程概算的上述费用，应当用于施工安全防护用具及设施的采购和更新、安全施工措施的落实、安全生产条件的改善，不得挪作他用。第二条　足额提取安全生产措施费，保证安全保障措施落实到位……项目建设单位应充分考虑现场施工现场安全作业的需要，足额提取安全生产措施费，落实安全保障措施，不断改善职工的劳动保护条件和生产作业环境，保证水利工程建设项目配置必要安全生产设施，保障水利建设项目参建人员的劳动安全……	★

续表

序号	问题描述	相关法规标准	法规标准内容或条款	备注
1.4.5			第七条　建设工程施工企业以建筑安装工程造价为计提依据。各建设工程类别安全费用提取标准如下： （二）房屋建筑工程、水利水电工程、电力工程、铁路工程、城市轨道交通工程为2.0%……建设工程施工企业提取的安全费用列入工程造价，在竞标时，不得删减，列入标外管理。国家对基本建设投资概算另有规定的，从其规定。总包单位应当将安全费用按比例直接支付分包单位并监督使用，分包单位不再重复提取。 第十九条　建设工程施工企业安全费用应当按照以下范围使用： （一）完善、改造和维护安全防护设施设备（不含"三同时"要求初期投入的安全设施）支出，包括施工现场临时用电系统、洞口、临边、机械设备、高处作业防护、交叉作业防护、防火、防爆、防尘、防毒、防雷、防台风、防地质灾害、地下工程有害气体监测、通风、临时安全防护等设施设备支出…… 6.2.2　项目法人、施工单位安全生产费用管理制度应明确安全费用使用、管理的程序、职责及权限等。施工单位应按规定及时、足额使用安全生产费用。	★
1.4.6	未按规定为危险作业人员办理意外伤害保险	《中华人民共和国建筑法》（2019年修订版）第四十八条	第四十八条　建筑施工企业应当依法为职工参加工伤保险缴纳工伤保险费。鼓励企业为从事危险作业的职工办理意外伤害保险，支付保险费。	

序号	问题描述	相关法规标准	法规标准内容或条款	备注
1.5	教育培训			
1.5.1	未按规定对从业人员进行安全生产教育和培训	《中华人民共和国安全生产法》（2021年修订版）第二十八条；《水利工程建设安全生产管理规定》（2019年修订版）第二十五条；《生产经营单位安全培训规定》（2015年修订版）第四条；《生产安全事故应急条例》（2019年发布）第十一条	第二十八条　生产经营单位应当对从业人员进行安全生产教育和培训，保证从业人员具备必要的安全生产知识，熟悉有关的安全生产规章制度和安全操作规程，掌握本岗位的安全操作技能，了解事故应急处理措施，知悉自身在安全生产方面的权利和义务。未经安全生产教育和培训合格的从业人员，不得上岗作业。 第二十五条　施工单位的主要负责人、项目负责人、专职安全生产管理人员应当经水行政主管部门对其安全生产知识和管理能力考核合格。 施工单位应当对管理人员和作业人员每年至少进行一次安全生产教育培训，其教育培训情况记入个人工作档案。安全生产教育培训考核不合格的人员，不得上岗。 施工单位在采用新技术、新工艺、新设备、新材料时，应当对作业人员进行相应的安全生产教育培训。 第四条　生产经营单位应当进行安全培训的从业人员包括主要负责人、安全生产管理人员、特种作业人员和其他从业人员。 第十一条　……应急救援队伍建立单位或者兼职应急救援人员所在单位应当按照国家有关规定对应急救援人员进行培训；应急救援人员经培训合格后，方可参加应急救援工作。	★
1.5.2	特种作业人员、特种设备作业人员未持证上岗	《中华人民共和国安全生产法》（2021年修订版）第三十条；《安全生产许可证条例》（2014年修订版）第六条；	第三十条　生产经营单位的特种作业人员必须按照国家有关规定经专门的安全作业培训，取得相应资格，方可上岗作业。特种作业人员的范围由国务院应急管理部门会同国务院有关部门确定。 第六条　（五）特种作业人员经有关业务主管部门考核合格，取得特种作业操作资格证书。	★

序号	问题描述	相关法规标准	法规标准内容或条款	备注
1.5.2	特种作业人员、特种设备作业人员未持证上岗	《特种作业人员安全技术培训考核管理规定》（2015年修订版）附件；《市场监管总局关于特种设备行政许可有关事项的公告》（2021年修订版）附件2；《特种设备作业人员监督管理办法》（2011年修订版）第五条；《水利水电工程施工通用安全技术规程》（SL398—2007）4.1.2、5.3.9、9.1.2；《起重机械安全规程 第1部分：总则》（GB6067.1—2010）12.3.2、12.4.2、12.5.2	附件 特种作业目录：1电工作业；2焊接与热切割作业；3高处作业；4制冷与空调作业；5煤矿安全作业；6金属非金属矿山安全作业；7石油天然气安全作业；8冶金（有色）生产安全作业；9危险化学品安全作业；10烟花爆竹安全作业；11安全监管总局认定的其他作业。 附件2 特种设备作业人员资格认定分类与项目：1特种设备安全管理；2锅炉作业；3压力容器作业；4气瓶作业；5电梯作业；6起重机作业；7客运索道作业；8大型游乐设施作业；9场（厂）内专用机动车辆作业；10安全附件维修作业；11特种设备焊接作业。 第五条 特种设备生产、使用单位（以下统称用人单位）应当聘（雇）用取得《特种设备作业人员证》的人员从事相关管理和作业工作，并对作业人员进行严格管理。特种设备作业人员应当持证上岗，按章操作，发现隐患及时处置或者报告。 4.1.2 从事电器作业的人员，应持证上岗；非电工及无证人员严禁从事电气作业。 5.3.9 从事脚手架工作的人员，应熟悉各种架子的基本技术知识和技能，并应持有国家特种作业主管部门考核的合格证。 9.1.2 凡从事焊接与气割的工作人员，应熟知本标准及有关安全知识，并经过专业培训考核取得操作证，持证上岗。 12.3.2 司机应具备以下条件：j）具有操作起重机械的资质。 12.4.2 吊装工应具备下列条件：k）具有担负该项工作的资质。 12.5.2 指挥人员应具备下列条件：h）具有担负该项工作的资质。	★

序号	问题描述	相关法规标准	法规标准内容或条款	备注
1.5.3	未如实告知作业场所和工作岗位存在的危险因素、防范措施以及事故应急措施	《中华人民共和国安全生产法》（2021年修订版）第四十四条	第四十四条　生产经营单位应当教育和督促从业人员严格执行本单位的安全生产规章制度和安全操作规程；并向从业人员如实告知作业场所和工作岗位存在的危险因素、防范措施以及事故应急措施。	
1.5.4	未对分包方进行有效的安全生产管理	《中华人民共和国安全生产法》（2021年修订版）第四十九条	第四十九条　生产经营单位不得将生产经营项目、场所、设备发包或者出租给不具备安全生产条件或者相应资质的单位或者个人。生产经营项目、场所发包或者出租给其他单位的，生产经营单位应当与承包单位、承租单位签订专门的安全生产管理协议，或者在承包合同、租赁合同中约定各自的安全生产管理职责；生产经营单位对承包单位、承租单位的安全生产工作统一协调、管理，定期进行安全检查，发现安全问题的，应当及时督促整改。	
1.6	安全档案管理			
1.6.1	安全生产档案管理不合规	《水利安全生产标准化通用规范》（SL/T 789—2019）3.2.4；《水利水电工程施工安全管理导则》（SL 721—2015）14.0.1	3.2.4　文档管理 3.2.4.1　文件和记录管理 水利生产经营单位应建立文件、记录及档案管理制度，明确安全生产和职业健康规章制度、操作规程的编制、评审、发布、使用、修订、废止以及文件、记录及档案管理的职责、程序和要求。应建立健全主要安全生产和职业健康过程与结果的记录，并建立和保存有关记录的电子档案，支持查询和检索，便于自身管理使用和行业主管部门调取检查。 14.0.1　各参建单位应将安全生产档案管理纳入日常工作，明确管理部门、人员及岗位职责，健全制度，安排经费，确保安全生产档案管理正常开展。	

序号	问题描述	相关法规标准	法规标准内容或条款	备注
2	风险管控与事故隐患排查			
2.1	危险源管理			
2.1.1	未建立安全风险分级管控机制，未落实安全风险分级管控措施	《标本兼治遏制重特大事故工作指南》（安委办〔2016〕3号）第二条	第二条　着力构建安全风险分级管控和隐患排查治理双重预防性工作机制 (三)建立实行安全风险分级管控机制。按照"分区域、分级别、网格化"原则，实施安全风险差异化动态管理，明确落实每一处重大安全风险和重大危险源的安全管理与监管责任，强化风险管控技术、制度、管理措施，把可能导致的后果限制在可防、可控范围之内。健全安全风险公告警示和重大安全风险预警机制，定期对红色、橙色安全风险进行分析、评估、预警。落实企业安全风险分级管控岗位责任，建立企业安全风险公告、岗位安全风险确认和安全操作"明白卡"制度。	
2.1.2	未开展或开展的危险源辨识与风险评价工作与工程实际不符	《水利水电工程施工危险源辨识与风险评价导则（试行）》（办监督函〔2018〕1693号）第1.5节	1.5　水利工程建设项目法人和勘测、设计、施工、监理等参建单位(以下一并简称为各单位)是危险源辨识、风险评价和管控的主体。各单位应结合本工程实际，根据工程施工现场情况和管理特点，全面开展危险源辨识与风险评价，严格落实相关管理责任和管控措施，有效防范和减少安全生产事故。	★
2.1.3	未制定危险源辨识和风险管控制度	《水利水电工程施工危险源辨识与风险评价导则（试行）》（办监督函〔2018〕1693号）第1.7节	1.7　开工前，项目法人应组织其他参建单位研究制定危险源辨识与风险管理制度，明确监理、施工、设计等单位的职责、辨识范围、流程、方法等。	

序号	问题描述	相关法规标准	法规标准内容或条款	备注
2.1.4	未确定一般危险源风险等级	《水利水电工程施工危险源辨识与风险评价导则（试行）》（办监督函〔2018〕1693号）第4.3节	4.3 重大危险源的风险等级直接评定为重大风险等级；危险源风险等级评价主要对一般危险源进行风险评价，可结合工程施工实际选取适当的评价方法。	
2.1.5	未对重大危险源进行有效管控	《国务院安委会办公室关于实施遏制重特大事故工作指南构建双重预防机制的意见》（安委办〔2016〕11号）第二条；《水利部关于开展水利安全风险分级管控的指导意见》（水监督〔2018〕323号）第三条	第二条 着力构建企业双重预防机制 (三)有效管控安全风险。企业要根据风险评估的结果，针对安全风险特点，从组织、制度、技术、应急等方面对安全风险进行有效管控。要通过隔离危险源、采取技术手段、实施个体防护、设置监控设施等措施，达到回避、降低和监测风险的目的。要对安全风险分级、分层、分类、分专业进行管理，逐一落实企业、车间、班组和岗位的管控责任，尤其要强化对重大危险源和存在重大安全风险的生产经营系统、生产区域、岗位的重点管控。 第三条 (一)分级分类实施监管。……各级水行政主管部门应根据所属单位、水利工程的风险情况，确定不同的监督检查频次、重点内容等，实行差异化、精准化动态监管。对备案的风险等级为重大的一般危险源和重大危险源，要明确监管责任，制定监管措施，督促指导水利生产经营单位强化管控；对未有效实施监测和控制的风险等级为重大的一般危险源和重大危险源，应作为重大隐患挂牌督办。	
2.1.6	未开展危险源登记、建立档案、备案等工作	《水利水电工程施工危险源辨识与风险评价导则（试行）》（办监督函〔2018〕1693号）第1.9节	1.9 各单位应对危险源进行登记，其中重大危险源和风险等级为重大的一般危险源应建立专项档案，明确管理的责任部门和责任人。重大危险源应按有关规定报项目主管部门和有关部门备案。	★
2.2	事故隐患排查与治理			

续表

序号	问题描述	相关法规标准	法规标准内容或条款	备注
2.2.1	未制定事故隐患排查治理制度	《安全生产事故隐患排查治理暂行规定》（2007年发布）第四条	第四条 生产经营单位应当建立健全事故隐患排查治理制度。生产经营单位主要负责人对本单位事故隐患排查治理工作全面负责。	
2.2.2	未按规定开展安全检查、事故隐患排查工作	《中华人民共和国安全生产法》（2021年修订版）第四十六条；《安全生产事故隐患排查治理暂行规定》（2007年发布）第十条；《国务院安委会办公室关于实施遏制重特大事故工作指南构建双重预防机制的意见》（安委办〔2016〕11号）第五条；《水利部关于进一步加强水利生产安全事故隐患排查治理工作的意见》（水安监〔2017〕409号）第四条	第四十六条 生产经营单位的安全生产管理人员应当根据本单位的生产经营特点，对安全生产状况进行经常性检查；对检查中发现的安全问题，应当立即处理；不能处理的，应当及时报告本单位有关负责人，有关负责人应当及时处理。检查及处理情况应当如实记录在案。 第十条 生产经营单位应当定期组织安全生产管理人员、工程技术人员和其他相关人员排查本单位的事故隐患。对排查出的事故隐患，应当按照事故隐患的等级进行登记，建立事故隐患信息档案，并按照职责分工实施监控治理。 第五条 有关工作要求。（一）强化组织领导……要紧紧围绕遏制重特大事故，突出重点地区、重点企业、重点环节和重点岗位，抓住辨识管控重大风险、排查治理重大隐患两个关键，不断完善工作机制，深化安全专项整治，推动各项标准、制度和措施落实到位。	★

序号	问题描述	相关法规标准	法规标准内容或条款	备注
2.2.2			第四条　全面排查事故隐患。水利生产经营单位应结合实际,从物的不安全状态、人的不安全行为和管理上的缺陷等方面,明确事故隐患排查事项和具体内容,编制事故隐患排查清单,组织安全生产管理人员、工程技术人员和其他相关人员排查事故隐患。事故隐患排查应坚持日常排查与定期排查相结合,专业排查与综合检查相结合,突出重点部位、关键环节、重要时段,排查必须全面彻底,不留盲区和死角。水利建设各参建单位和运行管理单位要按照《水利工程生产安全重大事故隐患判定标准(试行)》,其他水利生产经营单位按照相关事故隐患判定标准,对本单位存在的事故隐患级别作出判定,建立事故隐患信息档案,将排查出的事故隐患向从业人员通报。重大事故隐患须经本单位主要负责人同意,报告上级水行政主管部门。	★
2.2.3	事故隐患排查未实行闭环管理	《标本兼治遏制重特大事故工作指南》(安委办〔2016〕3号)第二条	第二条　着力构建安全风险分级管控和隐患排查治理双重预防性工作机制 (四)实施事故隐患排查治理闭环管理。推进企业安全生产标准化和隐患排查治理体系建设,建立自查、自改、自报事故隐患的排查治理信息系统,建设政府部门信息化、数字化、智能化事故隐患排查治理网络管理平台并与企业互联互通,实现隐患排查、登记、评估、报告、监控、治理、销账的全过程记录和闭环管理。	
2.2.4	一般事故隐患未整改	《安全生产事故隐患排查治理暂行规定》(2007年发布)第十五条	第十五条　对于一般事故隐患,由生产经营单位(车间、分厂、区队等)负责人或者有关人员立即组织整改。	

序号	问题描述	相关法规标准	法规标准内容或条款	备注
2.2.5	未组织制定并实施重大事故隐患治理方案	《安全生产事故隐患排查治理暂行规定》（2007年发布）第十五条；《水利工程生产安全重大事故隐患判定标准（试行）》（水安监〔2017〕344号）第二条	第十五条 ……对于重大事故隐患，由生产经营单位主要负责人组织制定并实施事故隐患治理方案…… 第二条 水利建设各参建单位和运行管理单位是事故隐患判定工作的主体，要根据有关法律法规、技术标准和判定标准对排查出的事故隐患进行科学合理判定。判定标准清单中列出了一些常见隐患内容，各有关单位可根据工程实际情况增补未涵盖的隐患内容，也可根据工作经验采用其他方式方法来判定。对于判定出的重大事故隐患，有关单位要立即组织整改，不能立即整改的，要做到整改责任、资金、措施、时限和应急预案"五落实"。重大事故隐患及其整改进展情况需经本单位负责人同意后报有管辖权的水行政主管部门。	★
2.2.6	重大事故隐患治理方案内容不全	《安全生产事故隐患排查治理暂行规定》（2007年发布）第十五条	第十五条 ……重大事故隐患治理方案应当包括以下内容： （一）治理的目标和任务； （二）采取的方法和措施； （三）经费和物资的落实； （四）负责治理的机构和人员； （五）治理的时限和要求； （六）安全措施和应急预案。	
2.2.7	事故隐患消除前未采取安全防范措施	《安全生产事故隐患排查治理暂行规定》（2007年发布）第十六条	第十六条 生产经营单位在事故隐患治理过程中，应当采取相应的安全防范措施，防止事故发生。事故隐患排除前或者排除过程中无法保证安全的，应当从危险区域内撤出作业人员，并疏散可能危及的其他人员，设置警戒标志，暂时停产停业或者停止使用；对暂时难以停产或者停止使用的相关生产储存装置、设施、设备，应当加强维护和保养，防止事故发生。	

序号	问题描述	相关法规标准	法规标准内容或条款	备注
2.2.8	未按要求统计、上报事故隐患排查治理情况	《安全生产事故隐患排查治理暂行规定》(2007年发布)第十四条	第十四条　生产经营单位应当每季、每年对本单位事故隐患排查治理情况进行统计分析,并分别于下一季度15日前和下一年1月31日前向安全监管监察部门和有关部门报送书面统计分析表。统计分析表应当由生产经营单位主要负责人签字。对于重大事故隐患,生产经营单位除依照前款规定报送外,应当及时向安全监管监察部门和有关部门报告。重大事故隐患报告内容应当包括: (一)隐患的现状及其产生原因; (二)隐患的危害程度和整改难易程度分析: (三)隐患的治理方案。	
2.2.9	未向从业人员通报事故隐患排查治理情况	《中华人民共和国安全生产法》(2021年修订版)第四十一条	第四十一条　生产经营单位应当建立健全并落实生产安全事故隐患排查治理制度,采取技术、管理措施,及时发现并消除事故隐患。事故隐患排查治理情况应当如实记录,并通过职工大会或者职工代表大会、信息公示栏等方式向从业人员通报。其中,重大事故隐患排查治理情况应当及时向负有安全生产监督管理职责的部门和职工大会或者职工代表大会报告。	
2.2.11	未建立事故隐患排查治理档案	《安全生产事故隐患排查治理暂行规定》(2007年发布)第十条	第十条　生产经营单位应当定期组织安全生产管理人员、工程技术人员和其他相关人员排查本单位的事故隐患。对排查出的事故隐患,应当按照事故隐患的等级进行登记,建立事故隐患信息档案,并按照职责分工实施监控治理。	
3	安全技术管理			

续表

序号	问题描述	相关法规标准	法规标准内容或条款	备注
3.0.4	未按施工现场实际编制安全技术措施	《水利工程建设安全生产管理规定》（2019 年修订版）第二十三条；《水利水电工程施工通用安全技术规程》（SL 398—2007)3.1.4	第二十三条　施工单位应当在施工组织设计中编制安全技术措施和施工现场临时用电方案，对下列达到一定规模的危险性较大的工程应当编制专项施工方案…… 3.1.4　爆破、高边坡、隧洞、水上（下）、高处、多层交叉施工、大件运输、大型施工设备安装及拆除等危险作业应有专项安全技术措施，并应设专人进行安全监护。	★
3.0.7	未按要求编制危险性较大单项工程专项施工方案	《建设工程安全生产管理条例》（2003 年发布）第二十六条；《水利水电工程施工安全管理导则》（SL 721—2015)7.3.2	第二十六条　施工单位应当在施工组织设计中编制安全技术措施和施工现场临时用电方案，对下列达到一定规模的危险性较大的分部分项工程编制专项施工方案，并附具安全验算结果，经施工单位技术负责人、总监理工程师签字后实施，由专职安全生产管理人员进行现场监督： （一）基坑支护与降水工程； （二）土方开挖工程； （三）模板工程； （四）起重吊装工程； （五）脚手架工程； （六）拆除、爆破工程； （七）国务院建设行政主管部门或者其他有关部门规定的其他危险性较大的工程。 对前款所列工程中涉及深基坑、地下暗挖工程、高大模板工程的专项施工方案，施工单位还应当组织专家进行论证、审查。 7.3.2　专项施工方案应包括下列内容： 1　工程概况：危险性较大的单项工程概况、施工平面布置、施工要求和技术保证条件等； 2　编制依据：相关法律、法规、规章、制度、标准及图纸（国标图集）、施工组织设计等； 3　施工计划：包括施工进度计划、材料与设备计划等；	★

序号	问题描述	相关法规标准	法规标准内容或条款	备注
3.0.7			4　施工工艺技术:技术参数、工艺流程、施工方法、质量标准、检查验收等; 5　施工安全保证措施:组织保障、技术措施、应急预案、监测监控等; 6　劳动力计划:专职安全生产管理人员、特种作业人员等; 7　设计计算书及相关图纸等。	★
3.0.8	专项施工方案论证、审查不合规	《水利工程建设安全生产管理规定》(2019年修订版)第二十三条;《水利水电工程施工安全管理导则》(SL 721—2015)7.3.4、7.3.7	第二十三条　施工单位应当在施工组织设计中编制安全技术措施和施工现场临时用电方案,对下列达到一定规模的危险性较大的工程应当编制专项施工方案,并附具安全验算结果,经施工单位技术负责人签字以及总监理工程师核签后实施,由专职安全生产管理人员进行现场监督: (一)基坑支护与降水工程; (二)土方和石方开挖工程; (三)模板工程; (四)起重吊装工程; (五)脚手架工程; (六)拆除、爆破工程; (七)围堰工程; (八)其他危险性较大的工程。 对前款所列工程中涉及高边坡、深基坑、地下暗挖工程、高大模板工程的专项施工方案,施工单位还应当组织专家进行论证、审查。 7.3.4　超过一定规模的危险性较大的单项工程专项施工方案应由施工单位组织召开审查论证会。 7.3.7　审查论证会应就下列主要内容进行审查论证,并提交论证报告。审查论证报告应对审查论证的内容提出明确的意见,并经专家组成员签字。 1　专项施工方案是否完整、可行,质量、安全标准是否符合工程建设标准强制性条文规定; 2　设计计算书是否符合有关标准规定; 3　施工的基本条件是否符合现场实际等。	★

序号	问题描述	相关法规标准	法规标准内容或条款	备注
3.0.9	专项施工方案审批不合规	《建设工程安全生产管理条例》（2003年发布）第二十六条；《水利水电工程施工安全管理导则》（SL 721—2015）7.3.3、7.3.8	第二十六条　施工单位应当在施工组织设计中编制安全技术措施和施工现场临时用电方案，对下列达到一定规模的危险性较大的分部分项工程编制专项施工方案，并附具安全验算结果，经施工单位技术负责人、总监理工程师签字后实施，由专职安全生产管理人员进行现场监督…… 7.3.3　专项施工方案应由施工单位技术负责人组织施工技术、安全、质量等部门的专业技术人员进行审核。经审核合格的，应由施工单位技术负责人签字确认。实行分包的，应由总承包单位和分包单位技术负责人共同签字确认。不需专家论证的专项施工方案，经施工单位审核合格后应报监理单位，由项目总监理工程师审核签字，并报项目法人备案。 7.3.8　施工单位应根据审查论证报告修改完善专项施工方案，经施工单位技术负责人、总监理工程师、项目法人单位负责人审核签字后，方可组织实施。	
3.0.10	安全技术交底不合规	《建设工程安全生产管理条例》（2003年发布）第二十七条；《水利水电工程施工安全管理导则》（SL 721—2015）7.6.2～7.6.9	第二十七条　建设工程施工前，施工单位负责项目管理的技术人员应当对有关安全施工的技术要求向施工作业班组、作业人员作出详细说明，并由双方签字确认。 7.6.2　工程开工前，施工单位技术负责人应就工程概况、施工方法、施工工艺、施工程序、安全技术措施和专项施工方案，向施工技术人员、施工作业队（区）负责人、工长、班组长和作业人员进行安全交底。 7.6.3　单项工程或专项施工方案施工前，施工单位技术负责人应组织相关技术人员、施工作业队（区）负责人、工长、班组长和作业人员进行全面、详细的安全技术交底。	★

序号	问题描述	相关法规标准	法规标准内容或条款	备注
3.0.10			7.6.4　各工种施工前,技术人员应进行安全作业技术交底。 7.6.5　每天施工前,班组长应向工人进行施工要求、作业环境的安全交底。 7.6.6　交叉作业时,项目技术负责人应根据工程进展情况定期向相关作业队和作业人员进行安全技术交底。 7.6.7　施工过程中,施工条件或作业环境发生变化的,应补充交底;相同项目连续施工超过一个月或不连续重复施工的,应重新交底。 7.6.8　安全技术交底应填写安全交底单,由交底人与被交底人签字确认。安全交底单应及时归档。 7.6.9　安全技术交底必须在施工作业前进行,任何项目在没有交底前不得进行施工作业。	★
3.0.11	危大工程专项施工方案实施时无专人监督	《水利工程建设安全生产管理规定》(2019 年修订版)第二十三条;《水利水电工程施工通用安全技术规程》(SL 398—2007)3.1.4;《水利水电工程施工安全管理导则》(SL 721—2015)7.3.10	第二十三条　施工单位应当在施工组织设计中编制安全技术措施和施工现场临时用电方案,对下列达到一定规模的危险性较大的工程应当编制专项施工方案,并附具安全验算结果,经施工单位技术负责人签字以及总监理工程师核签后实施,由专职安全生产管理人员进行现场监督…… 3.1.4　爆破、高边坡、隧洞、水上(下)、高处、多层交叉施工、大件运输、大型施工设备安装及拆除等危险作业应有专项安全技术措施,并应设专人进行安全监护。 7.3.10　监理、施工单位应指定专人对专项施工方案实施情况进行旁站监理。发现未按专项施工方案施工的,应要求其立即整改;存在危及人身安全紧急情况的,施工单位应立即组织作业人员撤离危险区域。总监理工程师、施工单位技术负责人应定期对专项施工方案实施情况进行巡查。	★

续表

序号	问题描述	相关法规标准	法规标准内容或条款	备注
3.0.12	危险性较大单项工程未经验收合格即进行后续施工	《水利工程建设安全生产管理规定》（2019 年修订版）第二十四条；《水利水电工程施工安全管理导则》（SL 721—2015）7.3.11	第二十四条　施工单位在使用施工起重机械和整体提升脚手架、模板等自升式架设设施前，应当组织有关单位进行验收，也可以委托具有相应资质的检验检测机构进行验收；使用承租的机械设备和施工机具及配件的，由施工总承包单位、分包单位、出租单位和安装单位共同进行验收。验收合格的方可使用。7.3.11　危险性较大的单项工程完成后，监理单位或施工单位应组织有关人员进行验收。验收合格的，经施工单位技术负责人及总监理工程师签字后，方可进行后续工程施工。	★
4	现场作业安全管理			
4.1	一般要求			
4.1.1	未按规定制定职业卫生与环境保护措施	《水利水电工程施工通用安全技术规程》（SL 398—2007）3.4.1	3.4.1　对产生粉尘、噪声、有毒、有害物质及危害因素的施工生产作业场所，应制定职业卫生与环境保护措施。	
4.1.2	现场作业人员未遵守安全生产基本要求	《水利水电工程施工通用安全技术规程》（SL 398—2007）3.9.4	3.9.4　施工现场作业人员，应遵守以下基本要求： 1　进入施工现场，应按规定穿戴安全帽、工作服、工作鞋等防护用品，正确使用安全绳、安全带等安全防护用具及工具，严禁穿拖鞋、高跟鞋或赤脚进入施工现场。 2　应遵守岗位责任制和执行交接班制度，坚守工作岗位，不应擅离岗位或从事与岗位无关的事情。未经许可，不应将自己的工作交给别人，更不应随意操作别人的机械设备。 3　严禁酒后作业。 4　严禁在铁路、公路、洞口、陡坡、高处及水上边缘、滚石坍塌地段、设备运行通道等危险地带停留和休息。	强条 ★

序号	问题描述	相关法规标准	法规标准内容或条款	备注
4.1.2			5　上下班应按规定的道路行走,严禁跳车、爬车、强行搭车。 6　起重、挖掘机等施工作业时,非作业人员严禁进入其工作范围内。 7　高处作业时,不应向外、向下抛掷物件。 8　严禁乱拉电源线路和随意移动、启动机电设备。 9　不应随意移动、拆除、损坏安全卫生及环境保护设施和警示标志。	强条 ★
4.1.3	现场作业人员未遵守本工种安全操作规程	《水利水电工程施工作业人员安全操作规程》(SL 401—2007)1.0.5、2.0.1	1.0.5　参加水利水电工程施工的作业人员应熟悉掌握本专业工程的安全技术要求,严格遵守本工种的安全操作规程,并应熟悉、掌握和遵守配合作业的相关工种的安全操作规程。 2.0.1　凡从事水利水电土建施工及机电设备安装、运行、维修、金属加工、电气作业、起重运输等工种应遵守 SL 398 的有关规定。各专业工种应熟悉本专业安全规程及相关专业安全规程。 本工种相关安全法规标准。	
4.1.4	弃渣场安全措施不到位、无专人指挥	《水利水电工程施工通用安全技术规程》(SL 398—2007)3.1.11、3.2.7、5.1.7	3.1.11　交通频繁的施工道路、交叉路口应按规定设置警示标志或信号指示灯;开挖、弃渣场地应设专人指挥。 3.2.7　弃渣场布置应满足环境保护、水土保持和安全防护的要求。 5.1.7　弃渣场、出料口的临空边缘应设置防护墩,其高度不应小于车辆轮胎直径的 1/3,且不应低于 0.3 m。宜用土石堆体、砌石或混凝土浇筑。	强条 ★

续表

序号	问题描述	相关法规标准	法规标准内容或条款	备注
4.1.5	永久性机动车辆道路、桥梁、隧道的修建不符合安全要求	《水利水电工程施工通用安全技术规程》（SL 398—2007）3.3.1；《公路工程技术标准》（JTG B01—2014）10.2.1、10.2.2	3.3.1　永久性机动车辆道路、桥梁、隧道，应按照JTG B01的有关规定…… 10.2.1　交通安全设施包括交通标志、标线、护栏、视线诱导设施、隔离栅、防落网、防眩设施、防风栅、防雪（沙）栅、积雪标杆等。 10.2.2　交通安全设施应根据公路功能、交通组成、公路环境、运营条件等设置，以满足交通安全管理与服务的需求。	
4.1.6	作业人员未按规定佩戴防护用品	《水利水电工程施工通用安全技术规程》（SL 398—2007）3.4.3、9.1.3；《水利水电工程施工安全防护设施技术规范》（SL 714—2015）3.12.2～3.12.6	3.4.3　常见产生粉尘危害的作业场所应采取以下相应措施控制粉尘浓度： ……作业人员应配备防尘口罩等防护用品。 9.1.3　从事焊接与气割的工作人员应严格遵守各项规章制度，作业时不应擅离职守，进入岗位应按规定穿戴劳动防护用品。 3.12.2　安全防护用品应按规定要求正确使用，不应使用超过使用期限的安全防护用具；常用安全防护用具应经常检查和定期实验，其检查实验的要求和周期应符合有关规定。 3.12.3　安全防护用具，严禁作其他工具使用，并应妥善保管，安全帽、安全带等应放在空气流通、干燥处。 3.12.4　高处临空作业应按规定架设安全网，作业人员使用的安全带，应挂在牢固的物体上或可靠的安全绳上，安全带严禁低挂高用。 3.12.5　在有毒有害气体可能泄漏的作业场所，应配置必要的防毒护具，以备急用，并应及时检查、维护、更换，保证其始终处在良好的待用状态。 3.12.6　特种作业人员及特殊区域如接触粉尘、噪声等作业人员应根据工作条件选用适当的安全用具和安全防护用品。	★

序号	问题描述	相关法规标准	法规标准内容或条款	备注
4.1.7	未根据季节、气候变化采取相应的安全施工措施	《水利水电工程施工通用安全技术规程》（SL 398—2007）3.6.1、3.6.5、5.2.12	3.6.1　昼夜平均气温低于 5 ℃或最低气温低于 —3 ℃时,应编制冬季施工作业计划,并应制定防寒、防毒、防滑、防冻、防火、防爆等安全措施。 3.6.5　高温季节露天作业宜搭设休息凉棚,供应清凉饮料。施工生产应避开高温时段或采取降温措施。 5.2.12　霜雪季节高处作业,应及时清除各走道、平台、脚手板、工作面等处的霜、雪、冰,并采取防滑措施,否则不应施工。	
4.1.8	使用国家明令淘汰、禁止使用的工艺、设备、材料	《中华人民共和国安全生产法》（2021 年修订版）第三十八条；《建设工程安全生产管理条例》（2003 年发布）第四十五条	第三十八条　国家对严重危及生产安全的工艺、设备实行淘汰制度,具体目录由国务院应急管理部门会同国务院有关部门制定并公布。法律、行政法规对目录的制定另有规定的,适用其规定。 省、自治区、直辖市人民政府可以根据本地区实际情况制定并公布具体目录,对前款规定以外的危及生产安全的工艺、设备予以淘汰。生产经营单位不得使用应当淘汰的危及生产安全的工艺、设备。 第四十五条　国家对严重危及施工安全的工艺、设备、材料实行淘汰制度。具体目录由国务院建设行政主管部门会同国务院其他有关部门制定并公布。 相关具体法规标准内容。	
4.2	安全警示标志		——	
4.2.1	施工现场危险部位未设置安全警示标志	《建设工程安全生产管理条例》（2003 年发布）第二十八条；《水利水电工程施工通用安全技术规程》（SL 398—2007）3.1.8、5.1.12	第二十八条　施工单位应当在施工现场入口处、施工起重机械、临时用电设施、脚手架、出入通道口、楼梯口、电梯井口、孔洞口、桥梁口、隧道口、基坑边沿、爆破物及有害危险气体和液体存放处等危险部位,设置明显的安全警示标志。安全警示标志必须符合国家标准。	强条★

续表

序号	问题描述	相关法规标准	法规标准内容或条款	备注
4.2.1			3.1.8　施工现场的井、洞、坑、沟、口等危险处应设置明显的警示标志，并应采取加盖板或设置围栏等防护措施。 5.1.12　危险作业场所、机动车道交叉路口、易燃易爆有毒危险物品存放场所、库房、变配电场所以及禁止烟火场所等应设置相应的禁止、指示、警示标志。	强条★
4.2.2	未按规定设置职业病危害告知或警示标志	《水利安全生产标准化通用规范》(SL/T 789—2019)3.4.3、3.4.4	3.4.3　职业健康 3.4.3.2　职业病危害告知 水利生产经营单位应按照有关规定要求，在醒目位置设置公告栏，公布有关职业病防治的规章制度、操作规程、职业病危害事故应急救援措施和工作场所职业病危害因素检测结果。对存在或者产生职业病危害的工作场所、作业岗位、设备、设施，应设置警示标识和中文警示说明，警示说明应载明职业危害的种类、后果、预防和应急救治措施。 3.4.4　警示标志 水利生产经营单位应按照有关规定和工作场所的安全风险特点，在有重大危险源、较大危险因素和严重职业病危害因素的工作场所，设置明显的、符合有关规定要求的安全警示标志和职业病危害警示标识。其中，警示标志的安全色和安全标志应分别符合 GB 2893 和 GB 2894 的规定，道路交通标志和标线应符合 GB 5768 的规定，消防安全标志应符合 GB 13495.1 的规定，工作场所职业病危害警示标识应符合 GBZ 158 的规定。 水利生产经营单位应定期对警示标志进行检查维护，确保其完好有效。 水利生产经营单位应在设备设施施工、吊装、检维修等作业现场设置警戒区域和警示标识，在检维修现场的井、洞、坑、沟口、渠、临边、陡坡等场所设置围栏和警示标识，进行危险提示、警示，告知危险的种类、后果及应急措施等。	

序号	问题描述	相关法规标准	法规标准内容或条款	备注
4.3	设备安全管理			
4.3.2	未对进场的安全防护用具、机械设备、施工机具及配件进行查验	《建设工程安全生产管理条例》（2003 年发布）第三十四条；《水利工程建设安全生产管理规定》（2019 年修订版）第十五条；《中华人民共和国特种设备安全法》（2013 年发布）第二十七条；《水利工程施工监理规范》(SL 288—2014)6.2.7	第三十四条　施工单位采购、租赁的安全防护用具、机械设备、施工机具及配件,应当具有生产(制造)许可证、产品合格证,并在进入施工现场前进行查验。施工现场的安全防护用具、机械设备、施工机具及配件必须由专人管理,定期进行检查、维修和保养,建立相应的资料档案,并按照国家有关规定及时报废。 第十五条　为水利工程提供机械设备和配件的单位,应当按照安全施工的要求提供机械设备和配件,配备齐全有效的保险、限位等安全设施和装置,提供有关安全操作的说明,保证其提供的机械设备和配件等产品的质量和安全性能达到国家有关技术标准。 第二十七条　特种设备销售单位销售的特种设备,应当符合安全技术规范及相关标准的要求,其设计文件、产品质量合格证明、安装及使用维护保养说明、监督检验证明等相关技术资料和文件应当齐全。 特种设备销售单位应当建立特种设备检查验收和销售记录制度。 禁止销售未取得许可生产的特种设备,未经检验和检验不合格的特种设备,或者国家明令淘汰和已经报废的特种设备。 6.2.7　施工设备的检查应符合下列规定: 1　监理机构应监督承包人按照施工合同约定安排施工设备及时进场,并对进场的施工设备及其合格性证明材料进行核查。在施工过程中,监理机构应监督承包人对施工设备及时进行补充、维修和维护,以满足施工需要。 2　旧施工设备(包括租赁的旧设备)应进行试运行,监理机构确认其符合使用要求和有关规定后方可投入使用。 3　监理机构发现承包人使用的施工设备影响施工质量、进度和安全时,应及时要求承包人增加、撤换。	★

续表

序号	问题描述	相关法规标准	法规标准内容或条款	备注
4.3.3	安全防护用具、机械设备和配件不齐全、不合格	《建设工程安全生产管理条例》（2003 年发布）第三十四条；《水利工程建设安全生产管理规定》（2019 年修订版）第十五条；《中华人民共和国特种设备安全法》（2013 年发布）第二十七条；《水利水电工程施工安全防护设施技术规范》（SL 714—2015）3.12.1	第三十四条　施工单位采购、租赁的安全防护用具、机械设备、施工机具及配件,应当具有生产（制造）许可证、产品合格证,并在进入施工现场前进行查验。施工现场的安全防护用具、机械设备、施工机具及配件必须由专人管理,定期进行检查、维修和保养,建立相应的资料档案,并按照国家有关规定及时报废。 第十五条　为水利工程提供机械设备和配件的单位,应当按照安全施工的要求提供机械设备和配件,配备齐全有效的保险、限位等安全设施和装置,提供有关安全操作的说明,保证其提供的机械设备和配件等产品的质量和安全性能达到国家有关技术标准。 第二十七条　特种设备销售单位销售的特种设备,应当符合安全技术规范及相关标准的要求,其设计文件、产品质量合格证明、安装及使用维护保养说明、监督检验证明等相关技术资料和文件应当齐全。 特种设备销售单位应当建立特种设备检查验收和销售记录制度。 禁止销售未取得许可生产的特种设备,未经检验和检验不合格的特种设备,或者国家明令淘汰和已经报废的特种设备。 3.12.1　施工生产使用的安全防护用品如安全帽、安全带、安全网等,应符合国家规定的质量标准,具有厂家安全生产许可证、产品合格证和安全鉴定合格证,否则不应采购、发放和使用。	

序号	问题描述	相关法规标准	法规标准内容或条款	备注
4.3.4	总承包单位未将租赁及分包单位的设备纳入本单位管理	《水利工程建设安全生产管理规定》(2019年修订版)第二十四条;《建设工程安全生产管理条例》(2003年发布)第二十四条;《建设项目工程总承包管理规范》(GB/T 50358—2017)14.1.1	第二十四条　施工单位在使用施工起重机械和整体提升脚手架、模板等自升式架设设施前,应当组织有关单位进行验收,也可以委托具有相应资质的检验检测机构进行验收;使用承租的机械设备和施工机具及配件的,由施工总承包单位、分包单位、出租单位和安装单位共同进行验收。验收合格的方可使用。 第二十四条　建设工程实行施工总承包的,由总承包单位对施工现场的安全生产负总责。总承包单位应当自行完成建设工程主体结构的施工。总承包单位依法将建设工程分包给其他单位的,分包合同中应当明确各自的安全生产方面的权利、义务。总承包单位和分包单位对分包工程的安全生产承担连带责任。分包单位应当服从总承包单位的安全生产管理,分包单位不服从管理导致生产安全事故的,由分包单位承担主要责任。 14.1.1　工程总承包企业应建立并完善项目资源管理机制,使项目人力、设备、材料、机具、技术和资金等资源适应工程总承包项目管理的需要。	
4.3.5	安装、拆卸施工起重机械和整体提升脚手架、模板等自升式架设设施时无专项方案或专人现场监督	《建设工程安全生产管理条例》(2003年发布)第十七条	第十七条　……安装、拆卸施工起重机械和整体提升脚手架、模板等自升式架设设施,应当编制拆装方案、制定安全施工措施,并由专业技术人员现场监督。 施工起重机械和整体提升脚手架、模板等自升式架设设施安装完毕后,安装单位应当自检,出具自检合格证明,并向施工单位进行安全使用说明,办理验收手续并签字。	★

续表

序号	问题描述	相关法规标准	法规标准内容或条款	备注
4.3.6	使用未经定期检验或者检验不合格的特种设备（含安全附件等）	《中华人民共和国特种设备安全法》（2013年发布）第三十九条；《特种设备安全监察条例》（2009年修订版）第二十八条；《起重机械定期检验规则》（TSG Q7015—2016）第四条	第三十九条　特种设备使用单位应当对其使用的特种设备进行经常性维护保养和定期自行检查,并作出记录。特种设备使用单位应当对其使用的特种设备的安全附件、安全保护装置进行定期校验、检修,并作出记录。 第二十八条　特种设备使用单位应当按照安全技术规范的定期检验要求,在安全检验合格有效期届满前1个月向特种设备检验检测机构提出定期检验要求。 检验检测机构接到定期检验要求后,应当按照安全技术规范的要求及时进行安全性能检验和能效测试。 未经定期检验或者检验不合格的特种设备,不得继续使用。 第四条　在用起重机械定期检验周期如下: (一)塔式起重机、升降机、流动式起重机,每年1次; (二)桥式起重机、门式起重机、门座式起重机、缆索式起重机、桅杆式起重机、机械式停车设备,每2年1次,其中涉及吊运熔融金属的起重机,每年1次。	★
4.3.7	施工起重机械和整体提升脚手架、模板等自升式架设设施未按规定办理使用登记	《建设工程安全生产管理条例》（2003年发布）第三十五条；《特种设备使用管理规则》（TSG 08—2017)3.1第(1)条	第三十五条　……施工单位应当自施工起重机械和整体提升脚手架、模板等自升式架设设施验收合格之日起30日内,向建设行政主管部门或者其他有关部门登记。登记标志应当置于或者附着于该设备的显著位置。	

序号	问题描述	相关法规标准	法规标准内容或条款	备注
4.3.7			3.1　一般要求 (1)特种设备在投入使用前或者投入使用后30日内,使用单位应当向特种设备所在地的直辖市或者设区的市的特种设备安全监管部门申请办理使用登记,办理使用登记的直辖市或者设区的市的特种设备安全监管部门,可以委托其下一级特种设备安全监管部门(以下简称登记机关)办理使用登记;对于整机出厂的特种设备,一般应当在投入使用前办理使用登记。	
4.3.8	未制定特种设备事故应急专项预案,或未演练	《中华人民共和国特种设备安全法》(2013 年发布)第六十九条;《特种设备使用管理规则》(TSG 08—2017)2.12.1	第六十九条　……特种设备使用单位应当制定特种设备事故应急专项预案,并定期进行应急演练。 2.12.1　应急预案 按照本规则要求设置特种设备安全管理机构和配备专职安全管理员的使用单位,应当制定特种设备事故应急专项预案,每年至少演练一次,并且作出记录;其他使用单位可以在综合应急预案中编制特种设备事故应急的内容,适时开展特种设备事故应急演练,并且作出记录。	★
4.3.9	未按规定建立特种设备安全管理制度、未制定操作规程	《中华人民共和国特种设备安全法》(2013 年发布)第三十四条	第三十四条　特种设备使用单位应当建立岗位责任、隐患治理、应急救援等安全管理制度,制定操作规程,保证特种设备安全运行。	★

续表

序号	问题描述	相关法规标准	法规标准内容或条款	备注
4.3.10	特种设备的资料和文件不齐全，未建立安全技术档案	《中华人民共和国特种设备安全法》（2013 年发布）第二十七条、第三十五条	第二十七条　特种设备销售单位销售的特种设备，应当符合安全技术规范及相关标准的要求，其设计文件、产品质量合格证明、安装及使用维护保养说明、监督检验证明等相关技术资料和文件应当齐全。 特种设备销售单位应当建立特种设备检查验收和销售记录制度。 禁止销售未取得许可生产的特种设备，未经检验和检验不合格的特种设备，或者国家明令淘汰和已经报废的特种设备。 第三十五条　特种设备使用单位应当建立特种设备安全技术档案。安全技术档案应当包括以下内容： （一）特种设备的设计文件、产品质量合格证明、安装及使用维护保养说明、监督检验证明等相关技术资料和文件； （二）特种设备的定期检验和定期自行检查记录； （三）特种设备的日常使用状况记录； （四）特种设备及其附属仪器仪表的维护保养记录； （五）特种设备的运行故障和事故记录。	
4.3.11	载人提升机械的安全装置不合规	《水利水电工程施工安全防护设施技术规范》（SL 714—2015）3.10.10	3.10.10　载人提升机械应设置以下安全装置，并保持灵敏可靠： 1　上限位装置（上限位开关）。 2　上极限限位装置（越程开关）。 3　下限位装置（下限位开关）。 4　断绳保护装置。 5　限速保护装置。 6　超载保护装置。	★

序号	问题描述	相关法规标准	法规标准内容或条款	备注
4.3.12	桥式起重机供电滑线颜色、扶梯、走道下安全防护设施及警示标志不合规	《水利水电工程施工安全防护设施技术规范》（SL 714—2015）4.2.5	4.2.5　门式、塔式、桥式起重机械安装运行应符合下列规定： 4　桥式起重机供电滑线应有鲜明的对比颜色和警示标志。扶梯、走道与滑线间和大车滑线端的端梁下应设有符合要求的防护板或防护网。	强条
4.3.13	未设置地面通向缆机各机械电气室等处所的通道、楼梯或扶梯	《水利水电工程施工安全防护设施技术规范》（SL 714—2015）4.3.2	4.3.2　缆机安装运行应符合以下规定： 1　设有从地面通向缆机各机械电气室、检修小车和控制操作室等处所的通道、楼梯或扶梯。	强条
4.3.14	设备转动、传动裸露部分未安设防护装置	《水利水电工程施工通用安全技术规程》（SL 398—2007)6.1.4；《水利水电工程施工安全防护设施技术规范》（SL 714—2015）3.5.3、8.1.2、10.1.11	6.1.4　设备转动、传动的裸露部分，应安设防护装置。 3.5.3　各种施工设备、机具传动与转动的露出部分，如传动带、开式齿轮、电锯、砂轮、接近于行走面的联轴节、转轴、皮带轮和飞轮等必须安设拆装方便、网孔尺寸符合安全要求的封闭的钢防护网罩或防护挡板或防护栏杆等安全防护装置。 8.1.2　木材加工机械安装运行应符合以下规定： 3　应配备有锯片防护罩、排屑罩、皮带防护罩等安全防护装置，锯片防护罩底部与工件的间距不应大于 20 mm，在机床停止工作时防护罩应全部遮盖住锯片。 10.1.11　金属加工设备防护罩、挡屑板、隔离围栏等安全设施应齐全、有效。有火花溅出或有可能飞出物的设备应设有挡板或保护罩。	强条★

序号	问题描述	相关法规标准	法规标准内容或条款	备注
4.3.15	皮带机运行中遇到紧急情况未停机	《水利水电工程施工通用安全技术规程》（SL 398—2007）7.5.19	7.5.19　皮带机械运行中,遇到下列情况应紧急停机: 1　发生人员伤亡事故。	强条
4.3.16	冷拉钢筋时未划定危险区域	《水利水电工程土建施工安全技术规程》（SL 399—2007）6.3.1	6.3.1　钢筋加工应遵守下列规定: 8　冷拉时,沿线两侧各 2 m 范围为特别危险区,人员和车辆不应进入。	强条★
4.3.17	混凝土拌和楼（站）检修时未断电、断气,进入料仓（斗）、拌和筒内工作时外面无人监护	《水利水电工程土建施工安全技术规程》（SL 399—2007）6.5.6	6.5.6　混凝土拌和楼（站）的技术安全要求: 9　检修时,应切断相应的电源、气路,并挂上"有人工作,不准合闸"的警示标志。 10　进入料仓（斗）、拌和筒内工作,外面应设专人监护。检修时应挂"正在修理,严禁开动"的警示标志。非检修人员不应乱动气、电控制元件。	强条
4.3.18	未按规范要求开展片冰机运转、调整、检修等工作	《水利水电工程土建施工安全技术规程》（SL 399—2007）6.5.4	6.5.4　片冰机的安全技术要求: 3　片冰机运转过程中,各孔盖、调刀门不应随意打开。因观察片冰机工作情况而应打开孔盖、调刀门时,严禁观察人员将手、头伸进孔及门内。 6　参加片冰机调整、检修工作的人员,不应少于 3 人,一人负责调整、检修。一人负责组织指挥（若调整、检修人员在片冰机内,指挥人员应在片冰机顶部）,另一人负责控制片冰机电源开关,应做到指挥准确,操作无误。 7　工作人员从片冰机进入孔进、出之前和在调整、检修工作的过程中,应关闭片冰机的电源开关,悬挂"严禁合闸"的警示标志,这期间片冰机电源开关控制人员不应擅离工作岗位。	强条

序号	问题描述	相关法规标准	法规标准内容或条款	备注
4.3.19	沥青混凝土骨料加热、筛分时无安全措施	《水利水电工程土建施工安全技术规程》(SL 399—2007)7.1.6	7.1.6　骨(填)料加热、筛分及储存应遵守下列规定： 2　加热后的骨料温度高约200℃,进行二次筛分时,作业人员应采取防高温、防烫伤的安全措施;卸料口处应加装挡板,以免骨料溅出。	强条
4.3.20	沥青搅拌机清理时未停机	《水利水电工程土建施工安全技术规程》(SL 399—2007)7.1.10	7.1.10　搅拌机运行中,不应使用工具伸入滚筒内掏挖或清理。需要清理时应停机。如需人员进入搅拌鼓内工作时,鼓外要有人监护。	强条
4.3.21	沥青混凝土碾压作业不合规	《水利水电工程土建施工安全技术规程》(SL 399—2007)7.2.6	7.2.6　沥青混凝土碾压作业应遵守下列规定： 6　机械由坝顶下放至斜坡时,应有安全措施,并建立安全制度。对牵引机械和钢丝绳刹车等,应经常检查、维修。	强条
4.3.22	机械运转时进行加油、检修等作业	《水利水电工程施工作业人员安全操作规程》(SL 401—2007)2.0.16	2.0.16　检查、修理机械电气设备时,应停电并挂标志牌,标志牌应谁挂谁取。应在检查确认无人操作后方可合闸。严禁机械在运转时加油、擦拭或修理作业。	强条
4.3.23	非电气人员安装、检修电气设备	《水利水电工程施工作业人员安全操作规程》(SL 401—2007)2.0.20	2.0.20　严禁非电气人员安装、检修电气设备。严禁在电线上挂晒衣服及其他物品。	强条

续表

序号	问题描述	相关法规标准	法规标准内容或条款	备注
4.3.24	非特种设备操作人员安装、维修和动用特种设备	《水利水电工程施工作业人员安全操作规程》（SL 401—2007）2.0.26	2.0.26　非特种设备操作人员，严禁安装、维修和动用特种设备。	强条
4.4	安全防护设施管理			
4.4.1	施工区进出口、关键区域和危险区域管理不合规	《水利水电工程施工安全防护设施技术规范》（SL 714—2015）3.1.1	3.1.1　施工区域宜按规划设计和实际需要采用封闭措施，主要进出口处应设置明显施工警示标志。对施工中关键区域和危险区域，应实行封闭管理，设置安全警示标志并安排专人值守。	★
4.4.2	施工设施、管道线路等不符合防洪、防火、防爆、防强风、防雷击、防砸、防坍塌及职业卫生等要求	《水利水电工程施工安全防护设施技术规范》（SL 714—2015）3.1.3	3.1.3　施工现场的各种施工设施、管道线路等，应符合防洪、防火、防爆、防强风、防雷击、防砸、防坍塌及职业卫生等要求。相关具体法规标准内容。	
4.4.3	井口无安全设施，井道口（内）作业下方未设隔离防护层	《水利水电工程施工安全防护设施技术规范》（SL 714—2015）3.2.10	3.2.10　电梯井、闸门井、门槽、电缆竖井等的井口应设有临时防护盖板或设置围栏，在门槽、闸门井、电梯井等井道口（内）安装作业，应根据作业面情况，在其下方井道内设置可靠的水平安全网作隔离防护层。	强条★

序号	问题描述	相关法规标准	法规标准内容或条款	备注
4.4.4	出入口和上部有施工作业的通道未设防护棚	《水利水电工程施工安全防护设施技术规范》（SL 714—2015）3.3.6	3.3.6 排架、井架、施工用电梯、大坝廊道、隧洞等出入口和上部有施工作业的通道，应设有防护棚，其长度应超过可能坠落范围，宽度不应小于通道的宽度。当可能坠落的高度超过 24 m 时，应设双层防护棚。	强条★
4.4.5	线路穿越道路或易受机械损伤的场所时未设套管	《水利水电工程施工安全防护设施技术规范》（SL 714—2015）3.7.4	3.7.4 线路穿越道路或易受机械损伤的场所时必须设有套管防护。管内不得有接头，其管口应密封。	强条
4.4.6	防毒护具配备不合规	《水利水电工程施工安全防护设施技术规范》（SL 714—2015）3.12.5	3.12.5 在有毒有害气体可能泄漏的作业场所，应配备必要的防毒护具，以备急用，并应及时检查、维护、更换，保证其始终处在良好的待用状态。	强条
4.4.7	皮带栈桥供料线下方及布料皮带覆盖范围安全防护不符合规定	《水利水电工程施工安全防护设施技术规范》（SL 714—2015）4.1.4	4.1.4 皮带栈桥供料线运输应符合下列安全规定： 9 供料线下方及布料皮带覆盖范围内的主要人行通道，上部必须搭设牢固的防护棚，转梯顶部设置必要防护。在该范围内不应设置非施工必需的各类机房、仓库。	强条
4.4.8	灌浆作业交叉作业场所的危险出入口、井口、临边部位未设置警告标志或钢防护设施	《水利水电工程施工安全防护设施技术规范》（SL 714—2015）6.1.1	6.1.1 灌浆作业应符合下列要求： 3 交叉作业场所，各通道应保持畅通，危险出入口、井口、临边部位应设有警告标志或钢防护设施。	强条

续表

序号	问题描述	相关法规标准	法规标准内容或条款	备注
4.4.9	皮带机事故开关设置不合规	《水利水电工程施工安全防护设施技术规范》（SL 714—2015）7.1.14	7.1.14 皮带机安装运行应符合下列规定： 4 皮带的前后均应设置事故开关，当皮带长度大于 100 m 时，在皮带的中部还应增设事故开关，事故开关应安装在醒目、易操作的位置，并设有明显标志。	强条
4.4.10	氨压机车间安全设施设置不合规	《水利水电工程施工安全防护设施技术规范》（SL 714—2015）7.2.1	7.2.1 制冷系统车间应符合下列规定： 7 氨压机车间还应符合下列规定： 1)控制盘柜与氨压机应分开隔离布置，并符合防火防爆要求。 2)所有照明、开关、取暖设施等应采用防爆电器。 3)设有固定式氨气报警仪。 4)配备有便携式氨气检测仪。 5)设置应急疏散通道并明确标识。	强条
4.4.11	金属结构制作与安装人员安全防护用品和措施不合规	《水利水电工程施工安全防护设施技术规范》（SL 714—2015）10.1.2	10.1 金属结构制作 10.1.2 进入施工生产区域人员应正确穿戴安全防护用品。进行 2 m(含)以上高空作业应佩戴安全带并在其上方固定物处可靠栓挂，3.2 m 以上高空作业时，其下方应铺设安全网。安全防护用品使用前应认真检查，不应使用不合格的安全防护用品。	强条
4.4.12	高处焊接作业范围内存在可燃、易爆物品，未配置灭火器材	《水利水电工程施工安全防护设施技术规范》（SL 714—2015）10.1.7	10.1.7 焊接作业安全防护应符合下列要求： 10 高处焊割作业点的周围及下方地面上火星所及的范围内，应彻底清除可燃、易爆物品，并配置足够的灭火器材。	强条 ★

序号	问题描述	相关法规标准	法规标准内容或条款	备注
4.4.13	机组安装现场未对预留进人孔、排水孔等孔洞采取安全防护措施	《水利水电工程施工安全防护设施技术规范》(SL 714—2015)11.1.2	11.1.2　机组安装现场对预留进人孔、排水孔、吊物孔、放空阀、排水阀、预留管道口等孔洞应加防护栏杆或盖板封闭。	强条
4.4.14	电气设备的高压试验安全防护措施不合规	《水利水电工程施工安全防护设施技术规范》(SL 714—2015)11.2.6	11.2.6　高压试验现场应设围栏,拉安全绳,并悬挂警告标志。高压试验设备外壳应接地良好(含试验仪器),接地电阻不得大于 4 Ω。	强条
4.4.15	水轮发电机组运行区域与施工区域未隔离、无人看守	《水利水电工程施工安全防护设施技术规范》(SL 714—2015)11.3.1	11.3.1　水轮发电机组整个运行区域与施工区域之间必须设安全隔离围栏,在围栏入口处应设专人看守,并挂"非运行人员免进"的标志牌,在高压带电设备上应挂"高压危险""请勿合闸"等标志牌。	强条
4.4.16	心墙钢模人工拆除时作业人员无安全防护装置	《水利水电工程土建施工安全技术规程》(SL 399—2007)7.2.7	7.2.7　心墙钢模宜应采用机械拆模,采用人工拆除时,作业人员应有防高温、防烫伤、防毒气的安全防护装置。钢模拆除出后应将表面粘附物清除干净,用柴油清洗时,不应接近明火。	强条
4.4.17	未向作业人员提供合格的安全防护用品	《中华人民共和国安全生产法》(2021 年修订版)第四十五条;《水利水电工程施工通用安全技术规程》(SL 398—2007)5.6.1	第四十五条　生产经营单位必须为从业人员提供符合国家标准或者行业标准的劳动防护用品,并监督、教育从业人员按照使用规则佩戴、使用。 5.6.1　安全帽、安全带、安全网等施工生产使用的安全防护用具,应符合国家规定的质量标准,具有厂家安全生产许可证、产品合格证和安全鉴定合格证书,否则不应采购、发放和使用。	

续表

序号	问题描述	相关法规标准	法规标准内容或条款	备注
4.4.18	已完工安全设施未经验收合格即投入使用	《水利水电建设工程安全设施验收导则》（SL 765—2018)1.0.3、1.0.4；《水利水电建设工程验收规程》（SL 223—2008)1.0.9	1.0.3 安全设施验收范围为工程管理范围内的安全生产设施和劳动作业场所,对改建、扩建工程验收范围还应包括所涉及的已有共用工程安全设施。 1.0.4 水利水电建设工程竣工投入生产或者使用前,项目法人应组织对安全设施进行验收,安全设施验收合格后,方可投入正式生产和使用。 1.0.9 当工程具备验收条件时,应及时组织验收。未经验收或验收不合格的工程不应交付使用或进行后续工程施工。	★
4.5	施工用电管理			
4.5.1	未编制施工用电方案及安全技术措施	《水利水电工程施工通用安全技术规程》（SL 398—2007)4.1.1；《施工现场临时用电安全技术规范》（JGJ 46—2005)3.1.1、3.1.2	4.1.1 施工单位应编制施工用电方案及安全技术措施。 3.1.1 施工现场临时用电设备在 5 台及以上或设备总容量在 50 kW 及以上者,应编制用电组织设计。 3.1.2 施工现场临时用电组织设计应包括下列内容: 1 现场勘测; 2 确定电源进线、变电所或配电室、配电装置、用电设备位置及线路走向; 3 进行负荷计算; 4 选择变压器; 5 设计配电系统: 1)设计配电线路,选择导线或电缆; 2)设计配电装置,选择电器; 3)设计接地装置; 4)绘制临时用电工程图纸,主要包括用电工程总平面图、配电装置布置图、配电系统接线图、接地装置设计图; 6 设计防雷装置; 7 确定防护措施; 8 制定安全用电措施和电气防火措施。	★

序号	问题描述	相关法规标准	法规标准内容或条款	备注
4.5.2	临时用电专用低压电力系统不合规	《施工现场临时用电安全技术规范》(JGJ 46—2005)1.0.3	1.0.3　建筑施工现场临时用电工程专用的电源中性点直接接地的220/380 V三相四线制低压电力系统,必须符合下列规定: 1　采用三级配电系统; 2　采用TN-S接零保护系统; 3　采用二级漏电保护系统。	强条★
4.5.3	用电线路架设、敷设不合规	《水利水电工程施工通用安全技术规程》(SL 398—2007)4.4.5;《水利水电工程施工安全防护设施技术规范》(SL 714—2015)3.7.4;《施工现场临时用电安全技术规范》(JGJ 46—2005)1.0.3、7.2.11	4.4.5　电缆线路敷设,应遵守下列规定: 1　电缆干线应采用埋地或架空敷设,严禁沿地面明设,并应避免机械损伤和介质腐蚀。 2　电缆在室外直接埋地敷设的深度应不小于0.6 m,并应在电缆上下各均匀铺设不小于50 mm厚的细砂,然后覆盖砖等硬质保护层。 3　电缆穿越建筑物、构筑物、道路、易受机械损伤的场所及引出地面从2 m高度至地下0.2 m处,应加设防护套管。 4　埋地敷设电缆的接头应设在地面上的接线盒内,接线盒应能防水、防尘、防机械损伤并应远离易燃、易腐蚀场所。 5　橡皮电缆架空敷设时,应沿墙壁或电杆设置,并用绝缘子固定,严禁使用金属裸线作绑线。固定点间距应保证橡皮电缆能承受自重所带来的荷重。橡皮电缆的最大弧垂距地面不应小于2.5 m。 6　电缆接头应牢固可靠,并应作绝缘包扎,保持绝缘强度,不应承受张力。 3.7.4　施工用电线路架设使用应符合下列要求: 1　施工供电线路应架空敷设,其高度不得低于5 m,并满足电压等级的安全要求。 2　架空线应设在专用电杆上,宜采用混凝土杆或木杆,混凝土杆不得有露筋、环向裂纹和扭曲。木杆不得腐朽,其梢径应不小于130 mm。 3　电杆埋设深度宜为杆长1/10加0.6 m,但在松软土质处应适当加大埋设深度或采用卡盘等加固。	★

续表

序号	问题描述	相关法规标准	法规标准内容或条款	备注
4.5.3			4　拉线宜用镀锌铁线，其截面不得小于 3 mm×φ4 mm，拉线与电杆的夹角应为 45°～30°。拉线埋设深度不得小于 1 m，钢筋混凝土杆上的拉线应在高于地面 2.5 m 处装设拉紧绝缘子。 5　因受地形环境限制不能装设拉线时，宜采用撑杆代替拉线，撑杆埋深不得小于 0.8 m，其底部应垫底盘或石块，撑杆与主杆的夹角宜为 30°。 6　配电干线电缆可采用埋地敷设，敷设深度不应小于 0.6 m，并应在电缆上下铺设 0.3 m 厚的细砂保护层。埋设电缆线路应设明显标志。 7　线路穿越道路或易受机械损伤的场所时必须设有套管防护。管内不得有接头，其管口应密封。 8　在构筑物、脚手架上安装用电线路，必须设有专用的横担与绝缘子等。 9　作业面的用电线路高度不应低于 2.5 m。 10　大型移动设备或设施的供电电缆必须设有电缆绞盘，拖拉电缆人员必须佩戴个体防护用具。 11　井、洞内敷设的用电线路应采用横担与绝缘子沿井（洞）壁固定。 12　架空线导线应采用绝缘铜线或绝缘铝线，截面的选择应满足用电负荷和机械强度要求。接户线在档距内不得有接头，进线处离地高度不得小于 2.5 m。接户线最小截面应符合表 3.7.4-1 的规定。接户线线间及与邻近线路间的距离应符合表 3.7.4-2 的规定。 13　跨越铁路、公路、河流、电力线路档距内的架空绝缘线铝线截面不小于 25 mm²。 14　架空线路与邻近线路或设施的距离应符合表 3.7.4-3 的规定。 1.0.3　建筑施工现场临时用电工程专用的电源中性点直接接地的 220/380 V 三相四线制低压电力系统，必须符合下列规定： 1　采用三级配电系统。 7.2.11　电缆线路必须有短路保护和过载保护。	★

序号	问题描述	相关法规标准	法规标准内容或条款	备注
4.5.4	配电箱、开关箱设置不合规	《水利水电工程施工通用安全技术规程》(SL 398—2007)4.5.1、4.5.4、4.5.5、4.5.8；《水利水电工程施工安全防护设施技术规范》(SL 714—2015)3.7.3；《施工现场临时用电安全技术规范》(JGJ 46—2005)8.1.13	4.5.1　动力配电箱与照明箱电箱宜分别设置,如合置在同一配电箱内,动力和照明线路应分别设置。 4.5.4　每台用电设备应有各自专用的开关箱,严禁用同一个开关电器直接控制两台及两台以上用电设备(含插座)。 4.5.8　配电箱、开关箱的使用与维护,应遵守下列规定: 1　所有配电箱均应标明其名称、用途,作出分路标记,并应由专人负责。 2　所有配电箱、开关箱应每月进行检查和维修一次…… 4　施工现场停止作业 1 h 以上时,应将动力开关箱断电上锁。 5　配电箱、开关箱内不应放置任何杂物,并应经常保持整洁…… 3.7.3　施工现场的配电箱、开关箱等安装使用应符合下列规定: 1　配电箱、开关箱及漏电保护开关的配置应实行"三级配电,两级保护",应严格执行"一机一箱一闸一漏"的配电原则。必须安装漏电保护器。 3　配电箱、开关箱应采用铁板或优质绝缘材料制作,安装于坚固的支架上,固定式配电箱、开关箱的下底与地面的垂直距离应大于1.3 m、小于 1.5 m,移动式分配电箱、开关箱的下底与地面的垂直距离宜大于 0.6 m、小于 1.5 m。 6　配电箱、开关箱应装设在干燥、通风及常温场所,设置防雨、防尘和防砸设施。不应装设在有瓦斯、烟气、蒸气、液体及其他有害介质环境中,不应装设在易受外来固体物撞击、强烈振动、液体浸溅及热源烘烤的场所。 7　配电箱、开关箱周围应有足够两人同时工作的空间和通道,不得堆放妨碍操作、维修的物品,不得有灌木、杂草。	★

续表

序号	问题描述	相关法规标准	法规标准内容或条款	备注
4.5.4			8.1.13　配电箱、开关箱的金属箱体、金属电器安装板以及电器正常不带电的金属底座、外壳等必须通过 PE 线端子板与 PE 线做电气连接，金属箱门与金属箱体必须通过采用编织软铜线做电气连接。	★
4.5.5	自备发电机组不合规	《水利水电工程施工通用安全技术规程》（SL 398—2007）4.3.5	4.3.5　电压为 400/230 V 的自备发电机组，应遵守下列规定： 1　发电机组及其控制、配电、修理室等，在保证电气安全距离和满足防火要求的情况下可合并设置也可分开设置。 2　发电机组的排烟管道应伸出室外，机组及其控制配电室内严禁存放贮油桶。 3　发电机组电源应与外电线路电源联锁，严禁并列运行。 4　发电机组应采用三相四线制中性点直接接地系统，并须独立设置，其接地阻值不应大于 4 Ω。 5　发电机组应设置短路保护和过负荷保护。 6　发电机并列运行时，应在机组同期后再向负荷供电。	
4.5.6	接地（接零）与防雷不合规	《水利水电工程施工通用安全技术规程》（SL 398—2007）4.2.1、4.2.2	4.2.1　施工现场专用的中性点直接接地的电力线路中应采用 TN-S 接零保护系统，并应遵守以下规定： 1　电气设备的金属外壳应与专用保护零线（简称保护零线）连接。保护零线应由工作接地线、配电室的零线或第一级漏电保护器电源侧的零线引出。 2　当施工现场与外电线路共用同一个供电系统时，电气设备应根据当地的要求作保护接零，或作保护接地。不得一部分设备作保护接零，另一部分设备作保护接地。 3　作防雷接地的电气设备，应同时作重复接地。同一台电气设备的重复接地与防雷接地使用同一接地体时，接地电阻应符合重复接地电阻值的要求。	★

序号	问题描述	相关法规标准	法规标准内容或条款	备注
4.5.6			6　保护零线不应装设开关或熔断器。保护零线应单独敷设,不作它用。重复接地线应与保护零线相接。 8　保护零线的截面,应不小于工作零线的截面,同时应满足机械强度要求,保护零线的统一标志为绿/黄双色线。 4.2.2　正常情况下,下列电气设备不带电的外露导电部分,应作保护接零: 1　电机、变压器、电器、照明器具、手持电动工具的金属外壳。 2　电气设备传动装置的金属部件。 3　配电屏与控制屏的金属框架。 4　室内、外配电装置的金属框架及靠近带电部分的金属围栏和金属门。 5　电力线路的金属保护管、敷线的钢索、起重机轨道、滑升模板操作平台等。 6　安装在电力线路杆(塔)上开关、电容器等电气装置的金属外壳及支架。	★
4.5.7	电动机械、工具使用管理不合规	《水利水电工程施工通用安全技术规程》(SL 398—2007)4.6.1; 《建设工程施工现场供用电安全规范》(GB 50194—2014)9.2.1、9.2.2; 《手持式电动工具的管理、使用、检查和维修安全技术规程》(GB/T 3787—2017)第5.2节	4.6.1　电动施工机械和手持电动工具的选购、使用、检查和维修应遵守下列规定: 1　选购的电动施工机械、手持电动工具和用电安全装置,符合相应的国家标准、专业标准和安全技术规程,并且有产品合格证和使用说明书。 2　建立和执行专人专机负责制,并定期检查和维修保养。 3　保护零线的电气连接符合4.2.2条的要求,对产生振动的设备其保护零线的连接点不少于两处;并按要求装设漏电保护器。 9.2.1　施工现场使用手持式电动工具应符合现行国家标准《手持式电动工具的管理、使用、检查和维修安全技术规程》GB/T 3787的有关规定。 9.2.2　施工现场电动工具的选用应符合下列规定:	

续表

序号	问题描述	相关法规标准	法规标准内容或条款	备注
4.5.7			1　一般施工场所可选用Ⅰ类或Ⅱ类电动工具。 2　潮湿、泥泞、导电良好的地面,狭窄的导电场所应选用Ⅱ类或Ⅲ类电动工具。 3　当选用Ⅰ类或Ⅱ类电动工具时,Ⅰ类电动工具金属外壳与保护导体(PE)应可靠连接;为其供电的末级配电箱中剩余电流保护器的额定剩余电流动作值不应大于 30 mA,额定剩余电流动作时间不应大于 0.1 s。 5.2　工具应用场合划分 工具应用场合划分为: a)一般作业场所,可使用Ⅱ类工具; b)在潮湿作业场所或金属构架上等导电性能良好的作业场所,应使用Ⅱ类或Ⅲ类工具; c)在锅炉、金属容器、管道内等作业场所,应使用Ⅲ类工具或在电气线路中装设额定剩余动作电流不大于 30 mA 的剩余电流动作保护器的Ⅱ类工具。	
4.5.8	施工照明不合规	《水利水电工程施工通用安全技术规程》(SL 398—2007)3.1.18、4.5.9;《施工现场临时用电安全技术规范》(JGJ 46—2005)10.3.11	3.1.18　施工照明及线路,应遵守下列规定: 1　露天施工现场宜采用高效能的照明设备。 2　施工现场及作业地点,应有足够的照明,主要通道应装设路灯。 3　在存放易燃、易爆物品场所或有瓦斯的巷道内,照明设备应符合防爆要求。 4.5.9　现场照明宜采用高光效、长寿命的照明光源。对需要大面积照明的场所,宜采用高压汞灯、高压钠灯或混光用的卤钨灯。照明器具选择应遵守下列规定: 1　正常湿度时,选用开启式照明器。 2　潮湿或特别潮湿的场所,应选用密闭型防水防尘照明器或配有防水灯头的开启式照明器。 10.3.11　对夜间影响飞机或车辆通行的在建工程及机械设备,必须设置醒目的红色信号灯,其电源应设在施工现场总电源开关的前侧,并应设置外电线路停止供电时的应急自备电源。	

序号	问题描述	相关法规标准	法规标准内容或条款	备注
4.5.9	施工用电未经验收合格即投入使用	《建设工程施工现场供用电安全规范》(GB 50194—2014)3.3.2;《施工现场临时用电安全技术规范》(JGJ 46—2005)3.1.5	3.3.2 供用电工程施工完毕后,应有完整的平面布置图、系统图、隐蔽工程记录、试验记录,经验收合格后方可投入使用。 3.1.5 临时用电工程必须经编制、审核、批准部门和使用单位共同验收,合格后方可投入使用。	强条★
4.5.10	未对施工现场临时用电进行检查	《施工现场临时用电安全技术规范》(JGJ 46—2005)3.3.4;《水利水电工程施工通用安全技术规程》(SL 398—2007)4.1.4	3.3.4 临时用电工程定期检查应按分部、分项工程进行,对安全隐患必须及时处理,并应履行复查验收手续。 4.1.4 现场施工用电设施,除经常性维护外,每年雨季前应检修一次,应保证其绝缘电阻等符合要求。	强条
4.5.11	临近带电体作业安全距离不合规	《水利水电工程施工通用安全技术规程》(SL 398—2007)4.1.5～4.1.9、4.4.3	4.1.5 在建工程(含脚手架)的外侧边缘与外电架空线路的边线之间应保持安全操作距离。最小安全操作距离应不小于表4.1.5的规定。 4.1.6 施工现场的机动车道与外电架空线路交叉时,架空线路的最低点与路面的垂直距离不应小于表4.1.6的规定。 4.1.7 机械如在高压线下进行工作或通过时,其最高点与高压线之间的最小垂直距离不应小于表4.1.7的规定。 4.1.8 旋转臂架式起重机的任何部位或被吊物边缘与10 kV以下的架空线路边线最小水平距离不应小于2 m。 4.1.9 施工现场开挖非热管道沟槽的边缘与埋地外电缆沟槽边缘之间的距离不应小于0.5 m。 4.4.3 架空线路与邻近线路或设施的距离应符合表4.4.3的规定。	强条★

续表

序号	问题描述	相关法规标准	法规标准内容或条款	备注
4.5.12	变电所（配电室）设置不合规	《水利水电工程施工安全防护设施技术规范》（SL 714—2015）3.7.1	3.7.1 施工变电所（配电室）应符合下列要求： 1 施工变电所（配电室）应选择在靠近电源、无灰尘、无蒸汽、无腐蚀介质、无振动的地方，能自然通风并采取防雨雪和动物的措施。 2 施工变电所（配电室）周围设有高度不低于 2 m 的实体围墙或围栏，围栏上端与垂直上方带电部分的净距，不得小于 1 m。 3 设有避雷装置，接地电阻不大于 10 Ω。成列的配电屏（盘）和控制屏（台）两端应与重复接地线及保护零线做电气连接。 4 设有排水沟、槽等设施，其坡度不应小于 5‰。 5 室内配电屏（盘）正面的操作通道宽度，单列布置应不小于 1.5 m，双列布置应不小于 2 m，侧面的维护通道宽度应不小于 1 m，盘后的维护通道应不小于 0.8 m，室外配电装置区设有巡视小道。 6 通往室外的门外开，并配锁。 7 高压电气设备设有高度不低于 1.7 m、网孔宽度不大于 40 mm×40 mm 的栅栏或遮栏，并有安全警告标志。 8 室内设值班或检修室时，距电屏（盘）的水平距离应大于 1 m，并采取屏障隔离。 9 室内的裸母线与地面垂直距离小于 2.5 m 时，应采用遮栏隔离，遮栏下面通行道的高度不小于 1.9 m。 10 室内配电装置的上端距天棚应不小于 0.5 m。 11 母线均应涂刷有色油漆（以屏、盘的正面方向为准），其涂色应符合表 3.7.1 的规定。 12 施工变电所（配电室）的建筑物和构筑物的耐火等级应不低于 3 级，室内应配置砂箱和适宜于扑救电气类火灾的灭火器。 13 施工变电所（配电室）应配置相应高压操作安全工具。	

序号	问题描述	相关法规标准	法规标准内容或条款	备注
4.5.13	变压器安装、使用不合规	《水利水电工程施工安全防护设施技术规范》(SL 714—2015)3.7.2	3.7.2　施工变压器的安装使用应符合下列规定： 1　施工使用的 10 kV 及以下变压器装于地面时，应设有不低于 0.5 m 的平台，平台的周围应装设栅栏和带锁的门，栅栏高度不低于 1.7 m，栅栏与变压器外廓的距离不得小于 1 m，杆件结构平台上变压器安装的高度应不低于 2.5 m，并挂"止步、高压危险"的警示标志。变压器的引线应采用绝缘导线。 2　采用柱式安装，底部距地面不应小于 2.5 m。 3　外壳接地电阻不大于 4 Ω。 4　变压器运行中应定期进行检查。	★
4.6	施工脚手架管理			
4.6.1	高度超过 25 m 和特殊部位使用的脚手架，未按规定专门设计、报批	《水利水电工程施工通用安全技术规程》(SL 398—2007)5.3.2	5.3.2　高度超过 25 m 和特殊部位使用的脚手架，应专门设计并报建设单位(监理)审核、批准，并进行技术交底后，方可搭设和使用。	★
4.6.2	未按设计图及技术标准搭设脚手架	《水利水电工程施工通用安全技术规程》(SL 398—2007)5.3.5、5.3.12	5.3.5　脚手架安装搭设应严格按设计图纸实施，遵循自下而上、逐层搭设、逐层加固、逐层上升的原则，并应符合下列要求： 1　脚手架底脚扫地杆、水平横杆离地面距离为 20～30 cm。 2　脚手架各节点应连接可靠，拧紧，各杆件连接处相互伸出的端头长度应大于 10 cm，以防杆件滑脱。 3　外侧及每隔 2～3 道横杆设剪刀撑，排架基础以上 12 m 范围内每排横杆均应设置剪刀撑。 4　剪刀撑、斜撑等整体拉结件和连墙件与脚手架应同步设置，剪刀撑的斜杆与水平面的交角宜为 45°～60°，水平投影宽度不应小于 2 跨或 4 m 和不大于 4 跨或 8 m。	★

续表

序号	问题描述	相关法规标准	法规标准内容或条款	备注
4.6.2			5 脚手架与边坡相连处应设置连墙杆，每18 m设一个点，且连墙杆的竖向间距不应大于4 m。连墙杆采用钢管横杆，与墙体预埋锚筋相连，以增加整体稳定性。 6 脚手架相邻立杆和上下相邻平杆的接头应相互错开，应置于不同的框架格内。搭接杆接头长度，扣件式钢管排架不应小于1 m。 7 钢管立杆、大横杆的接头应错开，搭接长度不小于50 cm，承插式的管接头不应小于8 cm，水平承插或接头应穿销，并用扣件连接，拧紧螺栓，不应用铁丝绑扎。 8 脚手架的两端，转角处以及每隔6～7根立杆，应设剪刀撑及支杆，剪刀撑和支杆与地面的角度不应大于60°，支杆的底端埋入地下深度不应小于30 cm。架子高度在7 m以上或无法设支杆时，竖向每隔4 m，水平每隔7 m，应使脚手架牢固地连接在建筑物上。 5.3.12 脚手架的立杆、大横杆及小横杆的间距不应大于表5.3.12的规定。	★
4.6.3	脚手架工作人员未持证上岗	《水利水电工程施工通用安全技术规程》（SL 398—2007）5.3.9	5.3.9 从事脚手架工作的人员，应熟悉各种架子的基本技术知识和技能，并应持有国家特种作业主管部门考核的合格证。	
4.6.4	脚手架基础不合规	《水利水电工程施工通用安全技术规程》（SL 398—2007）5.3.3、5.3.16、5.3.17	5.3.3 脚手架基础应牢固，禁止将脚手架固定在不牢固的建筑物或其他不稳定的物件之上，在楼面或其他建筑物上搭设脚手架时，均应验算承重部位的结构强度。 5.3.16 钢管脚手架的立杆，应垂直稳放在金属底座或垫木上。 5.3.17 挑式脚手架的斜撑上端应连接牢固，下端应固定在立柱或建筑物上。	★

序号	问题描述	相关法规标准	法规标准内容或条款	备注
4.6.5	钢管材料脚手架不合规	《水利水电工程施工通用安全技术规程》(SL 398—2007)5.3.4	5.3.4　钢管材料脚手架应符合下列要求: 1　钢管外径应为 48～51 mm,壁厚 3～3.5 mm,有严重锈蚀、弯曲或裂纹的钢管不应使用。 2　扣件应有出厂合格证明,脆裂、气孔、变形滑丝的扣件不应使用。	★
4.6.6	井架、门架等特殊脚手架搭设未采用缆风绳加固	《水利水电工程施工通用安全技术规程》(SL 398—2007)5.3.15	5.3.15　井架、门架和烟囱、水塔等的脚手架,凡高度 10～15 m 的要设一组缆风绳(4～6 根),每增高 10 m 加设一组。在搭设时应先设临时缆风绳,待固定缆风绳设置稳妥后,再拆除临时缆风绳。缆风绳与地面的角度应为 45°～60°,要单独牢固地拴在地锚上,并用花篮螺栓调节松紧,调节时应对角交错进行。缆风绳严禁拴在树木或电杆等物上。	
4.6.7	平台脚手板铺设不合规	《水利水电工程施工通用安全技术规程》(SL 398—2007)5.3.20	5.3.20　平台脚手板铺设,应遵守下列规定: 1　脚手板应满铺,与墙面距离不应大于 20 cm,不应有空隙和探头板。 2　脚手板搭接长度不应小于 20 cm。 3　对头搭接时,应架设双排小横杆,其间距不大于 20 cm,不应在跨度间搭接。 4　在架子的拐弯处,脚手板应交叉搭接。 5　脚手板的铺设应平稳,绑牢或钉牢,脚手板垫木应用木块,并且钉牢。	★
4.6.8	脚手架未经验收合格即投入使用	《建设工程安全生产管理条例》(2003 年发布)第三十五条;《水利水电工程施工通用安全技术规程》(SL 398—2007)5.3.1	第三十五条　施工单位在使用施工起重机械和整体提升脚手架、模板等自升式架设设施前,应当组织有关单位进行验收,也可以委托具有相应资质的检验检测机构进行验收;使用承租的机械设备和施工机具及配件的,由施工总承包单位、分包单位、出租单位和安装单位共同进行验收。验收合格的方可使用。 5.3.1　脚手架应根据施工荷载经设计确定,施工常规负荷量不应超过 3.0 kPa。脚手架搭成后,须经施工及使用单位技术、质检、安全部门按设计和规范检查验收合格,方准投入使用。	★

续表

序号	问题描述	相关法规标准	法规标准内容或条款	备注
4.6.9	脚手架未定期检查	《水利水电工程施工通用安全技术规程》（SL 398—2007）5.3.7；《建筑施工高处作业安全技术规范》（JGJ 80—2016）8.2.1；《建筑施工碗扣式钢管脚手架安全技术规范》（JGJ 166—2016）9.0.8	5.3.7 脚手架应定期检查，发现材料腐朽、紧固件松动时，应及时加固处理。靠近爆破地点的脚手架，每次爆破后均应进行检查。 8.2.1 安全网搭设应绑扎牢固、网间严密。安全网的支撑架应具有足够的强度和稳定性。 9.0.8 脚手架验收合格投入使用后，在使用过程中应定期检查，检查项目应符合下列规定： 1 基础应无积水，基础周边应有序排水，底座和可调托撑应无松动，立杆应无悬空； 2 基础应无明显沉降，架体应无明显变形； 3 立杆、水平杆、斜撑杆、剪刀撑和连墙件应无缺失、松动； 4 架体应无超载使用情况； 5 模板支撑架监测点应完好； 6 安全防护设施应齐全有效，无损坏缺失。	
4.6.10	随意改变脚手架结构和用途	《水利水电工程施工通用安全技术规程》（SL 398—2007）5.3.21	5.3.21 脚手架验收投入使用后，未经有关人员同意，不应任意改变脚手架的结构和拆除部分杆件及改变使用用途。	
4.6.11	脚手架拆除作业不合规	《水利水电工程施工通用安全技术规程》（SL 398—2007）5.3.22～5.3.26	5.3.22 拆除架子前，应将电气设备，其他管、线路，机械设备等拆除或加以保护。 5.3.23 拆除架子时，应统一指挥，按顺序自上而下地进行，严禁上下层同时拆除或自下而上地进行。严禁用将整个脚手架推倒的方法进行拆除。 5.3.24 拆下的材料，严禁往下抛掷，应用绳索捆牢，用滑车卷扬等方法慢慢放下，集中堆放在指定地点。 5.3.25 三级、特级及悬空高处作业使用的脚手架拆除时，应事先制定出安全可靠的措施才能进行拆除。 5.3.26 拆除脚手架的区域内，无关人员严禁逗留和通过，在交通要道应设专人警戒。	

序号	问题描述	相关法规标准	法规标准内容或条款	备注
4.7	施工现场交通安全			
4.7.1	施工现场主要通道未硬化	《水利水电工程施工安全防护设施技术规范》（SL 714—2015）3.3.8	3.3.8　施工现场主要通道应做硬化处理，防止滑坡下陷，并视情况设安全交通标色标牌。	
4.7.2	交通频繁的施工道路、交叉路口未按规定设置警示标志或信号指示灯	《水利水电工程施工通用安全技术规程》（SL 398—2007）3.1.11	3.1.11　交通频繁的施工道路、交叉路口应按规定设置警示标志或信号指示灯。	★
4.7.3	施工现场机动车临时道路不合规	《水利水电工程施工通用安全技术规程》（SL 398—2007）3.3.3	3.3.3　施工生产区内机动车辆临时道路应符合下列规定： 1　道路纵坡不宜大于8％，进入基坑等特殊部位的个别短距离地段最大纵坡不应超过15％；道路最小转弯半径不应小于15 m；路面宽度不应小于施工车辆宽度的1.5倍，且双车道路面宽度不宜窄于7.0 m，单车道不宜窄于4.0 m。单车道应在可视范围内设有会车位置。 2　路基基础及边坡保持稳定。 3　在急弯、陡坡等危险路段及叉路、涵洞口应设有相应警示标志。 4　悬崖陡坡、路边临空边缘除应设有警示标志外还应设有安全墩、挡墙等安全防护设施。 5　路面应经常清扫、维护和保养并应做好排水设施，不应占用有效路面。	

续表

序号	问题描述	相关法规标准	法规标准内容或条款	备注
4.7.4	施工现场轨道机车道路不合规	《水利水电工程施工通用安全技术规程》（SL 398—2007)3.3.5	3.3.5 施工现场的轨道机车道路,应遵守下列规定: 1 基础稳固,边坡保持稳定。 2 纵坡应小于3%。 3 机车轨道的端部应设有钢轨车档,其高度不低于机车轮的半径,并设有红色警示灯。 4 机车轨道的外侧应设有宽度不小于0.6 m的人行通道,人行通道临空高度大于2.0 m时,边缘应设置防护栏杆。 5 机车轨道、现场公路、人行通道等的交叉路口应设置明显的警示标志或设专人值班监护。 6 设有专用的机车检修轨道。 7 通信联系信号齐全可靠。	
4.7.5	施工现场临时性桥梁不合规	《水利水电工程施工通用安全技术规程》（SL 398—2007)3.3.6	3.3.6 施工现场临时性桥梁,应根据桥梁的用途、承重载荷和相应技术规范进行设计修建,并符合以下要求: 1 宽度应不小于施工车辆最大宽度的1.5倍。 2 人行道宽度应不小于1.0 m,并应设置防护栏杆。	
4.7.6	施工现场临时性便桥和边坡栈桥架设不合规	《水利水电工程施工通用安全技术规程》（SL 398—2007)3.3.7	3.3.7 施工现场架设临时性跨越沟槽的便桥和边坡栈桥,应符合以下要求: 1 基础稳固、平坦畅通。 2 人行便桥、栈桥宽度不应小于1.2 m。 3 手推车便桥、栈桥宽度不应小于1.5 m。 4 机动翻斗车便桥、栈桥,应根据荷载进行设计施工,其最小宽度不应小于2.5 m。 5 设有防护栏杆。	★

序号	问题描述	相关法规标准	法规标准内容或条款	备注
4.7.7	施工交通隧道不合规	《水利水电工程施工通用安全技术规程》(SL 398—2007)3.3.9	3.3.9　施工交通隧道,应符合以下要求: 1　隧道在平面上宜布置为直线。 2　机车交通隧道的高度应满足机车以及装运货物设施总高度的要求,宽度不应小于车体宽度与人行通道宽度之和的1.2倍。 3　汽车交通隧道洞内单线路基宽度应不小于3.0 m,双线路基宽度应不小于5.0 m。 4　洞口应有防护设施,洞内不良地质条件洞段应进行支护。 5　长度100 m以上的隧道内应设有照明设施。 6　应设有排水沟,排水畅通。 7　隧道内斗车路基的纵坡不宜超过1.0%。	
4.7.8	施工现场人行通道设置不合规	《水利水电工程施工通用安全技术规程》(SL 398—2007)3.3.10	3.3.10　施工现场工作面、固定生产设备及设施处所等应设置人行通道,并应符合以下要求: 1　基础牢固、通道无障碍、有防滑措施并设置护栏,无积水。 2　宽度不应小于0.6 m。 3　危险地段应设置警示标志或警戒线。	★
4.8	消防安全管理			
4.8.1	未建立、健全消防责任制和管理制度	《水利水电工程施工通用安全技术规程》(SL 398—2007)3.5.1;《建设工程施工现场消防安全技术规范》(GB 50720—2011)第3章;《消防安全责任制实施办法》(国办发〔2017〕87号)第四章	3.5.1　各单位应建立、健全各级消防责任制和管理制度,组建专职或义务消防队,并配备相应的消防设备,做好日常防火安全巡视检查,及时消除火灾隐患,经常开展消防宣传教育活动和灭火、应急疏散救护的演练。 第3章　总平面布局 3.1　一般规定 3.1.1　临时用房、临时设施的布置应满足现场防火、灭火及人员安全疏散的要求。 第四章　单位消防安全职责	

续表

序号	问题描述	相关法规标准	法规标准内容或条款	备注
4.8.2	未按规定办理动火审批手续	《水利水电工程施工通用安全技术规程》（SL 398—2007）9.2.1；《建设工程施工现场消防安全技术规范》（GB 50720—2011）6.3.1	9.2.1　焊接场地 2　焊接或气割场地应无火灾隐患。若需在禁火区内焊接、气割时，应办理动火审批手续，并落实安全措施后方可进行作业。 6.3.1　施工现场用火应符合下列规定： 1　动火作业应办理动火许可证；动火许可证的签发人收到动火申请后，应前往现场查验并确认动火作业的防火措施落实后，再签发动火许可证。	★
4.8.3	消防通道或防火安全距离设置不合规	《水利水电工程施工通用安全技术规程》（SL 398—2007）3.5.4、3.5.11	3.5.4　根据施工生产防火安全的需要，合理布置消防通道和各种防火标志，消防通道应保持通畅，宽度不应小于3.5 m。 3.5.11　施工生产作业区与建筑物之间的防火安全距离，应遵守下列规定： 1　用火作业区距所建的建筑物和其他区域不应小于25 m。 2　仓库区、易燃、可燃材料堆集场距所建的建筑物和其他区域不应小于20 m。 3　易燃品集中站距所建的建筑物和其他区域不应小于30 m。	强条 ★
4.8.4	施工现场宿舍、办公用房防火性能不满足要求	《建设工程施工现场消防安全技术规范》（GB 50720—2011）4.2.1	4.2.1　宿舍、办公用房的防火设计应符合下列规定： 1　建筑构件的燃烧性能等级应为A级。当采用金属夹芯板材时，其芯材的燃烧性能等级应为A级。 2　建筑层数不应超过3层，每层建筑面积不应大于300 m²。 3　层数为3层或每层建筑面积大于200 m²时，应设置至少2部疏散楼梯，房间疏散门至疏散楼梯的最大距离不应大于25 m。 4　单面布置用房时，疏散走道的净宽度不应小于1.0 m；双面布置用房时，疏散走道的净宽度不应小于1.5 m。	强条

续表

序号	问题描述	相关法规标准	法规标准内容或条款	备注
4.8.4			5 疏散楼梯的净宽度不应小于疏散走道的净宽度。 6 宿舍房间的建筑面积不应大于 30 m²,其他房间的建筑面积不宜大于 100 m²。 7 房间内任一点至最近疏散门的距离不应大于 15 m,房门的净宽度不应小于 0.8 m;房间建筑面积超过 50 m² 时,房门的净宽度不应小于 1.2 m。 8 隔墙应从楼地面基层隔断至顶板基层底面。	强条
4.8.5	消防器材配备、管理不合规	《水利水电工程施工通用安全技术规程》(SL 398—2007)3.5.2、3.5.3	3.5.2 根据施工生产防火安全需要,应配备相应的消防器材和设备,存放在明显易于取用的位置。消防器材及设备附近,严禁堆放其他物品。 3.5.3 消防用器材设备,应妥善管理,定期检验,及时更换过期器材,消防汽车、消防栓等设备器材不应挪作他用。	★
4.8.6	未定期组织消防演练	《中华人民共和国消防法》(2021年修订版)第十六条; 《机关、团体、企业、事业单位消防安全管理规定》(2001 年发布)第四十条	第十六条 机关、团体、企业、事业等单位应当履行下列消防安全职责: (六)组织进行有针对性的消防演练。 第四十条 消防安全重点单位应当按照灭火和应急疏散预案,至少每半年进行一次演练,并结合实际,不断完善预案。其他单位应当结合本单位实际,参照制定相应的应急方案,至少每年组织一次演练。	
4.9	易燃易爆危险品管理			
4.9.1	未建立易燃易爆危险品管理制度	《水利水电工程施工通用安全技术规程》(SL 398—2007)8.1.4	8.1.4 从事爆破工作的单位,应建立严格的爆破器材领发、清退制度、工作人员的岗位责任制、培训制度以及重大爆破技术措施的审批制度。	★

续表

序号	问题描述	相关法规标准	法规标准内容或条款	备注
4.9.2	易燃易爆物品存放不合规	《水利水电工程施工通用安全技术规程》（SL 398—2007）3.5.5、3.5.6、3.5.9	3.5.5　宿舍、办公室、休息室内严禁存放易燃易爆物品，未经许可不得使用电炉。利用电热的车间、办公室及住室，电热设施应有专人负责管理。 3.5.6　挥发性的易燃物质，不应装在开口容器及放在普通仓库内。装过挥发油剂及易燃物质的空容器，应及时退库。 3.5.9　油料、炸药、木材等常用的易燃易爆危险品存放使用场所、仓库，应有严格的防火措施和相应的消防设施，严禁使用明火和吸烟。	强条★
4.9.3	放射性同位素管理不合规	《放射性同位素与射线装置安全和防护条例》（2019年修订版）第五条、第七条、第三十五条；《水利水电工程施工通用安全技术规程》（SL 398—2007）11.4.8	第五条　生产、销售、使用放射性同位素和射线装置的单位，应当依照本章规定取得许可证。 第七条　生产、销售、使用放射性同位素和射线装置的单位申请领取许可证，应当具备下列条件： （一）有与所从事的生产、销售、使用活动规模相适应的，具备相应专业知识和防护知识及健康条件的专业技术人员； （二）有符合国家环境保护标准、职业卫生标准和安全防护要求的场所、设施和设备； （三）有专门的安全和防护管理机构或者专职、兼职安全和防护管理人员，并配备必要的防护用品和监测仪器； （四）有健全的安全和防护管理规章制度、辐射事故应急措施； （五）产生放射性废气、废液、固体废物的，具有确保放射性废气、废液、固体废物达标排放的处理能力或者可行的处理方案。 第三十五条　放射性同位素应当单独存放，不得与易燃、易爆、腐蚀性物品等一起存放，并指定专人负责保管。贮存、领取、使用、归还放射性同位素时，应当进行登记、检查，做到账物相符。对放射性同位素贮存场所应当采取防火、防水、防盗、防丢失、防破坏、防射线泄漏的安全措施。	强条

序号	问题描述	相关法规标准	法规标准内容或条款	备注
4.9.3			对放射源还应当根据其潜在危害的大小,建立相应的多层防护和安全措施,并对可移动的放射源定期进行盘存,确保其处于指定位置,具有可靠的安全保障。 11.4.8　放射性射源的贮藏库房,应遵守下列规定: 2　放射性同位素不应与易燃、易爆、腐蚀性物品放在一起,其贮存场所应采取有效的防火、防盗、防泄漏的安全防护措施,并指定专人负责保管。贮存、领取、使用、归还放射性同位素时应进行登记、检查,做到账物相符。	强条
4.9.4	核子水分/密度仪使用不合规	《水利水电工程土建施工安全技术规程》(SL 399—2007)6.7.5	6.7.5　采用核子水分/密度仪进行无损检测时应遵守下列规定: 1　操作者在操作前应接受有关核子水分/密度仪安全知识的培训和训练,只有合格者方可进行操作。应给操作者配备防护铅衣、裤、鞋、帽、手套等防护用品。操作者应在胸前配戴胶片计量仪,每1～2月更换一次。胶片计量仪一旦显示操作者达到或超过了允许的辐射值,应即停止操作。 2　严禁操作者将核子水分/密度仪放在自己的膝部,不应企图以任何方式修理放射源,不应无故暴露放射源,不应触动放射源,操作时不应用手触摸带有放射源的杆头等部位。 3　应派专人负责保管核子水分/密度仪,并应设立专台档案。每隔半年应把仪器送有关单位进行核泄露情况检测,仪器储存处应牢固地张贴"放射性仪器"的警示标志。 4　核子水分/密度仪受到破坏,或者发生放射性泄露,应立即让周围的人离开,并远离出事场所,直到核专家将现场清除干净。 5　核子水分/密度仪万一被盗或被损坏,应及时报告公安部门、制造厂家或者代理商,以便妥善处理。	强条 ★

序号	问题描述	相关法规标准	法规标准内容或条款	备注
4.9.5	危险化学品安全管理不合规	《水利水电工程施工通用安全技术规程》（SL 398—2007）11.1.4、11.1.5；《危险化学品安全管理条例》（2013年修订版）第二十八条	11.1.4　贮存、运输和使用危险化学品的单位,应建立健全危险化学品安全管理制度,建立事故应急救援预案,配备应急救援人员和必要的应急救援器材、设备、物资,并应定期组织演练。 11.1.5　贮存、运输和使用危险化学品的单位,应当根据消防安全要求,配备消防人员,配置消防设施以及通信、报警装置。并经公安消防监督机构审核合格,取得《易燃易爆化学物品消防安全审核意见书》、《易燃易爆化学物品消防安全许可证》和《易燃易爆化学物品准运证》。 第二十八条　使用危险化学品的单位,其使用条件（包括工艺）应当符合法律、行政法规的规定和国家标准、行业标准的要求,并根据所使用的危险化学品的种类、危险特性以及使用量和使用方式,建立、健全使用危险化学品的安全管理规章制度和安全操作规程,保证危险化学品的安全使用。	★
4.9.6	现场油库、加油站设置不合规	《水利水电工程施工安全防护设施技术规范》（SL 714—2015）3.4.3	3.4.3　油库、加油站必须符合下列规定: 1　独立建筑,与其他建筑、设施之间的防火安全距离不应小于 50 m。 2　加油站四周应设有不低于 2 m 高的实体围墙,或金属网等非燃烧体栅栏。 3　设有消防安全通道,油库内道路宜布置成环行道,车道宽应不小于 4 m。 4　露天的金属油罐、管道上部应设有阻燃物的防护棚。 5　库内照明、动力设备应采用防爆型,装有阻火器等防火安全装置。 6　装有保护油罐贮油安全的呼吸阀、阻火器等防火安全装置。 7　油罐区安装有避雷针等避雷装置,其接地电阻应不大于 10 Ω,且应定期检测。	

序号	问题描述	相关法规标准	法规标准内容或条款	备注
4.9.6			8　金属油罐及管道应设有防静电接地装置，接地电阻应不大于 30 Ω，且应定期检测。 9　配备有泡沫、干粉灭火器及沙土等灭火器材。 10　设有醒目的安全防火、禁止吸烟等警告标志。 11　设有与安全保卫消防部门联系的通信设施。 12　库区内严禁一切火源，严禁吸烟及使用手机。 13　工作人员应熟悉使用灭火器材和消防常识。 14　运输使用的油罐车应密封，并有防静电设施。	
4.10	高边坡、深基坑作业			
4.10.1	高边坡、深基坑作业不合规	《水利水电工程施工安全防护设施技术规范》（SL 714—2015）5.1.4、5.1.5	5.1.4　坡高大于 5 m、小于 100 m，坡度大于 45°的低、中、高边坡和深基坑开挖作业，应符合下列规定： 1　清除设计边线外 5 m 范围内的浮石、杂物。 2　修筑坡顶截水天沟。 3　坡顶应设置安全防护栏或防护网，防护栏高度不得低于 2 m，护栏材料宜采用硬杂圆木或竹跳板，圆木直径不得小于 10 cm。 4　坡面每下降一层台阶应进行一次清坡，对不良地质构造应采取有效的防护措施。 5.1.5　坡高大于 100 m 的超高边坡和坡高大于 300 m 的特高边坡作业，应符合下列规定： 1　边坡开挖爆破时应做好人员撤离及设备防护工作。 2　边坡开挖爆破完成 20 min 后，由专业炮工进入爆破现场进行爆后检查，存在哑炮及时处理。	★

续表

序号	问题描述	相关法规标准	法规标准内容或条款	备注
4.10.1			3 在边坡开挖面上设置人行及材料运输专用通道。在每层马道或栈桥外侧设置安全栏杆，并布设防护网以及挡板。安全栏杆高度应达到2 m以上，采用竹夹板或木板将马道外缘或底板封闭。施工平台应专门设置安全防护围栏。 4 在开挖边坡底部进行预裂孔施工时，应用竹夹板或木板做好上下立体防护。 5 边坡各层施工部位移动式管、线应避免交叉布置。 6 边坡施工排架在搭设及拆除前，应详细进行技术交底和安全交底。 7 边坡开挖、甩渣、钻孔产生的粉尘浓度应按表3.11.2的规定进行控制。	★
4.10.2	土石方开挖作业出现危险情况时，未采取有效应急措施	《水利水电工程土建施工安全技术规程》（SL 399—2007）3.2.1、3.3.4	3.2.1 有边坡的挖土作业应遵守下列规定： 3 施工过程当中应密切关注作业部位和周边边坡、山体的稳定情况，一旦发现裂痕、滑动、流土等现象，应停止作业，撤出现场作业人员。 3.3.4 开挖过程中，如出现整体裂缝或滑动迹象时，应立即停止施工，将人员、设备尽快撤离工作面，视开裂或滑动程度采取不同的应急措施。	强条
4.10.3	开挖时未根据实际情况制定防止坍塌的安全防护和监测措施	《水利水电工程施工安全防护设施技术规范》（SL 714—2015）5.1.2	5.1.2 在高边坡、滑坡体、基坑、深槽及重要建筑物附近开挖，应有相应可靠防止坍塌的安全防护和监测措施。	
4.11	洞室作业			

序号	问题描述	相关法规标准	法规标准内容或条款	备注
4.11.1	隧洞洞口施工安全措施设置不合规	《水利水电工程施工安全防护设施技术规范》（SL 714—2015）5.3.1	5.3.1　隧洞洞口施工应符合下列要求： 1　有良好的排水措施。 2　应及时清理洞脸，及时锁口。在洞脸边坡外侧应设置挡渣墙或积石槽，或在洞口设置网或木构架防护棚，其顺洞轴方向伸出洞口外长度不得小于 5 m。 3　洞口以上边坡和两侧岩壁不完整时，应采用喷锚支护或混凝土永久支护等措施。	★
4.11.2	隧洞照明、通风、排水安全措施不合规	《水利水电工程施工通用安全技术规程》（SL 398—2007）3.1.16、3.8.3、3.4.3、4.5.14；《水利水电工程土建施工安全技术规程》（SL 399—2007）3.1.4、3.5.11；《水工建筑物地下开挖工程施工规范》（SL 378—2007）12.2.7	3.1.16　隧洞作业应保持照明、通风良好、排水畅通，应采取必要的安全措施。 3.8.3　排水系统设备供电应有独立的动力电源（尤其是洞内排水），必要时应有备用电源。 3.4.3　常见产生粉尘危害的作业场所应采取以下相应措施控制粉尘浓度： 4　地下洞室施工应有强制通风设施，确保洞内粉尘、烟尘、废气及时排出。 4.5.14　地下工程作业、夜间施工或自然采光差等场所，应设一般照明、局部照明或混合照明，并应装设自备电源的应急照明。 3.1.4　开挖过程中，应采取有效的截水、排水措施，防止地表水和地下水影响开挖作业和施工安全。 3.5.11　通风及排水应遵守下列规定： 1　洞井施工时，应及时向工作面供应 3 m³/(人·min)的新鲜空气。 5　通风采用压风时，风管端头应距开挖工作面在 10～15 m；若采取吸风时，风管端宜为 20 m。 7　严禁在通风管上放置或悬挂任何物体。 12.2.7　洞内排水应符合下列要求： 1　工作面及运输道路的路面不应有积水。 2　逆坡施工时，应设置排水沟自流排水，并经常清理，必要时可设置盖板。 3　顺坡或平坡施工时，应在适当地点设置集水坑井用水泵排水。	

续表

序号	问题描述	相关法规标准	法规标准内容或条款	备注
4.11.2			4　排水泵的容量应比最大涌水量大 30%～50%。使用一台水泵排水时，应有与排水泵相同容量的备用水泵；使用两台水泵排水时，应有50%的备用量。重要部位应设有备用电源。 5　寒冷地区的冬季，应防止洞口段排水沟或排水管受冻堵塞。	
4.11.3	洞室开挖作业安全措施不合规	《水利水电工程土建施工安全技术规程》（SL 399—2007）3.5.1、3.5.6	3.5.1　洞室开挖作业应遵守下列规定： 1　洞室开挖的洞口边坡上不应存在浮石、危石及倒悬石。 2　作业施工环境和条件相对较差时，施工前应制定全方位的安全技术措施，并对作业人员进行交底。 3　洞口削坡，应按照明挖要求进行。不应上下同时作业，并应做好坡面、马道加固及排水等工作。 4　进洞前，应对洞脸岩体进行察看，确认稳定或采取可靠措施后方可开挖洞口。 5　洞口应设置防护棚。其顺洞轴方向的长度，可依据实际地形、地质和洞型断面选定，不宜小于 5 m。 6　自洞口计起，当洞挖长度不超过 15～20 m 时，应依据地质条件、断面尺寸，及时作好洞口永久性或临时性支护。支护长度不宜小于 10 m。当地质条件不良全部洞身应进行支护时，洞口段则应进行永久性支护。 7　暗挖作业中，在遇到不良地质构造或易发生塌方地段、有害气体逸出及地下涌水等突发事件，应即令停工，作业人员撤至安全地点。 8　暗挖作业设置的风、水、电等管线路应符合相关安全规定。 9　每次放炮后，应立即进行全方位的安全检查，并清除危石、浮石，若发现非撬挖所能排除的险情时，应果断地采取其他措施进行处理。洞内进行安全处理时，应有专人监护，及时观察险石动态。	★

序号	问题描述	相关法规标准	法规标准内容或条款	备注
4.11.3			10　处理冒顶或边墙滑脱等现象时应遵守下列规定： 1)应查清原因,制定具体施工方案及安全防范措施,迅速处理。 2)地下水十分活跃的地段,应先治水后治塌。 3)应准备好畅通的撤离通道,备足施工器材。 4)处理工作开始前,应先加固好塌方段两端未被破坏的支护或岩体。 5)处理坍塌,宜先处理两侧边墙,然后再逐步处理顶拱。 6)施工人员应位于有可靠的掩护体下进行工作;作业的整个过程应有专人现场监护。 7)应随时观察险情变化,及时修改或补充原订措施计划。 8)开挖与衬砌平行作业时的距离,应按设计要求控制,但不宜小于 30 m。 3.5.6　不良地质地段开挖作业应遵守下列规定： 1　根据设计工程地质资料制定施工技术措施和安全技术措施,并应向作业人员进行交底。作业现场应有专职安全人员进行监护作业。 2　不良地质地段的支护应严格按施工方案进行,应待支护稳定并验收合格后方可进行下一工序的施工。 3　当出现围岩不稳定、涌水及发生塌方情况时,所有作业人员应立即撤至安全地带。 4　施工作业时,岩石既是开挖的对象,又是成洞的介质,为此施工人员应充分了解围岩性质和合理运用洞室体型特征,以确保施工安全。 5　施工时应采取浅钻孔、弱爆破、多循环,尽量减少对围岩的扰动。应采取分部开挖,及时进行支护。每一循环掘进应控制在 0.5～1.0 m。 6　在完成一开挖作业循环时,应全面清除危石,及时支护,防止落石。	★

续表

序号	问题描述	相关法规标准	法规标准内容或条款	备注
4.11.3			7 在不良地质地段施工,应做好工程地质、地下水类型和涌水量的预报工作,并设置排水沟、积水坑和充分的抽排水设备。 8 在软弱、松散破碎带施工,应待支护稳定后方可进行下一段施工作业。 9 在不良地质地段施工应按所制定的临时安全用电方案实施,设置漏电保护器,并有断、停电应急措施。	★
4.11.4	竖井提升作业不合规	《水利水电工程土建施工安全技术规程》(SL 399—2007)3.5.3	3.5.3 竖井提升作业应遵守下列规定: 1 竖井井口宜设置防雨设施,接罐地点应设置牢固的活动栅门,由专人掌管启闭。接罐人员均应佩戴安全带,上下井的人员应服从接罐人员的指挥,通向井口的轨道应设阻车器。 2 施工期间采用吊桶升降人员与物料时应遵守下列规定: 1)吊桶应沿钢丝绳轨道升降,保证吊桶不碰撞岩壁。在施工初期尚未设罐道时,吊桶升降距离不应超过 40 m。 4)吊桶上方应设置保护伞。 8)装有物料的吊桶不应乘人。 9)吊桶载重量应有规定,不应超载。 3 升降人员和物料的罐笼应遵守下列规定: 1)罐顶应设置方便打开的铁盖或铁门。 2)罐底应满铺钢板,并不应有孔。如果罐底下面有阻车器的连杆装置时,应设牢固的检查门。 3)两侧用钢板挡严,内装扶手,靠近罐道部分不应装带孔钢板。 8)升降人员或物料的单绳提升罐笼应设置可靠的防坠器和应有的安全措施。 9)罐笼升降作业时,下面严禁停留人员。 4 检修井筒或处理事故的人员,如果需要站在罐笼或箕斗顶上工作时应遵守下列规定: 1)罐笼或箕斗顶上,应装设保护伞和栏杆。 2)佩戴保险带。	强条

序号	问题描述	相关法规标准	法规标准内容或条款	备注
4.11.5	隧洞施工安全监测不合规	《水利水电工程土建施工安全技术规程》（SL 399—2007）3.5.12	3.5.12　施工安全监测应遵守下列规定： 2　施工安全监测布置应包括下列重点： 1）洞内：Ⅲ～Ⅴ类围岩地段、地下水较丰富地段、断层破碎带、洞口及岔口地段、埋深较浅地段、受邻区开挖影响较大地段及高地应力区段等。 2）洞外：埋深较浅的软岩或软土区段。 3　施工安全监测应包括下列主要内容： 1）洞内：围岩收敛位移、围岩应力应变、顶拱下沉、底拱上抬、支护结构受力变形、爆破振动、有害气体和粉尘等。 2）洞外：地面沉降、建筑物倾斜及开裂、地下管线破裂受损等。 4　大型洞室安全监测应包括下列重点： 1）垂直纵轴线的典型洞室断面。 2）贯穿于高边墙的小型隧洞口及其洞口内段。 3）岩壁梁的岩台（尤其下方有小洞室）部分。 4）相邻洞室间的薄体岩壁。 5）不利于地质构造面组合切割的不稳定体。	★
4.11.6	瓦斯地层段等不良地质洞段施工未采取有害气体监测与安全措施	《水利水电工程施工安全防护设施技术规范》（SL 714—2015）5.3.6； 《水工建筑物地下开挖工程施工规范》（SL 378—2007）5.8.1	5.3.6　洞内瓦斯地层段施工应符合下列规定： 2　应采用 TSP 地震波超前预报技术，提前预防，超前排放。在瓦斯地层段应加强瓦斯监测，瓦斯浓度超标时，立即停止施工，严禁人员进入洞内。 5.8.1　断层及破碎带、缓倾角节理密集带、岩溶发育、地下水丰富及膨胀岩体地段和高地应力区等不良地质条件洞段开挖，应根据地质预报，针对其性质和特殊的地质问题，制定专项保证安全施工的工程措施。	★
4.12	爆破、拆除作业			

续表

序号	问题描述	相关法规标准	法规标准内容或条款	备注
4.12.1	未建立爆破、拆除作业安全管理制度	《民用爆炸物品安全管理条例》（2014年修订版）第五条；《水利水电工程施工通用安全技术规程》（SL 398—2007）8.1.4；《爆破安全规程》（GB 6722—2014）14.3.2	第五条 ……民用爆炸物品从业单位应当建立安全管理制度、岗位安全责任制度，制订安全防范措施和事故应急预案，设置安全管理机构或者配备专职安全管理人员。 8.1.4 从事爆破工作的单位，应建立严格的爆破器材领发、清退制度、工作人员的岗位责任制、培训制度以及重大爆破技术措施的审批制度。 14.3.2 爆破器材的收发 14.3.2.2 建立爆破器材收发账、领取和清退制度，定期核对账目，应做到账物相符。	强条
4.12.2	未进行爆破设计	《爆破安全规程》（GB 6722—2014）5.2.2；《水工建筑物地下开挖工程施工规范》（SL 378—2007）6.1.4	5.2.2 设计文件 5.2.2.1 爆破工程均应编制爆破技术设计文件。 5.2.2.2 矿山深孔爆破和其他重复性爆破设计，允许采用标准技术设计。 5.2.2.3 爆破实施后应根据爆破效果对爆破技术设计作出评估，构成完整的工程设计文件。 5.2.2.4 爆破技术设计、标准技术设计以及设计修改补充文件，均应签字齐全并编录存档。 6.1.4 施工单位应根据设计图纸、地质情况、爆破器材性能及钻孔机械等条件和爆破试验结果进行钻孔爆破设计。	强条
4.12.3	爆破作业单位、作业人员不具备相应资质或资格	《民用爆炸物品安全管理条例》（2014年修订版）第三十二条～第三十四条；《水利水电工程土建施工安全技术规程》（SL 399—2007）3.6.3	第三十二条 申请从事爆破作业的单位，应当按照国务院公安部门的规定，向有关人民政府公安机关提出申请，并提供能够证明其符合本条例第三十一条规定条件的有关材料…… 第三十三条 爆破作业单位应当对本单位的爆破作业人员、安全管理人员、仓库管理人员进行专业技术培训。爆破作业人员应当经设区的市级人民政府公安机关考核合格，取得《爆破作业人员许可证》后，方可从事爆破作业。	强条

序号	问题描述	相关法规标准	法规标准内容或条款	备注
4.12.3			第三十四条　爆破作业单位应当按照其资质等级承接爆破作业项目,爆破作业人员应当按照其资格等级从事爆破作业。爆破作业的分级管理办法由国务院公安部门规定。 3.6.3　洞室爆破应满足下列基本要求: 5　参加爆破工程施工的临时作业人员,应经过爆破安全教育培训,经口试或笔试合格后,方可参加装药填塞作业。但装起爆体及敷设爆破网路的作业,应由持证爆破员或爆破工程技术人员操作。	强条
4.12.4	爆破工程施工前未进行爆破试验	《水工建筑物地下开挖工程施工规范》(SL 378—2007)6.1.4、6.3.1	6.1.4　施工单位应根据设计图纸、地质情况、爆破器材性能及钻孔机械等条件和爆破试验结果进行钻孔爆破设计。钻孔爆破设计应包括下列内容:…… 6.3.1　施工前应进行爆破试验。爆破试验可根据工程规模、地质条件,选择下列项目和内容:……	
4.12.5	爆破作业人员未遵守操作规程	《中华人民共和国安全生产法》(2021年修订版)第四十三条、第四十四条;《建设工程安全生产管理条例》(2003年发布)第三十三条	第四十三条　生产经营单位进行爆破、吊装、动火、临时用电以及国务院应急管理部门会同国务院有关部门规定的其他危险作业,应当安排专门人员进行现场安全管理,确保操作规程的遵守和安全措施的落实。 第四十四条　生产经营单位应当教育和督促从业人员严格执行本单位的安全生产规章制度和安全操作规程;并向从业人员如实告知作业场所和工作岗位存在的危险因素、防范措施以及事故应急措施。 第三十三条　作业人员应当遵守安全施工的强制性标准、规章制度和操作规程,正确使用安全防护用具、机械设备等。	

续表

序号	问题描述	相关法规标准	法规标准内容或条款	备注
4.12.6	爆破影响区安全警戒和防护不合规	《水利水电工程施工通用安全技术规程》（SL 398—2007）8.4.3、8.5.5	8.4.3 爆破工作开始前，应明确规定安全警戒线，制定统一的爆破时间和信号，并在指定地点设安全哨，执勤人员应有红色袖章、红旗和口笛。 8.5.5 飞石 1 爆破时，个别飞石对被保护对象的安全距离，不应小于表8.5.5-1及表8.5.5-2规定的数值。 2 洞室爆破个别飞石的安全距离，不应小于表8.5.5-3的规定数值。	强条★
4.13	高处作业			
4.13.1	三级、特级、悬空高处作业前未向施工人员进行技术交底	《水利水电工程施工通用安全技术规程》（SL 398—2007）5.2.21	5.2.21 进行三级、特级、悬空高处作业时，应事先制定专项安全技术措施。施工前，应向所有施工人员进行技术交底。	强条★
4.13.2	未按规定设置安全防护栏杆或安全网	《水利水电工程施工通用安全技术规程》（SL 398—2007）5.1.3、5.2.3、5.2.4、5.2.5、5.3.6、5.3.13；《水利水电工程施工安全防护设施技术规范》（SL 714—2015）3.2.1、3.2.2、3.2.5	5.1.3 高处临边、临空作业应设置安全网，安全网距工作面的最大高度不应超过3.0 m，水平投影宽度应不小于2.0 m。安全网应挂设牢固，随工作面升高而升高。 5.2.3 高处作业前，应检查排架、脚手板、通道、马道、梯子和防护设施，符合安全要求方可作业。高处作业使用的脚手架平台，应铺设固定脚手板，临空边缘应设高度不低于1.2 m的防护栏杆。 5.2.4 在坝顶、陡坡、屋顶、悬崖、杆塔、吊桥、脚手架以及其他危险边沿进行悬空高处作业时，临空面应搭设安全网或防护栏杆。 5.2.5 安全网应随建筑物升高而提高，安全网距离工作面的最大高度不应超过3 m。安全网搭设外侧应比内侧高0.5 m，长面拉直拴牢在固定的架子或固定环上。 5.3.6 脚手架的支撑杆，在有车辆或搬运器材通过的地方应设置围栏，以免受到通行车辆或搬运器材的碰撞。	强条★

序号	问题描述	相关法规标准	法规标准内容或条款	备注
4.13.2			5.3.13　脚手架的外侧、斜道和平台,应搭设防护栏杆、挡脚板或防护立网。在洞口、牛腿、挑檐等悬臂结构搭设挑架(外伸脚手架)时,斜面与墙面夹角不宜大于30°,并应支撑在建筑物的牢固部分,不应支撑在窗台板、窗檐、线脚等地方。 3.2.1　高处作业面(如坝顶、屋顶、原料平台、工作平台等)的临空边沿,必须设置安全防护栏杆及挡脚板。 3.2.2　施工现场安全防护栏杆应符合下列规定: 2　防护栏杆应由上、中、下三道横杆及栏杆柱组成,上杆离地高度不低于1.2 m,栏杆底部应设置不低于0.2 m的挡脚板,下杆离地高度为0.3 m。坡度大于25°时,防护栏应加高至1.5 m,特殊部位必须用网栅封闭。 3　长度小于10 m的防护栏杆,两端应设有斜杆。长度大于10 m的防护栏杆,每10 m段至少应设置一对斜杆。斜杆材料尺寸与横杆相同,并与立柱、横杆焊接或绑扎牢固。 4　栏杆立柱间距不宜大于2 m。若栏杆长度大于2 m,必须加设立柱。 3.2.5　脚手架作业面高度超过3 m时,临边必须挂设水平安全网,还应在脚手架外侧挂密目式安全立网封闭。脚手架的水平安全网必须随建筑物升高而升高,安全网距离工作面的最大高度不得超过3 m。	强条★
4.13.3	高处作业时未排除或隔离附近有害气体	《水利水电工程施工通用安全技术规程》(SL 398—2007)5.2.2	5.2.2　高处作业下方或附近有煤气、烟尘及其他有害气体,应采取排除或隔离等措施,否则不应施工。	强条

序号	问题描述	相关法规标准	法规标准内容或条款	备注
4.13.4	带电体附近高处作业不合规	《水利水电工程施工通用安全技术规程》（SL 398—2007）5.2.6	5.2.6 在带电体附近进行高处作业时，距带电体的最小安全距离，应满足表5.2.6的规定，如遇特殊情况，应采取可靠的安全措施。	强条
4.13.5	高处作业人员未系安全带，下方无安全措施	《水利水电工程施工通用安全技术规程》（SL 398—2007）5.2.9	5.2.9 从事高处作业时，作业人员应系安全带。高处作业的下方，应设置警戒线或隔离防护棚等安全措施。	★
4.13.6	高处拆模时未标出危险区	《水利水电工程土建施工安全技术规程》（SL 399—2007）6.2.1	6.2.1 木模板施工作业时应遵守下列规定： 10 高处拆模时，应有专人指挥，并标出危险区；应实行安全警戒，暂停交通。	强条 ★
4.14	起重吊装作业			
4.14.1	起重机司机违规起吊	《水利水电工程施工作业人员安全操作规程》（SL 401—2007）4.1.12	4.1.12 司机应做到"十不吊"。即在有下列情况之一发生时，操作人员应拒绝吊运： 1 捆绑不牢、不稳的货物。 2 吊运物品上有人。 3 起吊作业需要超过起重机的规定范围时。 4 斜拉重物。 5 物体重量不明或被埋压。 6 吊物下方有人时。 7 指挥信号不明或没有统一指挥时。 8 作业场所不安全，可能触及输电线路、建筑物或其他物体。 9 吊运易燃、易爆品没有安全措施时。 10 起吊重要大件或采用双机抬吊，没有安全措施，未经批准时。	强条 ★

序号	问题描述	相关法规标准	法规标准内容或条款	备注
4.14.2	起重机械未配备限位、限制及连锁装置	《水利水电工程施工安全防护设施技术规范》（SL 714—2015）4.2.4	4.2.4　起重机械安装运行应符合下列规定： 1　起重机械应配备荷载、变幅等指示装置和荷载、力矩、高度、行程等限位、限制及连锁装置。	强条
4.14.3	恶劣天气时起重机械未停止作业、未采取安全措施	《水利水电工程施工作业人员安全操作规程》（SL 401—2007）4.1.6、4.2.7、4.4.18	4.1.6　门机在气温低于−20 ℃、6级以上大风、雷雨、大雾等恶劣天气时应停止作业。此时，吊钩应升至最高位置，臂杆升至最大幅度并转至顺风方向，锁定回转制动踏板，台车行走轮用防爬器卡紧；夹轨装置应锁定。 4.2.7　在气温低于−15 ℃、雷雨、大雾和6级以上大风等恶劣天气时，严禁作业。大风时，起重臂应转至顺风方向，小车应移至安全位置，吊钩应升至极限位置，大车应锁紧夹轨器。 4.4　缆索起重机司机 4.4.18　遇6级以上大风时，应停止作业，放下起吊物，升起吊钩，将小车牵至塔头停靠。将主、副塔开至适当的地点，锁上锚定装置，并用三角木将主塔、副塔行走轮塞死。	
4.15	焊接与切割作业			
4.15.1	使用的焊接设备不合规	《水利水电工程施工通用安全技术规程》（SL 398—2007）9.2.2	9.2.2　焊接设备 1　电弧焊电源应有独立而容量足够的安全控制系统，如熔断器或自动断电装置、漏电保护装置等。控制装置应能可靠地切断设备最大额定电流。 2　电弧焊电源熔断器应单独设置，严禁两台或以上的电焊机共用一组熔断器，熔断丝应根据焊机工作的最大电流来选定，严禁使用其他金属丝代替。	

序号	问题描述	相关法规标准	法规标准内容或条款	备注
4.15.1			3　焊接设备应设置在固定或移动式的工作台上，电弧焊机的金属机壳应有可靠的独立的保护接地或保护接零装置。焊机的结构应牢固和便于维修，各个接线点和连接件应连接牢靠且接触良好，不应出现松动或松脱现象。 4　电弧焊机所有带电的外露部分应有完好的隔离防护装置。焊机的接线桩、极板和接线端应有防护罩。 5　电焊把线应采用绝缘良好的橡皮软导线，其长度不应超过 50 m。 6　焊接设备使用的空气开关、磁力启动器及熔断器等电气元件应装在木制开关板或绝缘性能良好的操作台上，严禁直接装在金属板上。 7　露天工作的焊机应设置在干燥和通风的场所，其下方应防潮且高于周围地面，上方应设棚遮盖和有防砸措施。	
4.15.2	气瓶使用、储存不合规	《水利水电工程施工通用安全技术规程》（SL 398—2007）9.7.2、10.5.2；《气瓶安全技术规程》（TSG 23—2021）7.1.2	9.7.2　氧气、乙炔气瓶的使用应遵守下列规定： 1　气瓶应放置在通风良好的场所，不应靠近热源和电气设备，与其他易燃易爆物品或火源的距离一般不应小于 10 m…… 2　露天使用氧气、乙炔气时，冬季应防止冻结，夏季应防止阳光直接曝晒。氧气、乙炔气瓶阀冬季冻结时…… 3　氧气瓶严禁沾染油脂，检查气瓶口是否有漏气时可用肥皂水涂在瓶口上试验，严禁用烟头或明火试验。 4　氧气、乙炔气瓶如果漏气应立即搬到室外，并远离火源。搬动时手不可接触气瓶嘴。 5　开氧气、乙炔气阀时，工作人员应站在阀门连接的侧面，并缓慢开放，不应面对减压表，以防发生意外事故。使用完毕后应立即将瓶嘴的保护罩旋紧。	★

续表

序号	问题描述	相关法规标准	法规标准内容或条款	备注
4.15.2			6　氧气瓶中的氧气不允许全部用完至少应留有 0.1～0.2 MPa 的剩余压力,乙炔瓶内气体也不应用尽,应保持 0.05 MPa 的余压。 7　乙炔瓶在使用、运输和储存时,环境温度不宜超过 40 ℃…… 8　乙炔瓶应保持直立放置,使用时要注意固定,并应有防止倾倒的措施,严禁卧放使用。卧放的气瓶竖起来后需待 20 min 后方可输气。 9　工作地点不固定且移动较频繁时,应装在专用小车上;同时使用乙炔瓶和氧气瓶时,应保持一定安全距离。 10　严禁铜、银、汞等及其制品与乙炔产生接触,应使用铜合金器具时含铜量应低于 70%。 10.5.2　气瓶的防护装置,如瓶帽、瓶帽上的泄气孔及气瓶上应有两个防震圈,且完整、可靠。 7.1.2　气瓶附件的范围如下: (1)气瓶安全附件,包括气瓶阀门(含组合阀件,简称瓶阀)、安全泄压装置、紧急切断装置等; (2)气瓶保护附件,包括固定式瓶帽、保护罩、底座、颈圈等; (3)安全仪表,包括压力表、液位计等。	★
4.15.3	焊接和气割场所无消防设施	《水利水电工程施工通用安全技术规程》(SL 398—2007)9.1.4	9.1.4　焊接和气割的场所,应设有消防设施,并保证其处于完好状态。焊工应熟练掌握其使用方法,能够准确使用。	
4.15.4	在易燃易爆区从事焊割作业	《水利水电工程施工通用安全技术规程》(SL 398—2007)9.1.8	9.1.8　严禁在贮存易燃易爆的液体、气体、车辆、容器等的库区内从事焊割作业。	强条 ★

续表

序号	问题描述	相关法规标准	法规标准内容或条款	备注
4.15.5	高处动火作业未采取安全措施	《水利水电工程施工通用安全技术规程》（SL 398—2007）5.2.10	5.2.10 高处作业时,应对下方易燃、易爆物品进行清理和采取相应措施后,方可进行电焊、气焊等动火作业,并应配备消防器材和专人监护。	强条
4.15.6	焊接及切割作业人员违规操作	《水利水电工程施工作业人员安全操作规程》（SL 401—2007）9.1.5	9.1.5 焊接及切割作业应遵守下列规定: 1 作业前应了解焊接与热切割工艺技术以及周围环境情况,并应对焊、割机具作工前检查,严禁盲目施工。 2 工作面应设置防弧光和电火花的挡板或围屏。 3 严禁在易燃易爆场所和盛装有可燃液体或可燃气体的容器上进行焊、割作业。 4 焊、割盛装过可燃液体或气体的容器时,应事先对容器清洗干净,并打开容器孔盖,确认容器内无易燃液体或易燃气体后,方可作业。 5 在密闭或半密闭的工件内焊、割作业,宜有 2 个以上通风口,并应设专人监护。 6 焊、割作业燃气瓶、氧气瓶之间的距离应不小于 5 m,气瓶与火源（火点）的距离应不小于 10 m。 7 焊、割后的灼热工件不应堆放在电焊钳（把）线、焊枪软管旁,也不应将电焊钳（把）线与焊枪软管绞在一起。 8 作业过程中不应将焊接电缆、气带等缠绕在自己的身上或踩在脚下。 9 作业完成后,应切断电源和气源,盘收电焊钳（把）线和焊枪软管,清扫工作场地,做到工完场清。	★
4.16	交叉作业			

序号	问题描述	相关法规标准	法规标准内容或条款	备注
4.16.1	垂直交叉作业时底层作业面未设置隔离防护棚	《水利水电工程施工通用安全技术规程》(SL 398—2007)5.5.7	5.5.7　在同一垂直方向同时进行两层以上交叉作业时,底层作业面上方应设置防止上层落物伤人的隔离防护棚,防护棚宽度应超过作业面边缘1 m以上。	★
4.16.2	防护棚设置不合规	《水利水电工程施工通用安全技术规程》(SL 398—2007)5.5.9	5.5.9　防护棚应安装牢固可靠,棚面材料宜使用5 cm厚的木板等抗冲击材料,且满铺无缝隙,经验收符合设计要求后使用,并定期检查维修。	
4.17	有(受)限空间作业			
4.17.1	未制定有(受)限空间安全作业规章制度	《密闭空间作业职业危害防护规范》(GBZ/T 205—2007)4.1.1	4.1　用人单位的职责 4.1.1　按照本规范组织、实施密闭空间作业。制定密闭空间作业职业病危害防护控制计划、密闭空间作业准入程序和安全作业规程,并保证相关人员能随时得到计划、程序和规程。	★
4.17.2	未落实有(受)限空间作业安全措施	《水利水电工程施工通用安全技术规程》(SL 398—2007)3.4.3	3.4.3　常见产生粉尘危害的作业场所应采取以下相应措施控制粉尘浓度: 3　密闭容器、构件及狭窄部位进行电焊作业时应加强通风,并佩戴防护电焊烟尘的防护用品。 4　地下洞室施工应有强制通风设施,确保洞内粉尘、烟尘、废气及时排出。	★
4.17.3	未提供符合要求的有(受)限空间作业必需设备	《密闭空间作业职业危害防护规范》(GBZ/T 205—2007)5.4	5.4　提供符合要求的监测、通风、通讯、个人防护用品设备、照明、安全进出设施以及应急救援和其他必需设备,并保证所有设施的正常运行和劳动者能够正确使用。	
4.17.4	有(受)限空间作业时外部无人监护	《密闭空间作业职业危害防护规范》(GBZ/T 205—2007)5.5	5.5　在进入密闭空间作业期间,至少要安排一名监护者在密闭空间外持续进行监护。	

续表

序号	问题描述	相关法规标准	法规标准内容或条款	备注
4.17.5	进入存在高毒物品的有（受）限空间作业时未采取有效措施	《使用有毒物品作业场所劳动保护条例》（2002年发布）第二十五条	第二十五条　需要进入存在高毒物品的设备、容器或者狭窄封闭场所作业时,用人单位应当事先采取下列措施: (一)保持作业场所良好的通风状态,确保作业场所职业中毒危害因素浓度符合国家职业卫生标准; (二)为劳动者配备符合国家职业卫生标准的防护用品; (三)设置现场监护人员和现场救援设备。 未采取前款规定措施或者采取的措施不符合要求的,用人单位不得安排劳动者进入存在高毒物品的设备、容器或者狭窄封闭场所作业。	
4.17.6	有（受）限空间焊接与切割作业不合规	《水利水电工程施工通用安全技术规程》(SL 398—2007)9.1.6、9.3.7	9.1.6　对贮存过易燃易爆及有毒容器、管道进行焊接与切割时,要将易燃物和有毒气体放尽,用水冲洗干净,打开全部管道窗、孔,保持良好通风,方可进行焊接和切割,容器外要有专人监护,定时轮换休息。密封的容器、管道不应焊割。 9.3.7　在坑井或深沟内焊接时,应首先检查有无集聚的可燃气体或一氧化碳气体,如有应排除并保持通风良好。必要时应采取通风除尘措施。	强条
4.17.7	蝴蝶阀和球阀安装作业不合规	《水利水电工程机电设备安装安全技术规程》(SL 400—2016)5.12.1	5.12.1　蝴蝶阀和球阀安装应符合下列规定: 5　蝴蝶阀和球阀动作试验前,应检查钢管内和活门附近有无障碍物及人员。试验时应在进人门处挂"禁止入内"警示标志,并设专人监护。 6　进入蝴蝶阀和球阀、钢管内检查或工作时,应关闭油源,投入机械锁锭,并挂上"有人工作,禁止操作"警示标志,并设专人监护。	强条

序号	问题描述	相关法规标准	法规标准内容或条款	备注
4.17.8	尾水管、蜗壳内和水轮机过流面进行环氧砂浆作业时未采取安全措施	《水利水电工程施工安全防护设施技术规范》（SL 714—2015）11.1.7	11.1.7　尾水管、蜗壳内和水轮机过流面进行环氧砂浆作业时，应有相应的防火、防毒设施并设置安全防护栏杆和警告标志。	强条
4.18	水上水下作业			
4.18.1	水上作业及相关安全设施不合规	《水利水电工程施工安全防护设施技术规范》（SL 714—2015）9.2.2；《水利水电工程施工通用安全技术规程》（SL 398—2007)3.1.9	9.2.2　水上作业应符合下列规定： 2　任何水上作业不应少于两人。 3　所有作业人员应穿戴防护衣服、防护手套、安全帽以及救生衣等防护和救生装备。 4　从事高处作业和舷外作业时，应系无损的安全带，所使用的工具必须放在专用袋内，并用绳子系牢；所用的工器具应在检查合格后方可使用。作业现场下方划定一定的警戒区，并有专人指挥、监护。 5　舷外作业和水上作业时应关闭舷边出水阀。 6　遇风力6级以上强风时应停止高处作业，特殊情况急需时，必须采取安全措施。 7　陆地、各船舶、各作业点等均应配有高频无线电话或其他通信设备，始终保持相互通信畅通。 3.1.9　临水、临空、临边等部位应设置高度不低于1.2 m的安全防护栏杆，下部有防护要求时还应设置高度不低于0.2 m的挡脚板。	★

续表

序号	问题描述	相关法规标准	法规标准内容或条款	备注
4.18.2	水下施工作业不合规	《水利水电工程施工安全防护设施技术规范》（SL 714—2015）5.1.7、5.2.2、8.3.7	5.1.7　土石围堰拆除施工应符合下列要求： 1　水上部分围堰拆除时，应设有交通和警告标志，围堰两侧边缘应设防坍塌警戒线及标志。 3　水下部分围堰拆除，必须配有供作业人员穿戴的救生衣等防护用品。 4　围堰水下开挖影响通航时，应按航道主管部门要求设置临时航标或灯光信号标示等。 5.2.2　水下填筑应符合下列要求： 1　截流填筑应设置水流流速监测设施。 2　向水下填掷石块、石笼的起重设备，必须锁定牢固，人工抛掷应有防止人员坠落的措施和应急施救措施。 3　自卸汽车向水下抛投块石、石渣时，应与临边保持足够的安全距离，应有专人指挥车辆卸料，夜间卸料时，指挥人员应穿反光衣。 4　作业人员应穿戴救生衣等防护用品。 8.3.7　水下混凝土浇筑平台应符合下列规定： 1　平台边缘应设有钢防护栏杆和挡脚板。 2　平台与岸或建筑物、构件之间应设置经设计确定的交通栈桥，两侧设置钢防护栏杆。 3　应配有相应救生衣、救生圈等水上救生防护用品。	★
4.18.3	未按相关规定开展可能影响通航安全的水上水下作业	《中华人民共和国水上水下作业和活动通航安全管理规定》（2021年发布）第二十条、第二十一条、第二十二条、第二十三条	第二十条　水上水下作业或者活动的建设单位、主办单位或者施工单位应当加强安全生产管理，落实安全生产主体责任。 第二十一条　建设单位应当根据国家有关法律、法规及规章要求，明确本单位和施工单位安全责任人，督促施工单位加强施工作业期间安全管理，落实水上交通安全的各项要求。建设单位应当确保水上交通安全设施与主体工程同时设计、同时施工、同时投入生产和使用。 第二十二条　水上水下作业需要招投标的，建设单位应当在招投标前明确参与作业的船舶、海上设施或者内河浮动设施应当具备的安全标准和条件，在工程招投标后督促施工单位落实施工过程中各项安全保障措施，	

序号	问题描述	相关法规标准	法规标准内容或条款	备注
4.18.3			将作业船舶、海上设施或者内河浮动设施及人员和为作业服务的船舶及其人员纳入水上交通安全管理体系,并与其签订安全生产管理协议。 第二十三条　主办单位、施工单位应当落实安全生产法律法规要求,完善安全生产条件,保障施工作业、活动及其周边水域交通安全。	
5	防洪度汛			
5.0.1	未成立防汛机构	《水利水电工程施工通用安全技术规程》(SL 398—2007)3.7.1; 《水利水电工程施工安全防护设施技术规范》(SL 714—2015)3.13.5; 《水利水电工程施工安全管理导则》(SL 721—2015)7.5.2	3.7.1　建设单位应组织成立有施工、设计、监理等单位参加的工程防汛机构,负责工程安全度汛工作。应组织制定度汛方案及超标准洪水的度汛预案。 3.13.5　项目法人应组织成立设计、监理、施工等单位参加的防汛组织机构,负责工程安全度汛工作。汛期应与上级主管部门和地方政府防汛部门及时联系,听从统一防汛指挥。 7.5.2　度汛方案应包括防汛度汛指挥机构设置、度汛工程形象、汛期施工情况、防汛度汛工作重点,人员、设备、物资准备和安全度汛措施,以及雨情、水情、汛情的获取方式和通信保障方式等内容。防汛度汛指挥机构应由项目法人、监理单位、施工单位、设计单位主要负责人组成。	
5.0.2	未明确参建单位防汛度汛责任	《水利水电工程施工通用安全技术规程》(SL 398—2007)3.7.1; 《水利水电工程施工安全管理导则》(SL 721—2015)7.5.4	3.7.1　建设单位应组织成立有施工、设计、监理等单位参加的工程防汛机构,负责工程安全度汛工作。应组织制定度汛方案及超标准洪水的度汛预案。 7.5.4　项目法人应和有关参建单位签订安全度汛目标责任书,明确各参建单位防汛度汛责任。	

续表

序号	问题描述	相关法规标准	法规标准内容或条款	备注
5.0.3	防汛值班工作不到位	《生产安全事故应急条例》（2019年发布）第十四条；《水利水电工程施工安全防护设施技术规范》（SL 714—2015）3.13.8；《国家防总关于防汛抗旱值班规定》（国汛〔2009〕6号）第六条、第七条	第十四条　下列单位应当建立应急值班制度，配备应急值班人员： （一）县级以上人民政府及其负有安全生产监督管理职责的部门； （二）危险物品的生产、经营、储存、运输单位以及矿山、金属冶炼、城市轨道交通运营、建筑施工单位； （三）应急救援队伍。 规模较大、危险性较高的易燃易爆物品、危险化学品等危险物品的生产、经营、储存、运输单位应当成立应急处置技术组，实行24小时应急值班。 3.13.8　防汛期间应加强领导干部现场值班，及时协调处理各类突发事件的应急管理。 第六条　主汛期和江河湖泊超警戒水位或发生较大险情、灾情等防汛抗旱突发事件时，带班领导应驻值班室或办公室（含办公区）带班，其他值班时间带班领导应保证全天24小时联系畅通，并能在水旱灾害发生后第一时间赶到值班室处理应急事务。 第七条　值班工作人员必须保证24小时在值班室，不得擅离职守，不得从事与值班无关的工作。	★
5.0.5	未按规定制定防洪度汛方案和超标准洪水预案或未备案、报批	《水利工程建设安全生产管理规定》（2019年修订版）第二十一条；《水利水电工程施工通用安全技术规程》（SL 398—2007）3.7.1；	第二十一条　施工单位在建设有度汛要求的水利工程时，应当根据项目法人编制的工程度汛方案、措施制定相应的度汛方案，报项目法人批准；涉及防汛调度或者影响其他工程、设施度汛安全的，由项目法人报有管辖权的防汛指挥机构批准。 3.7.1　建设单位应组织成立有施工、设计、监理等单位参加的工程防汛机构，负责工程安全度汛工作。应组织制定度汛方案及超标准洪水的度汛预案。	★

序号	问题描述	相关法规标准	法规标准内容或条款	备注
5.0.5		《水利水电工程施工安全管理导则》(SL 721—2015)7.5.2	7.5.2　度汛方案应包括防汛度汛指挥机构设置、度汛工程形象、汛期施工情况、防汛度汛工作重点,人员、设备、物资准备和安全度汛措施,以及雨情、水情、汛情的获取方式和通信保障方式等内容。防汛度汛指挥机构应由项目法人、监理单位、施工单位、设计单位主要负责人组成。	★
5.0.6	未落实防汛抢险队伍和防汛抢险物资	《生产安全事故应急条例》(2019年发布)第十二条;《水利水电工程施工安全防护设施技术规范》(SL 714—2015)3.13.7;《水利水电工程施工安全管理导则》(SL 721—2015)7.5.5	第十二条　生产经营单位应当及时将本单位应急救援队伍建立情况按照国家有关规定报送县级以上人民政府负有安全生产监督管理职责的部门,并依法向社会公布。 3.13.7　施工单位应按设计要求和现场施工情况编制度汛措施和应急处置方案,报监理审批,成立防汛抢险队伍,配置足够的防汛抢险物资,随时做好防汛抢险准备工作。 7.5.5　施工单位应根据批准的度汛方案和超标准洪水应急预案,制订防汛度汛及抢险措施,报项目法人批准,并按批准的措施落实防汛抢险队伍和防汛器材、设备等物资准备工作,做好汛期值班,保证汛情、工情、险情信息渠道畅通。	
5.0.8	未开展防洪度汛专项检查	《水利部关于进一步加强水利生产安全事故隐患排查治理工作的意见》(水安监〔2017〕409号)第四条;《水利水电工程施工通用安全技术规程》(SL 398—2007)3.7.5;《水利水电工程施工安全管理导则》(SL 721—2015)7.5.6	第四条　全面排查事故隐患。 水利生产经营单位应结合实际,从物的不安全状态、人的不安全行为和管理上的缺陷等方面,明确事故隐患排查事项和具体内容,编制事故隐患排查清单,组织安全生产管理人员、工程技术人员和其他相关人员排查事故隐患。事故隐患排查应坚持日常排查与定期排查相结合,专业排查与综合检查相结合,突出重点部位、关键环节、重要时段,排查必须全面彻底,不留盲区和死角。	★

序号	问题描述	相关法规标准	法规标准内容或条款	备注
5.0.8			水利建设各参建单位和运行管理单位要按照《水利工程生产安全重大事故隐患判定标准（试行）》，其他水利生产经营单位按照相关事故隐患判定标准，对本单位存在的事故隐患级别作出判定，建立事故隐患信息档案，将排查出的事故隐患向从业人员通报。重大事故隐患须经本单位主要负责人同意，报告上级水行政主管部门。 3.7.5 防汛期间，应组织专人对围堰、子堤等重点防汛部位巡视检查，观察水情变化，发现险情，及时进行抢险加固或组织撤离。 7.5.6 项目法人在汛前应组织有关参建单位，对生活、办公、施工区域内进行全面检查，对围堰、子堤、人员聚集区等重点防洪度汛部位和有可能诱发山体滑坡、垮塌和泥石流等灾害的区域、施工作业点进行安全评估，制定和落实防范措施。	★
5.0.9	超标准洪水来临前未组织人员及设备及时撤离	《水利水电工程施工通用安全技术规程》(SL 398—2007)3.7.6；《水利水电工程施工安全防护设施技术规范》(SL 714—2015)3.13.8	3.7.6 防汛期间，超标准洪水来临前，施工淹没危险区的施工人员及施工机械设备，应及时组织撤离到安全地点。 3.13.8 防汛期间应加强领导干部现场值班，及时协调处理各类突发事件的应急管理。	

序号	问题描述	相关法规标准	法规标准内容或条款	备注
5.0.10	未进行防汛应急演练，未对演练结果进行评估	《生产安全事故应急预案管理办法》（2019 年修订版）第三十三条、第三十四条；《水利水电工程施工安全防护设施技术规范》（SL 714—2015）3.13.6	第三十三条　生产经营单位应当制定本单位的应急预案演练计划，根据本单位的事故风险特点，每年至少组织一次综合应急预案演练或者专项应急预案演练，每半年至少组织一次现场处置方案演练。 易燃易爆物品、危险化学品等危险物品的生产、经营、储存、运输单位，矿山、金属冶炼、城市轨道交通运营、建筑施工单位，以及宾馆、商场、娱乐场所、旅游景区等人员密集场所经营单位，应当至少每半年组织一次生产安全事故应急预案演练，并将演练情况报送所在地县级以上地方人民政府负有安全生产监督管理职责的部门。 县级以上地方人民政府负有安全生产监督管理职责的部门应当对本行政区域内前款规定的重点生产经营单位的生产安全事故应急救援预案演练进行抽查；发现演练不符合要求的，应当责令限期改正。 第三十四条　应急预案演练结束后，应急预案演练组织单位应当对应急预案演练效果进行评估，撰写应急预案演练评估报告，分析存在的问题，并对应急预案提出修订意见。 3.13.6　每年应根据工程形象进度要求，项目法人牵头组织编制度汛方案和应急预案，并适时组织防汛应急演练。	★
6	应急与事故管理			
6.1	应急准备			

序号	问题描述	相关法规标准	法规标准内容或条款	备注
6.1.1	未编制生产安全事故应急救援预案，或未公布	《生产安全事故应急条例》（2019年发布）第五条	第五条 ……生产经营单位应当针对本单位可能发生的生产安全事故的特点和危害，进行风险辨识和评估，制定相应的生产安全事故应急救援预案，并向本单位从业人员公布。	★
6.1.2	生产安全事故应急救援预案未按规定及时修改	《生产安全事故应急条例》（2019年发布）第六条	第六条 生产安全事故应急救援预案应当符合有关法律、法规、规章和标准的规定，具有科学性、针对性和可操作性，明确规定应急组织体系、职责分工以及应急救援程序和措施。有下列情形之一的，生产安全事故应急救援预案制定单位应当及时修订相关预案： （一）制定预案所依据的法律、法规、规章、标准发生重大变化； （二）应急指挥机构及其职责发生调整； （三）安全生产面临的风险发生重大变化； （四）重要应急资源发生重大变化； （五）在预案演练或者应急救援中发现需要修订预案的重大问题； （六）其他应当修订的情形。	
6.1.3	生产安全事故应急救援预案编制内容不合规	《生产安全事故应急条例》（2019年发布）第六条；《生产安全事故应急预案管理办法》（2019年修订版）第八条	第六条 生产安全事故应急救援预案应当符合有关法律、法规、规章和标准的规定，具有科学性、针对性和可操作性，明确规定应急组织体系、职责分工以及应急救援程序和措施…… 第八条 应急预案的编制应当符合下列基本要求： （一）有关法律、法规、规章和标准的规定； （二）本地区、本部门、本单位的安全生产实际情况； （三）本地区、本部门、本单位的危险性分析情况； （四）应急组织和人员的职责分工明确，并有具体的落实措施； （五）有明确、具体的应急程序和处置措施，并与其应急能力相适应； （六）有明确的应急保障措施，满足本地区、本部门、本单位的应急工作需要； （七）应急预案基本要素齐全、完整，应急预案附件提供的信息准确。	

序号	问题描述	相关法规标准	法规标准内容或条款	备注
6.1.4	生产安全事故应急救援预案未备案	《生产安全事故应急条例》(2019年发布)第七条	第七条　……易燃易爆物品、危险化学品等危险物品的生产、经营、储存、运输单位,矿山、金属冶炼、城市轨道交通运营、建筑施工单位,以及宾馆、商场、娱乐场所、旅游景区等人员密集场所经营单位,应当将其制定的生产安全事故应急救援预案按照国家有关规定报送县级以上人民政府负有安全生产监督管理职责的部门备案,并依法向社会公布。	
6.1.5	未组织应急救援预案演练,或未报送演练情况	《生产安全事故应急条例》(2019年发布)第八条;《生产安全事故应急预案管理办法》(2019年修订版)第三十一条、第三十二条	第八条　建筑施工单位……应当至少每半年组织1次生产安全事故应急救援预案演练,并将演练情况报送所在地县级以上地方人民政府负有安全生产监督管理职责的部门。 第三十一条　……生产经营单位应当组织开展本单位的应急预案、应急知识、自救互救和避险逃生技能的培训活动,使有关人员了解应急预案内容,熟悉应急职责、应急处置程序和措施。应急培训的时间、地点、内容、师资、参加人员和考核结果等情况应当如实记入本单位的安全生产教育和培训档案。 第三十二条　各级人民政府应急管理部门应当至少每两年组织一次应急预案演练,提高本部门、本地区生产安全事故应急处置能力。	★
6.1.6	未按规定组建应急救援队伍	《生产安全事故应急条例》(2019年发布)第十条、第十一条	第十条　建筑施工单位……应当建立应急救援队伍;其中,小型企业或者微型企业等规模较小的生产经营单位,可以不建立应急救援队伍,但应当指定兼职的应急救援人员,并且可以与邻近的应急救援队伍签订应急救援协议…… 第十一条　应急救援队伍的应急救援人员应当具备必要的专业知识、技能、身体素质和心理素质。应急救援队伍建立单位或者兼职应急救援人员所在单位应当按照国家有关规定对应急救援人员进行培训;应急救援人员经培训合格后,方可参加应急救援工作。应急救援队伍应当配备必要的应急救援装备和物资,并定期组织训练。	

续表

序号	问题描述	相关法规标准	法规标准内容或条款	备注
6.1.7	应急救援器材、设备和物资配备不满足要求	《生产安全事故应急条例》（2019年发布）第十三条	第十三条 建筑施工单位……应当根据本单位可能发生的生产安全事故的特点和危害，配备必要的灭火、排水、通风以及危险物品稀释、掩埋、收集等应急救援器材、设备和物资，并进行经常性维护、保养，保证正常运转。	
6.1.8	未建立并落实应急值班制度	《生产安全事故应急条例》（2019年发布）第十四条	第十四条 下列单位应当建立应急值班制度，配备应急值班人员： （一）县级以上人民政府及其负有安全生产监督管理职责的部门； （二）危险物品的生产、经营、储存、运输单位以及矿山、金属冶炼、城市轨道交通运营、建筑施工单位； （三）应急救援队伍。 规模较大、危险性较高的易燃易爆物品、危险化学品等危险物品的生产、经营、储存、运输单位应当成立应急处置技术组，实行24小时应急值班。	
6.2	事故处理			
6.2.1	事故发生后未按规定及时上报	《中华人民共和国安全生产法》（2021年修订版）第八十三条；《生产安全事故报告和调查处理条例》（2007年发布）第四条、第九条	第八十三条 生产经营单位发生生产安全事故后，事故现场有关人员应当立即报告本单位负责人。单位负责人接到事故报告后，应当迅速采取有效措施，组织抢救，防止事故扩大，减少人员伤亡和财产损失，并按照国家有关规定立即如实报告当地负有安全生产监督管理职责的部门，不得隐瞒不报、谎报或者迟报，不得故意破坏事故现场、毁灭有关证据。 第四条 事故报告应当及时、准确、完整，任何单位和个人对事故不得迟报、漏报、谎报或者瞒报。	

序号	问题描述	相关法规标准	法规标准内容或条款	备注
6.2.1			事故调查处理应当坚持实事求是、尊重科学的原则,及时、准确地查清事故经过、事故原因和事故损失,查明事故性质,认定事故责任,总结事故教训,提出整改措施,并对事故责任者依法追究责任。 第九条　事故发生后,事故现场有关人员应当立即向本单位负责人报告;单位负责人接到报告后,应当于1小时内向事故发生地县级以上人民政府安全生产监督管理部门和负有安全生产监督管理职责的有关部门报告。情况紧急时,事故现场有关人员可以直接向事故发生地县级以上人民政府安全生产监督管理部门和负有安全生产监督管理职责的有关部门报告。	
6.2.2	未及时开展事故救援工作	《中华人民共和国安全生产法》(2021年修订版)第五十条;《中华人民共和国特种设备安全法》(2013年发布)第七十条	第五十条　生产经营单位发生生产安全事故时,单位的主要负责人应当立即组织抢救,并不得在事故调查处理期间擅离职守。 第七十条　特种设备发生事故后,事故发生单位应当按照应急预案采取措施,组织抢救,防止事故扩大,减少人员伤亡和财产损失,保护事故现场和有关证据,并及时向事故发生地县级以上人民政府负责特种设备安全监督管理的部门和有关部门报告。县级以上人民政府负责特种设备安全监督管理的部门接到事故报告,应当尽快核实情况,立即向本级人民政府报告,并按照规定逐级上报。必要时,负责特种设备安全监督管理的部门可以越级上报事故情况。对特别重大事故、重大事故,国务院负责特种设备安全监督管理的部门应当立即报告国务院并通报国务院安全生产监督管理部门等有关部门。与事故相关的单位和人员不得迟报、谎报或者瞒报事故情况,不得隐匿、毁灭有关证据或者故意破坏事故现场。	

续表

序号	问题描述	相关法规标准	法规标准内容或条款	备注
6.2.3	事故发生后未落实防范和整改措施	《生产安全事故报告和调查处理条例》（2007 年发布）第三十二条、第三十三条	第三十二条　重大事故、较大事故、一般事故，负责事故调查的人民政府应当自收到事故调查报告之日起 15 日内做出批复；特别重大事故，30 日内做出批复，特殊情况下，批复时间可以适当延长，但延长的时间最长不超过 30 日。 有关机关应当按照人民政府的批复，依照法律、行政法规规定的权限和程序，对事故发生单位和有关人员进行行政处罚，对负有事故责任的国家工作人员进行处分。 事故发生单位应当按照负责事故调查的人民政府的批复，对本单位负有事故责任的人员进行处理。 负有事故责任的人员涉嫌犯罪的，依法追究刑事责任。 第三十三条　事故发生单位应当认真吸取事故教训，落实防范和整改措施，防止事故再次发生。防范和整改措施的落实情况应当接受工会和职工的监督。 安全生产监督管理部门和负有安全生产监督管理职责的有关部门应当对事故发生单位落实防范和整改措施的情况进行监督检查。	

注：(1)"备注"栏标注"★"的问题要重点查找、尽量覆盖。

　　(2)本表仅摘录了《水利建设项目稽查常见问题清单(2021 年版)》安全管理部分中与施工单位有关的内容。

附录 O　水利工程建设项目文件归档范围和档案保管期限表

附表 O.1　水利工程建设项目文件归档范围和档案保管期限表

序号	归档文件范围	保管期限	备注
	（一）施工单位文件　　属类号:S		
1	施工项目部组建、印章启用、人员任命文件	永久	（1）单位工程成卷（2）单元工程质量评定材料按照分部工程成卷（3）施工过程初检、复检、终检材料均属归档范围
2	进场人员资质报审文件	永久	
3	施工设备、仪器进场报审及设备仪器校验、率定文件	永久	
4	工程技术要求、技术(安全)交底、图纸会审纪要	永久	
5	施工组织设计、施工方案及报审文件	永久	
6	施工计划、施工技术及安全措施、施工工艺及报审文件	永久	
7	工地实验室成立、资质、授权及外委试验协议、资质文件	30 年	
8	原材料及构配件进场报验文件(出厂合格证、质量保证书、进场试验检验台账等)	永久	
9	原材料、半成品、终产品与构配件的见证取样记录及各种试验检验报告、试验检验台账等文件	永久	
10	工程项目划分报审文件	永久	
11	合同标段开工报审文件	永久	
12	设计技术(安全)交底、作业指导书、图纸会审及回复文件，强制性条文实施文件	永久	
13	交桩记录及复测记录文件	永久	
14	施工定位、施工放样、控制测量及报审文件	永久	
15	配合比设计(含砂石骨料实验室)及商混质量保证文件	永久	
16	混凝土浇筑(开仓)报审文件	永久	
17	单元工程(含隐蔽工程、关键部位)质量验收、评定报审文件(工序、三检、试验、测量、施工记录等)及验收评定台账	永久	

续表

序号	归档文件范围	保管期限	备注
	（一）施工单位文件　　　　属类号:S		
18	设备及管线焊接工艺评定报告,焊接试验记录、报告,施工检验记录、报告,探伤检测、测试记录、报告,管道单线图（管段图）	永久	（1）单位工程成卷（2）单元工程质量评定材料按照分部工程成卷（3）施工过程初检、复检、终检材料均属归档范围
19	设备及管线强度、密闭性等试验检测记录、报告,联动试车方案、记录、报告、安装记录	永久	
20	分部工程验收申请、批复、分部工程质量评定表、工作报告、验收鉴定书	永久	
21	单位工程验收申请、批复、外观及单位工程质量评定表、各方工作报告、验收鉴定书	永久	
22	工程或设备变化状态(测试、沉降、位移、变形等)的各种监测记录及分析文件	永久	
23	缺陷处理方案、记录及验收、备案文件	永久	
24	设计(变更)通知、设代函,有关工程变更的洽商单、联系单、报告单、申请、指示及批复文件	永久	
25	原材料、零部件、设备、代用变材变价的审批、技术核定单及工程变更台账文件	永久	
26	合同变更索赔文件	永久	
27	水土保持、环境保护实施与监测文件	永久	
28	施工期间的有关投资、质量、进度、安全、环保、相关事件的各类报告单、请示等文件	永久	
29	施工日志、月报、年报、大事记	30 年	
30	竣工图及竣工图编制说明	永久	
31	合同项目验收申请、批复、各方工作报告、验收鉴定书	永久	
32	施工音像文件(进场时的初始地形、地貌、各阶段节点、隐蔽、重要部位、缺陷处理、会议及完工新貌等)	永久	

序号	归档文件范围	保管期限	备注
\multicolumn{4}{}{（二）机电设备制造、采购单位文件　　　　属类号：D}			
1	设备制造单位质量管理体系,设备制造计划、方案及报审文件	永久	标段成卷
2	原材料、外购件等质量证明及报审文件	永久	
3	设备设计、出厂验收文件	永久	
4	设备防腐、保护措施等文件材料	永久	
5	设备制造技术核定单、联系单、会议纪要,强制性条文实施文件	永久	
6	设备、材料装箱单、开箱记录、工具单、备品备件单	永久	
7	工艺设计、说明、规程、试验、技术报告	永久	
8	设备制造探伤、检测、测试、鉴定的记录、报告	永久	
9	设备变更、索赔文件	永久	
10	设备台账、设备图纸,出厂试验报告、产品质量合格证明、安装及使用说明、维护保养手册	永久	
11	自制专用设备任务书、设计、检测、鉴定文件	永久	
12	进口设备报关（商检、海关等）文件	永久	
13	特种设备生产安装使用维修许可、监督检验证明、安全监察文件	永久	
14	设备设计图、竣工图	永久	
15	设备制造音像文件（设备制造过程各关键节点、重要部位及完工面貌等）	永久	
\multicolumn{4}{}{（三）科研及信息系统开发单位文件　　　　属类号：K}			
1	需求调研计划、需求分析、需求规格说明书、需求评审	30年	项目或设计单元成卷
2	设计开发方案、概要设计及评审、详细设计及评审文件	30年	
3	数据库结构设计、编码计划、代码编写规范、模块开发文件	30年	

续表

序号	归档文件范围	保管期限	备注
4	信息资源规划、数据库设计、应用支撑平台、应用系统设计、网络设计、处理和存储系统设计、安全系统设计、终端、备份、运维系统设计文件	30 年	项目或设计单元成卷
5	信息系统标准规范文件	10 年	
6	实施计划、方案及批复文件	30 年	
7	源代码及说明、代码修改文件、网络系统、二次开发支持文件、接口设计说明书	30 年	
8	程序员开发手册、用户使用手册、系统维护手册	30 年	
9	安装文件、系统上线保障方案,测试方案及评审意见、测试记录、报告,试运行方案、报告	30 年	
10	信息安全评估、系统开发总结、验收交接清单、验收证书	30 年	

注:(1)该表中所列为项目文件归档范围,项目档案分类仅作参考。

(2)案卷题名应简明、准确地揭示卷内文件材料的内容,均应冠工程项目名称及单位工程(分部工程)名称。

(3)案卷是由互有联系的若干文件组合而成,要遵循文件的形成规律,保持案卷内文件材料的有机联系,相关的文件材料应尽量放在一起,做到组卷规范、合理,符合国家或行业标准要求。